"十三五"国家重点出版物出版规划项目
先进制造理论研究与工程技术系列

黑龙江省精品图书出版工程

燃气透平全通流及加湿模拟研究

SIMULATION ON THOROUGH FLOW AND HUMIDIFICATION OF GAS TURBINE

◎ 编著　孙兰昕　王艳敏　李义进　张　海
◎ 主审　郑　群

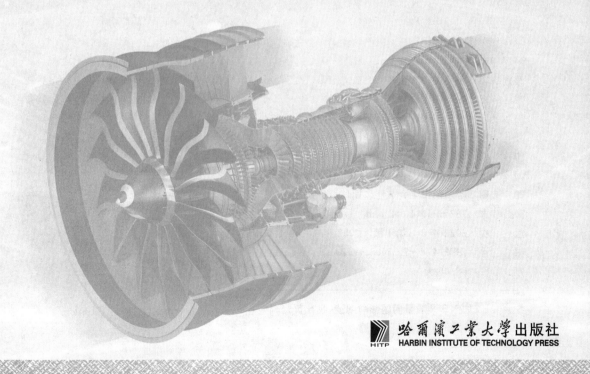

哈尔滨工业大学出版社
HITP　HARBIN INSTITUTE OF TECHNOLOGY PRESS

内 容 简 介

本书介绍了计算流体力学(CFD)技术在燃气透平研究中的应用与燃气透平全通流方面的最新应用进展,以及燃气透平加湿技术与其进展,并以较大篇幅介绍了作者及团队在燃气透平全通流和加湿模拟方面的成果。本书共分9章,包括绪论(第1章)、数值模拟方法和湿压缩基础(第2、3、4章)、湿压缩模拟基本研究(第5、6章)、燃气透平全通流模拟研究与加湿对燃气透平性能与排放的影响(第7、8、9章)。

本书可供高等院校热能与动力工程、工程热物理等相关专业教师、研究生及高年级本科生使用,也可供从事高性能燃气透平科研、设计工作的专业人员参考。

图书在版编目(CIP)数据

燃气透平全通流及加湿模拟研究/孙兰昕等编著. —
哈尔滨:哈尔滨工业大学出版社,2022.3
(先进制造理论研究与工程技术系列)
ISBN 978 - 7 - 5603 - 9529 - 6

Ⅰ.①燃…　Ⅱ.①孙…　Ⅲ.①燃气轮机-研究
Ⅳ.①TK471

中国版本图书馆 CIP 数据核字(2021)第 124769 号

策划编辑　张　荣　李子江
责任编辑　杨　硕　谢晓彤
出版发行　哈尔滨工业大学出版社
社　　址　哈尔滨市南岗区复华四道街 10 号　邮编 150006
传　　真　0451 - 86414749
网　　址　http://hitpress.hit.edu.cn
印　　刷　哈尔滨市工大节能印刷厂
开　　本　787 mm×1 092 mm　1/16　印张 16　字数 380 千字
版　　次　2022 年 3 月第 1 版　2022 年 3 月第 1 次印刷
书　　号　ISBN 978 - 7 - 5603 - 9529 - 6
定　　价　58.00 元

前　言

燃气透平是一种以连续流动的气体为工作介质的高速旋转式动力装置,被喻为机械工业"皇冠上的明珠",广泛应用于航空、船舶、电力、石化、天然气输送、铁路运输等诸多工业领域。同时,燃气透平又是一种典型的高新技术密集型产品,集新技术、新材料、新工艺于一身,其发展水平代表了诸多理论学科和工程领域发展的综合水平,是一个国家高技术水平和科技实力的重要标志之一,具有十分重要的地位。

传统上,主要依靠部件试验以及由大量实验数据归纳出的经验公式对燃气透平进行设计,具有研制周期长、费用高、可移植性差等缺点。而随着发动机总体性能的不断提高,对燃气透平主要部件压气机、燃烧室和涡轮等的设计要求日益严苛,现有的经验、半经验设计方法已经远不能满足要求。另外,燃气透平主要部件的加工和试验费用十分昂贵,燃气透平整机试验更为不易。当前,高性能燃气透平普遍要求高增压比、高涡轮进气温度、低耗油率、低污染、高可靠性及长寿命等综合研发指标,因此迫切需要发展一种新型的设计方法。这种新型的设计方法的核心就是数值模拟技术,其包括计算流体力学(CFD)、数值传热学(NHT)、计算燃烧学(CCD)、数值分析、高性能计算机等交叉学科。通过对各部件进行设计并结合大规模数值模拟分析,可大量减少最终的试验次数,从而大幅减少研发成本、缩短研制周期,同时增强了燃气透平设计的适应性能力。

本书对燃气透平全通流数值研究现状进行了论述,介绍了相关的数值方法,以及作者多年的研究成果。湿压缩技术对于增加燃气透平功率输出、提升装置性能、降低燃烧污染物排放具有显著效果,是近年来的研究热点,本书对湿压缩技术进行了详细论述,并介绍了将全通流模拟技术应用于湿压缩数值分析的研究成果。

燃气透平全通流数值研究及相应的湿压缩数值技术研究是一个相对较新的领域,涉及多学科多物理场问题求解,因作者水平有限,书中难免存在疏漏之处,望广大读者和专家不吝赐教,也希望更多的研究者对这一研究领域保持关注。

作　者

2021 年 12 月于哈尔滨

目　　录

目　录

第1章 绪 论

1.1 研究目的和意义

1.1.1 燃气透平全通流数值模拟的意义

燃气透平作为一种重要的动力装置,具有诸多优点,如体积小、质量轻、单机功率大、启动加速性好、工作可靠性高、操作方便等。

早在1791年,John Barber 就在其"Steam Turbine(蒸汽透平)"专利中附带提出了"Gas Turbine"的概念,尽管其并非现代意义上的"Gas Turbine(燃气透平)",却已经展示燃气透平的雏形。1905年,Brown Boveri 建造了第一台燃气透平,并将其用于美国费城的一家炼油厂。之后,他在1938年建造了第一台发电用燃气透平,并在1939年将其用于瑞士的一家电站,这台燃气透平也成为第一台商用燃气透平。1939年,德国人 Hans Pabst von Ohain 设计的第一台航空涡喷发动机 HeS 3B 由 Ernst Heinkel 建造成功。从此,随着人们对空气动力学和热力学知识的不断积累和认识深化,同时,冶金学、结构设计、工艺水平、冷却技术及计算机技术等不断发展,燃气透平进入快速发展时期。第二次世界大战后的几年之内,作战飞机就实现了喷气化,取代了航空活塞发动机。20世纪60年代末,第一代舰用燃气透平已经推广,第二代开始进入实用,各主要军事强国开始在水面舰艇上大量使用燃气透平作为推进动力,开启了全燃化的新阶段。

燃气透平的巨大技术进步促进了其在世界各国诸多工业领域(如航空、船舶、电力、石化、天然气输送、铁路运输等)中的应用。燃气透平制造技术的提高对国民经济的发展和国防事业的进步有着极其重要的意义,对提高资源利用效率、实现节能减排、促进可持续发展也有突出作用。燃气透平主要部件包括压气机、燃烧室和涡轮。燃气透平设计需要兼顾经济性、安全性等综合要求,并在长期重复使用中均能稳定可靠地工作,要具有高的功率密度,同时满足噪声、排气等方面的要求,因此对燃气透平的设计提出了很高的要求。

传统的燃气透平设计方法主要依靠部件试验以及由大量试验数据归纳出经验公式,该方法具有研制周期长、费用高、可移植性差等缺陷。随着发动机总体性能的不断提高,对压气机、燃烧室和涡轮等部件的要求日益严苛,现有的经验、半经验设计方法已经不能满足这些部件的设计要求,并且各部件加工和试验的费用均十分昂贵,燃气透平整机试验更不容易,同时燃气透平向高增压比、高涡轮进气温度、低耗油率、低污染、高可靠性及长寿命的综合高性能方向发展,因此迫切需要发展一种新型的设计方法。这种新型的设计方法的主要特点是以数值模拟技术(计算流体力学(CFD)、数值传热学(NHT)、计算燃烧学(CCD)、数值分析、高性能计算机等交叉学科)为核心,对各部件进行设计,并进行大规模的数值模拟分析,以便减少最终的试验次数,减少费用,缩短研制周期,增加设计的适应性能力。数值模拟的方法能够获得燃气透平流场内部流动细节,为燃气透平分析提供更多的信息量,与试验相比更加快捷、简单。

空气由进气道进入燃气透平后,首先由压缩机加压成高压气体,在燃烧室由喷油嘴喷出,燃油与空气混合后燃烧形成高温高压气体,然后推动涡轮,将热能转换成机械能输出,最后的废气由排气管排出,整个内部流动过程涉及许多复杂的物理化学变化。为了提高燃气透平整机的性能,必须以部件技术为基础,全面协调计划、精确集成匹配。

燃气透平全通流数值仿真技术可直接对发动机从进口到出口的三维流场进行全流场模拟,对旋转部件特别是热端部件进行温度场甚至应力场的模拟,可以与控制系统数值仿真相结合进行发动机启动、加速与运行的仿真,充分了解发动机总体参数与部件之间的关系,准确描述各部件之间的关联与影响,分析压气机出口流场对燃烧不稳定的影响以及燃烧室出口气流温度不均匀对涡轮可靠性的影响,同时可对多场进行耦合分析等。另外,通过闭环仿真可直接了解部件参数变化或调节系统某一部件变化对发动机性能的影响。不同部件、不同部件不同的级可作为不同对象,不同对象可用不同的维数、不同的物理分析程序,这样灵活的模块式组合可在不同条件下应用最快的速度、最少的时间研究不同的问题,对发动机设计方法、设计步骤与设计思想将产生重大的影响,使发动机设计、试验与运行逐渐走向一体化。

上述全通流数值仿真软件的开发需要有自主知识产权的源代码程序。因此,需要深入研究燃气透平的各种数值模拟方法,结合燃气透平本身的特性,开发压气机叶栅的三维流场程序、多级涡轮流场程序和燃烧场模拟的程序,这不仅是数值模拟体系的一个完善和发展,也将为试验提供指导,从而节省大量的人力、物力和时间。

世界先进燃气透平企业都有自有(In-house)流场分析软件,因此,自主开发具有源代码的燃气透平三维全流场模拟程序已势在必行。国内目前也有部分高校及研究所致力于自主模拟软件的开发工作。

本书针对燃气透平全通流数值模拟进行了研究,将计算流体力学与燃气透平中具体流动特点集成考虑,以期最终形成用数值模拟手段对燃气透平全流场进行研究的能力。同时,本书还介绍了燃气透平全通流数值模拟技术在湿压缩技术和湿压缩循环中的应用。

1.1.2　燃气透平湿压缩研究的意义

近 30 年来,提高压气机压比及点火温度,改进部件设计,采用先进的涡轮冷却技术及燃烧技术,在高温部件上采用先进材料,使得简单循环燃气透平性能得到极大提高。现在舰船用燃气透平既有简单循环燃气透平,也有复杂循环燃气透平。英国罗·罗公司研制的 MT30 舰用燃气透平是目前最先进的简单循环的舰用燃气透平,由航空燃气透平 Trent800 改型而来,在全功率 36 MW·h 下耗油率为 207 g/(kW·h),效率达到 40%。MT30 舰用燃气透平已被选为美国海军 DDG1000"朱姆沃尔特"级驱逐舰、濒海战斗舰(LCS)和英国皇家海军新型航母的动力。而由美国诺斯罗普·格鲁曼和英国罗·罗公司联合研制的 WR21 舰用燃气透平,由著名的航空燃气透平 RB211 衍生而来,已经装备于英国 45 型驱逐舰,是目前唯一投入使用的复杂循环的舰用大功率燃气透平。WR21 舰用燃气透平采用了间冷回热技术,既提高了效率,又降低了排气温度、红外辐射及排气噪声,具有良好的低负荷性能,在全功率 25 MW·h 下的耗油率为 200 g/(kW·h),效率为 42%,这些指标对于舰船燃气透平目前是最先进的。在运行工况为 44% ~ 100% 范围内,WR21 的耗油率指标几乎保持相同;而用于发电机组的原动机时,WR21 平坦的燃油耗油率较简单循环燃气透平更适合综合电力推进方式。航空型燃气透平技术在地面燃气透平中的应用,以及采用各种联合循环、中间冷却、回热与再热等措施,使得地面发电燃气透平的性能和循环效率也大大提高。

在燃气透平装置中,压气机的耗功通常会占到燃气透平涡轮膨胀功的 1/2 ~ 2/3,导致动力涡轮输出功大大降低。因此,降低压气机耗功率成为提高燃气透平输出功的最有效措施之一。众所周知,随着环境温度的提高,空气密度下降,质量流量减少,因此燃气透平净输出功率和效率下降。而压气机则会因环境温度升高而需要消耗更多比压缩功。经验表明,环境温度每升高 1 ℃,燃气透平输出功率就会相应下降 0.54% ~ 0.90%。特别是在用电高峰期的炎热夏季,燃气透平装置输出功率下降得会比其他时候更加严重。通过在燃气透平特定位置向工作介质喷入液态水或者水蒸气,以及采用其他方式使工作介质与水发生直接接触而产生热量和质量交换,从而降低工作介质温度,这些措施可以统称为加湿,而这种情况下的燃气透平装置循环可以统称为湿循环,其能够有效提高燃气透平装置的效率和输出功率。燃气透平湿循环有多种形式,包括进气喷水或过喷水技术、压气机湿压缩技术、注蒸汽循环、湿空气循环等。在湿循环技术中,燃气透平进气喷水或过喷水、压气机湿压缩技术是近年来最受关注的技术,其可以增加功率输出,也可以提高热效率,被认为是相对简单且效费比较高的技术。燃气透平进气喷水或过喷水技术通过向燃气透平进气道喷入微小雾化水滴来实现,小水滴由于蒸发吸收空气中的热量,对气流进行冷却,最后可使气流在进入压气机之前达到饱和状态,这种情况称为"饱和喷水"。如果气流达到饱和状态时,还剩余部分水滴尚未蒸发,这些水滴就会进入压气机内继续蒸发,对压气机内气流进行冷却,而此时气流的压缩属于湿压缩,这种情况称为"过喷水"。在压气机内部进行的喷水称为"级间喷水",而此时气流压缩过程也是湿压缩过程。向燃气透平压气机进口喷水或在级间喷水,除了可以有效降低压气机耗功、大幅提高燃气透平输出功率以及提高燃气透平装置效率,从而减少单位投入成本之外,还可以有效抑制燃烧室内一氧化碳(CO)和氮氧化物(NO_x)的生成,从而降低燃气透平污染物的排放。另外,向压气机喷水还能够提高压气机的工作稳定性,这对改善燃气透平装置工作性能有重要意义。

1.2 CFD 技术在燃气透平研究中的应用

1.2.1 CFD 技术在叶轮机械中的应用

20 世纪 40 年代,叶轮机械中一般采用基于一元流设计思想的直叶片。由于简单径向平衡方程的出现,在 20 世纪 50 年代,扭曲叶片理论使叶轮机械得到了发展,使得设计者能够更多地考虑流动在展向的变化。1952 年,吴仲华院士提出 S1 和 S2 两类相对流面理论,给叶轮机械的设计领域带来了革命性的变革,准三元设计体系得以实现,大量具有扭曲叶片的性能优良的叶轮机械开始出现,并且这种方法至今还有研究。1974 年,英国剑桥大学 Denton J. D. 教授首次通过数值计算得到了叶轮机械的三维定常流场解。20 世纪80 年代开始,大量基于求解全三维 N−S 方程的求解程序先后出现:Arnone 采用四阶龙格−库塔法、局部时间步长等方法对定常叶轮机械进行计算;Dawes 将自适应网格方法引入到叶轮机械计算中;Giles 和 Hah 对叶轮机械非定常进行模拟。

全三维 CFD 方法被逐渐应用于叶轮机械设计体系,取得了极大成功。针对叶轮机械的多叶片排问题,早期的多级计算的三维定常求解主要基于交界面的处理方法,如周向平均模型和混合面模型。1985 年,NASA Glenn 研究中心的 Adamczy 提出了考虑叶片排间确定性应力的通道平均模型。1992 年,Denton 教授确立了现代混合平面模型,相当准确地预测了一个四级涡轮的气动性能。1995 年,Fritsch 等考虑了交界面处的熵增问题。1996 年,姚征等对混合方法本身的理论进行分析和比较。1999 年,Turner 采用 APNASA计算程序对 GE90 发动机 11 级高低压涡轮进行了整机数值模拟,其模拟结果与试验结果非常符合。2003 年,钟光辉等对多叶片排间交界面处熵增及流量、动量和能量守恒进行分析。同年,Dawes 和 Denton 简化了无反射边界条件−外推边界条件来处理叶轮机械中动、静叶的间隙都比较小的情况下的流动。

叶轮机械动、静叶相对转动和干涉的必然性使得其流场为固有非定常,因此更加吸引了众多学者对非定常数值模拟进行深入研究。非定常计算可以采用 Jamson 双时间步法求解。非定常交界面处理可以采用如 Rai 的叶片约化近似法、相延迟法和 Duram 大学的He Li 教授的非线性谐波方法。叶片约化近似法需要动、静节距比一致,相延迟法需要精心计算动、静叶直接的相对位置,谐波方法基于傅立叶分解求解。这三种方法中谐波方法相对需要较短非定常求解时间,越来越显示出其优越的性能,并引起了学术界的广泛注意与研究。

侯树强等对叶轮机械内部流场数值模拟的发展历史和无黏性流、准黏性流、完全黏性流三个模拟阶段中各种数值模拟方法的原理、特点及应用进行了综述。陈海生等以叶轮机械内部流动研究方法为线索,分别从理论分析、试验测试和数值计算三个方面对国内外叶轮机械内部流动的研究进展和现状进行了综述。杨策等总结了国内外叶轮机界应用显式时间推进方法和隐式时间推进方法计算叶轮机内部流场的最新进展等。 葛宁采用南航开发的 NUAA-Turbo 软件对 E^3 高压涡轮级进行稳态流场全三维气动性能验算,并在此基础上进行非定常流计算方法的研究。邹正平对叶型偏差引起的非定常流动进行研究,并研究了马赫数对振荡涡轮叶片非定常流动的影响。袁新首次提出了新型 LU 隐式格式,发展了改良型四(五)阶 MUSCL-TVD 格式,改进了能有效模拟复杂流动、模型相对简单、为工程实际所能接受的 $q−\omega$ 和 $k−\omega$ 两方程湍流模型,用以分析可压缩湍流,对热力叶轮机械内部的三维非定常流动进行了数值模拟。袁新等改进了数值模拟算法,对平面叶栅气膜冷却流动进行了数值模拟研究。严明等应用预处理方法求解三维可压缩流动纳维−斯托克斯(Navier−Stokes)方程,发展了一种适用于叶轮机械的,既可以求解跨声速流动,又可以求解不可压流动的数值模拟方法。高丽敏等采用混合界面方法对多压气机进行了数值研究工作,并将预估的气动性能、设计工况下的全三维流场以及混合界面方法对计算结果的影响进行了详细讨论。江小松对多排多通道叶片三维流场进行了并行数值计算。

1.2.2 CFD 技术在燃烧室中的应用

燃烧室是燃气透平的核心部件之一,它的性能研究在整个燃气透平的研究中起着关键作用。它的工作过程比燃气透平其他部件复杂,涉及气体流动、传热、传质以及化学反应等一系列非常复杂的过程,对于试验测量的要求很高,因此要得到准确和全面的数据非常不容易。现在,基于计算流体力学(CFD)、数值传热学(NHT)和计算燃烧学(CCD)为核心的数值模拟方法已被广泛应用于燃烧室流场和燃烧性能的计算中,其研究成果可用来指导燃烧室设计与性能改进,并且数值模拟凸现出越来越大的优势,已成为低污染燃烧室设计的重要工具。

现在燃烧室数值模拟从一维模型开始发展到三维模型。Bowman、Heywood、Hammond 和 Roberts 等对一维模型进行了研究并给出了 NO 和 CO 的含量(质量分数)。Mizutani 做出了轴向与径向二维模型,可以算出简单化学反应。三维燃烧模型随着计算机性能的飞速提高,可以把较复杂的燃烧室的冷热态流动情况模拟得较清楚。Ramos、Sokolov、Tolpadi、Amin、Raju、Datta 等对轴对称或不对称燃烧室反应流动进行数值模拟,分析在燃烧室不同区域流体流动情况和温度分布,还有在不同的环境下燃烧出口 NO_x 的分布情况。McGuirk、Crocker、Spalding 等也在这方面做了大量研究,使得程序的通用性得到较大的提高,对于结构变化较大的燃烧室几何形状都比较适用。

燃气透平燃烧室的数值模拟目前在国内特别受关注,相关研究较多。严传俊对 CFM56 燃烧室中单个扇形火焰筒的燃烧流进行了数值模拟,其程序中气相场在欧拉坐标系中用 SIMPLE 算法求解,液相场在拉格朗日坐标系中用单元内颗粒源法(Particle Source in Cell,PSIC)求解。孟岚等采用 $k-\varepsilon$ 两方程湍流模型和 EBU 涡旋破碎模型燃烧模型,同时在对燃烧室进行模拟时,采用了简单化学反应系统假设来计算化学反应。刘富强等采用 Realizable $k-\varepsilon$ 模型对某重型燃气透平环形燃烧室进行数值模拟,计算结果与实际燃烧室燃烧特征较为符合。雷雨冰等采用区域法和偏微分方程法生成带二级突扩压器、涡流器、内外环二股通道和火焰筒的环形燃烧室整体三维贴体网格,在三维曲线坐标系下采用改进的多区域耦合求解法对环形燃烧室三维两相反应整体流场进行了数值模拟。郑锟哲等对不同反应机理燃烧模拟进行研究,说明合理选择化学反应模型、湍流模型和燃烧模型可以提高计算效率及保证结果的准确性。李名家等从数值模拟和试验研究两个方面对燃烧室冷热态条件下的性能进行分析,为查找燃烧室故障以及优化提供了依据。徐榕等采用 RNG $k-\varepsilon$ 湍流模型,EBU(Eddy Break up)—Arrhenius 燃烧模型和六通量辐射模型模拟湍流燃烧过程,采用颗粒轨道模型模拟两相流动,对旋流杯环形燃烧室冷态和两相燃烧全流程流场进行数值研究。

1.2.3 燃气透平全通流 CFD 技术

20 世纪 80 年代中后期,美国开展了"综合高性能涡轮发动机技术(IHPTET)"研究计划,迅速发展的 CFD 技术在 IHPTET 计划的发展中占据了越来越重要的地位。为了充分利用先进的计算机仿真技术来提高设计的可信度,降低试验及与此相关的硬件设施成本,促进IHPTET计划的加速进行,NASA(美国国家航空和航天局)与美国国防部于1989年正式提出了发展推进系统数值仿真技术(Numerical Propulsion System Simulation,NPSS)的研究计划,即"虚拟风洞"或"数值试验台"。NPSS不仅能够满足稳定性、花费、全过程、可靠性的要求,而且在此基础上可提供快速和适用的计算,它所使用的模型涉及流体力学、传热、燃烧、结构强度、材料、控制、制造和经济等多学科领域,能为推进系统的前期设计提供性能、操作性和寿命方面的准确参数。NPSS中整机仿真的阶段目标:①0D/1D发动机仿真;②2D轴对称发动机仿真;③3D稳态发动机气动性能仿真;④3D稳态多学科综合仿真;⑤3D动态多学科综合仿真。NPSS计划是发动机数值仿真技术的发展方向,也是反映发动机数值仿真发展趋势与水平的一个计划。NPSS包括3个主要部分:发动机的应用模型、仿真环境的系统软件和高性能的计算环境。该计划以大规模、分布式、高性能计算和通信环境为依托,采用最先进的面向对象及远程网络协同工作技术,将推进系统各部件、各分系统及多学科综合设计、分析与评估集成在一起,可以减少先进推进系统昂贵的研究及试验费用,并可在项目投资之前就对其设计进行详细评估,在一定程度上减少了研究的风险,并加快了研究的进度。文献[59]和文献[60]对美国推进系统数值仿真计划进行了详细综述。

NASA GRC整机数值模拟研究的对象是GE90-94B高旁通涡扇发动机(图1.1)。高保真整机模拟由三维CFD模型组成,包括风扇、低压压气机、高压压气机、燃烧室、整个涡轮部件(包括高压和低压涡轮)。燃烧室部分的流动用NCC燃烧模拟求解器进行模拟,叶轮部件模型用APNASA求解器进行模拟。所有叶轮部件模拟结果都与GE90-94B部件试验数据进行了对比。NCC求解器在求解N-S方程时采用显式四阶Runge-Kutta格式,湍流封闭采用标准$k-\varepsilon$模型,近壁面区采用高雷诺数壁面函数,或者针对涡旋流动采用非线性$k-\varepsilon$。APNASA求解器采用显式四阶Runge-Kutta格式,采用当地时间步进和隐式残差光滑加速收敛,湍流封闭采用$k-\varepsilon$湍流模型,采用壁面函数模拟近壁湍流。

斯坦福大学湍流综合模拟中心(CITS)是美国能源部在斯坦福流体物理学和计算研究的基础上建立的,目标是开发集成高保真航空发动机模拟技术。CITS属于美国能源部于1997年开始的加速战略计算创新(Accelerated Strategic Computing Initiative,ASCI)计划中与其合作的学术界战略联盟计划(Academic Strategic Alliances Program,ASAP)的五家大学研究中心之一。斯坦福大学湍流综合模拟中心项目目的是开发高性能计算技术,利用大规模并行计算对航空发动机内部流动和燃烧过程进行整机多物理的数值模拟。CITS项目现在已经能够实现对整机的初步模拟。基于这项技术,发动机设计者就可以利用模拟结果检验复杂的非设计工况,这对发动机性能和可靠性极为重要。因而,这项技术可以大大减少试验阶段所需的时间和费用。通过该项目发展先进计算技术,可为航空发动机设计以及其他相关行业提供先进计算方法。CITS所进行的燃气透平整体数值模拟研究的对象是P&W 6000航空发动机(图1.2),该发动机是轴流双转子涡扇发动机,通流结构包括一级风扇、四级低压压气机、六级高压压气机、环形燃烧室、一级高压涡轮和三级低压涡轮,以及其他相关附属通流结构。

20世纪90年代以来,我国燃气透平数值仿真研究取得了巨大进展,但大多集中在涡

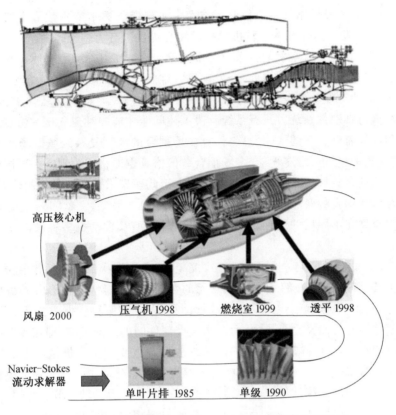

图 1.1　GE90－94B 高旁通涡扇发动机数值模拟的发展过程

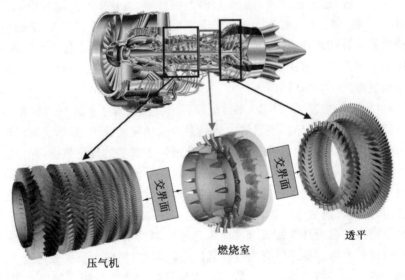

图 1.2　P&W 6000 航空发动机剖视图

轮、压气机或燃烧室等发动机部件的气动设计、优化和部件数值模拟算法的研究,而关于整机三维模拟仿真的研究工作不多。单独的燃气透平部件数值模拟存在着边界条件不真实,各部件之间匹配联系不紧密,并且不能反映整机内客观存在的多部件与多学科流动特征等弱点,这就需要发展结合数值传递等技术来实现燃气透平整机数值模拟。计算机和CFD技术的迅速发展给燃气透平整机模拟的实现提供了有力基础。

冯国泰等主要讨论航空发动机数值仿真试验台建立中几个关键技术问题:发动机数值仿真试验台建立的目标与基本要求;发动机三维多功能数值仿真数学模型、精度可靠性与并行算法;部件与发动机数值仿真试验台集成软件包;发动机仿真软件平台的框架;发动机三维数值仿真硬件系统。只有系统解决上述问题才能顺利建立这一仿真试验台。随着计算机和计算流体力学的快速发展,伴有多场耦合的大型复杂区域流场的数值模拟成为可能,燃气透平整机三维多功能、多场耦合数值仿真也即将成为现实。冯国泰等给出了燃气透平多场耦合数值仿真的统一数学模型,由于此模型采用了广义控制体系,其在求解非定常气、热、弹耦合的变域差分问题时显得非常方便。另外,文献[66]还讨论了其给出的统一数学模型在不同场的演化、多场耦合的四种类型及发动机多种层次的物理模型和数学模型。

文献[67]和文献[68]讨论了建立一个完整的、不同层次的发动机数值仿真试验平台应解决的主要问题,同时介绍了一个准三元的数值仿真试验台,并给出了初步的计算结果。使用这一技术对某双轴弹用发动机进行计算,发现在某种控制方式下只依靠提高高压涡轮效率并不能提高发动机推力,而必须考虑部件间的匹配影响,即在改变高压涡轮效率的同时改变喷口尺寸,这对发动机的技术改造有着重要的实用价值。施发树等以叶轮机多部件模型为基础,统一了冷热部件的数学数值方法,建立了一体化弹用小涡扇发动机系统含黏性力项的准三维欧拉流动模型,预测了巡航条件下发动机节流特性——内涵喷口几何面积对发动机性能影响,结果与其他有效数据相符合。可以预测发动机在其他稳态条件下的各种特性,经过推广可应用于过渡态的模拟,奠定了准三维数值试验台建设的基础。文献[71]和文献[72]对某型双转子涡扇发动机内流场进行了S2流面整机模拟计算。将气动数值计算与工程应用经验、试验数据相结合,能够有效地节约计算量,是将流场计算应用于工程开发和解决实际设计问题的非常有效的方法。胡燕华等采用同样的方法对涡轴发动机进行了整机计算。

文献[74]通过三维N-S方程,用数值模拟的方法计算了某型燃气涡轮起动机涡轮级和喷管内部的三维流场,分析了通道内的涡系产生和流动分离,揭示了该涡轮级和喷管内部流场的物理特征,为该起动机的改进和设计提供了重要的理论依据,并为整机的数值仿真奠定了坚实的基础。文献[75]给出了由于改型后的涡轮在匹配上与发动机其余部件存在流量偏小和功率偏大的偏差的解决方案,即改变涡轮导流叶片的安装角和调节涡轮出口的背压,采用将涡轮全三维仿真与发动机总体零维仿真相结合的设计方案,研究了某单轴涡喷发动机的涡轮特性改进对发动机总体性能的影响,其结果可作为初步意见供以后部件改型设计参考。杨琳等对内涵高低压三级涡轮、涡轮出口支板通道、外涵通道以及内外涵混合段流动进行联立计算,给出了流场结构和流动分析。结果表明,联立数值模拟十分必要,是考察多部件匹配特性的有效手段。为了解决某型涡扇发动机尾喷管改型中的流量匹配问题,可采用iSIGHT软件平台集成零维发动机性能仿真程序、三维混合室和尾喷管的流场计算程序,并运用零维和三维相结合的数值缩放(Zooming)技术,从而实现混合室和尾喷管型面以及进出口面积的自动修正,解决尾喷管和发动机在设计点与非设计点流量匹配的问题,并能够准确地反映混合室和尾喷管三维流动效应对流量系数、推力系数以及发动机工作点的影响。该方法可以为实现涡扇发动机其他部件的Zooming 技术提供有价值的参考。

1.3 燃气透平装置加湿技术研究现状

1.3.1 燃气透平装置主要加湿增功措施

本节所介绍的燃气透平各种功率增加技术方案是指基于现有燃气透平装置,在实施中只对其进行相应技术改造,均不需要对目标燃气透平做内部重新设计或者改动,增功技术的目的就是提高现有燃气透平的性能,也就是提高装置输出功率和装置效率。众所周知,当压气机进气温度升高时,压气机质量流量下降,从而造成燃气透平性能下降。目前,已经实现或者开展研究的最重要的几种增加功率的措施包括燃气透平传统进气冷却技术(如机械式或吸收式冷却技术、进口媒介蒸发冷却循环、进气制冷循环等)、燃气透平喷水冷却技术(包括进气高压喷水和过喷水,压气机级前、级间与级后喷水,燃烧室喷水等)、湿空气循环(利用加湿塔对进气加湿)、燃烧室(或压气机、涡轮)喷注蒸汽循环。这些增加功率的措施中,包含水或水蒸气进入循环的都可以看作湿循环。图1.3 是在压力为1.013 bar(1 bar＝0.1 MPa)时的湿空气焓湿图,深色线条为本节介绍的各种进气冷却循环对应的不同焓湿变化过程,将在下面对相关典型循环的介绍中用到。

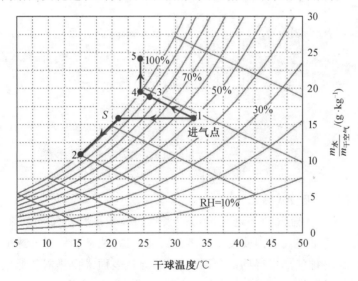

图 1.3 湿空气焓湿图(1.013 bar 条件下)

RH— 相对湿度

1.燃气透平进气机械压缩式冷却

图1.4为一种用于燃气透平进气冷却的机械压缩式冷却系统示意图。其工作原理是,在燃气透平压气机前的进气道内安装一套表面式换热器,由机械或电力驱动制冷压缩机,制冷剂在管道内循环流动,燃气透平进气通过与换热器热交换达到冷却目的。所用制冷剂可以是液态水、冰或者其他冷却液,驱动冷却液和油泵及冷却塔等辅助设备运转需要消耗一部分燃气透平的输出功。在这种方式中,进气与制冷剂之间没有直接接触,而是通过压气机上游进气道内的换热器的冷却盘管来实现对进气的冷却。

采用这种进气制冷方案时,对应的冷却空气热力学变化过程在湿空气焓湿图1.3中表示为1—S—2。其中,1点处为环境进气状态点,燃气透平进气气流在换热器内与其表面发生热交换后受到冷却,压力保持不变,可以达到相应压力下的饱和温度,此时的状态对应图中的S点。在过程1—S中尚没有水分析出,空气绝对湿度保持不变,该过程可称为等湿冷却。如果继续进行冷却或冷却程度更深时,就会有水分析出,温度继续降低,在气流流出换热器之后,其状态最终达到图中的状态点2,而过程S—2属于去湿冷却。冷却过程中析出的水分在进气流入压气机之前必须除掉,防止大水滴对压气机叶片产生侵蚀破坏以及不洁净水对叶片表面涂层材料的腐蚀。机械压缩式制冷方案的一个重要特点和优势是,不管环境温度和湿度如何,总能把燃气透平进气的温度降低到某一需要温度值。

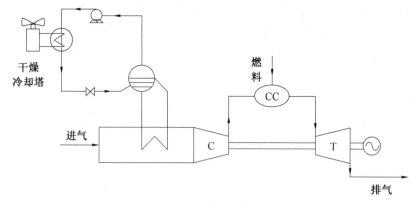

图1.4　燃气透平进气冷却的机械压缩式冷却系统示意图
C—压气机;CC—燃烧室;T—透平

2.燃气透平进气吸收式冷却

图1.5为一种用于燃气透平进气冷却的吸收式冷却系统示意图。在此类冷却系统中,同样是在燃气透平进气道内安装一套表面式换热器,通常利用燃气透平涡轮排气的余热驱动蒸发器,使得排气热量得到部分回收利用,通过表面式换热器降低燃气透平进气温度,从而增加燃气透平输出功率,提高装置效率。在这类冷却系统中,燃气透平进气与制冷剂之间同样没有直接接触,而是通过换热器实现热交换。另外,燃气透平装置输出功率的一部分需要用于驱动泵、制冷机和其他辅助设备。由于吸收式冷却方式可以充分利用燃气透平排气余热,因此一经提出便得到较快发展,并已经在许多燃气透平装置中成功应用多年。吸收式冷却器的制冷热力学原理与机械压缩式相同,所以其在图1.3中的变化过程与机械压缩式相同,其主要优点也同机械压缩式制冷技术相同。

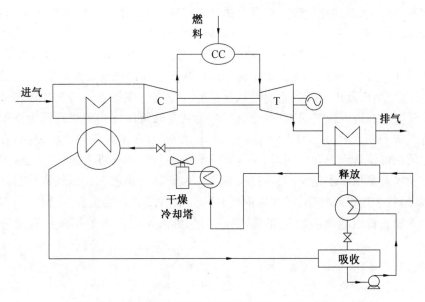

图 1.5 燃气透平进气冷却的吸收式冷却系统示意图

3. 燃气透平进气传统蒸发式冷却

图 1.6 为一种燃气透平进气传统蒸发冷却系统示意图。在进气道内安装蒸发冷却器,燃气透平进气在经过蒸发冷却器时,与安装于冷却器内的加湿蜂窝媒介中的水分直接接触,通过水分的蒸发来使进气得到冷却。但这种蒸发冷却方式通常不太可能使进气温度达到湿球温度,媒介冷却器的效率通常为 90% ~ 95%。一般来说,蒸发冷却器的冷却效果,也就是可以使进气温度所能达到的下降程度与冷却设备的设计方案(包括媒介中的水分与流经的空气流的直接接触面积、气流经过媒介时的滞留时间等)和工作环境条件有关。传统媒介蒸发冷却器内气流的热力学过程在图 1.3 中表示为 1—3,在该过程中,燃气透平进气流经冷却器受到冷却的同时,气流内蒸汽质量分数增加,湿度增加,而空气温度下降流失的热焓传递给了蒸汽,混合气流的总焓保持不变,这个过程是一个等焓加湿冷却过程。

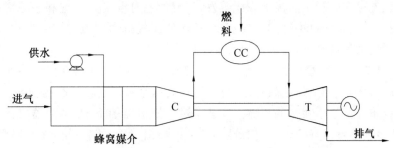

图 1.6 燃气透平进气传统蒸发冷却系统示意图

4. 燃气透平进气喷水或过喷水冷却与湿压缩

图 1.7 是一种典型燃气透平进气喷水(Inlet Fogging)或过喷水(Overspray Fogging)蒸发冷却系统示意图。燃气透平进气喷水冷却是在进气道内布置喷嘴阵向气

流喷入水雾,通过水滴的蒸发吸收热量对进气进行冷却,同时水滴蒸发产生的蒸汽进入气流,组成混合气体进入下游压气机压缩,最后参与涡轮的做功。喷水所用的水必须经过除盐软化,防止无机盐对压气机叶片造成腐蚀破坏。通常要采用较高的压力将水雾化,雾化喷嘴的工作压力范围一般为 70 ~ 200 bar,以使雾滴达到比较精细的水平,从而使水雾能够较快完成蒸发,而且小水滴也不会对压气机叶片造成过度侵蚀。进气喷水的蒸发冷却效果可以使气流在进入压气机之前达到饱和,也就是气流温度达到当地压力下的湿球温度。对进气饱和喷水(Saturated Fogging)技术来说,喷入水量需要严格控制,在使进入压气机之前的气流达到饱和的同时,所有水滴蒸发必须在空气进入压气机之前完成。过喷水冷却技术与高压喷水相同,只不过实际喷入水量超过使进气在压气机前恰好达到饱和的量,从而处于过饱和状态,进气道内尚有部分水滴没有完成蒸发。这样,一部分液态水分将进入压气机内继续蒸发至完成,而在压气机内完成蒸发的压缩过程就称为湿压缩。

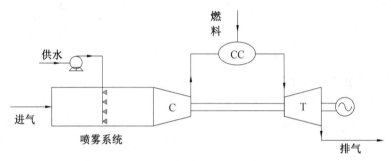

图 1.7　燃气透平进气喷水或过喷水蒸发冷却系统示意图

　　喷水冷却技术中,气流经过的热力学过程在图 1.3 中表示为 1—4。进气喷水蒸发冷却使气流温度降低,同时由于水滴与气流之间的传热和传质作用没有发生热量流失而保持总焓不变,是一个等焓加湿过程,这与传统蒸发类似,但由于水滴参与到气流中能够对气流进行连续冷却,所以能够把进气温度冷却到更低,以致达到饱和温度。过喷水冷却中,气流的热力学过程在图 1.3 中表示为 1—4—5,气流进入压气机之前已经达到饱和温度,但此时仍然存在大量雾滴尚未完成蒸发,气流的绝对湿度大于饱和态绝对湿度,这部分过量水滴将进入压气机中继续完成蒸发,从而使压气机内气流的压缩过程保持在较低的温度,既能增加气流密度,又可以大大降低压缩耗功。

　　图 1.8 是美国 Mee 公司设计并大量投入使用的进气喷水蒸发系统设备示意图,主要是在原进气系统的基础上加装软化水供给设备、高压水泵、喷嘴阵、高压管路,另外还有气象站、控制设备等。产生喷水的喷嘴阵安装于进气滤清器的下游、消声器之前,水雾在进气道内滞留时间足够对气流进行充分冷却。可以根据不同天气状况,调整喷嘴阵中各组喷嘴的开闭,从而对喷水量进行控制,达到所要求的进气冷却效果。

　　图 1.9 中展示了各种喷水冷却技术及其喷水位置示意图。目前最常用的喷水技术是进气喷水,包括饱和喷水和过喷水两种方式,前者是控制喷入的水分在进入压气机之前完全蒸发,同时气流达到饱和状态;而后者则是喷入的水量超过饱和需求水量,气流在进入压气机之前达到饱和状态,但尚剩余部分水分未完成蒸发,从而进入压气机内继续蒸发。

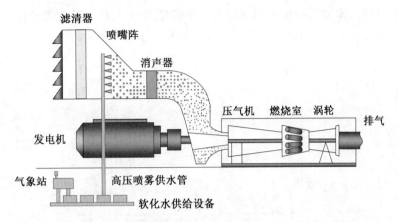

图 1.8　Mee 公司燃气透平进气喷水蒸发系统设备示意图

气流在压气机内压缩升温受到水滴蒸发的降温作用影响,可以使压缩过程保持在较低温度水平,节省压缩耗功。在压气机部件的喷水,可以选择在其入口处喷入,也可以选择在级间喷水,或者选择在压缩终了气流温度较高的压气机出口进行喷水,以达到冷却气流的目的。而只要有水分在压气机内蒸发,蒸汽与被冷却的气流混合,在压气机内受到压缩,就可以把压气机内的有蒸发同时发生的压缩过程看作湿压缩。通过利用涡轮的高温排气对供水进行加热,或者对水与气流混合物进行加热,可以对余热进行充分利用,提高装置的效率。而目前对回热式喷水冷却的研究相对较少。

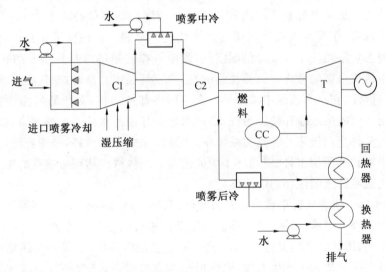

图 1.9　各种喷水冷却技术及其喷水位置示意图

5. 燃气透平燃烧室湿空气喷注(HAT 循环)

图 1.10 为一种典型燃气透平燃烧室湿空气喷注系统示意图,该技术又称为湿透平(Humid Air Turbine,HAT)循环,其原理是通过向燃气透平燃烧室喷注湿空气增加通过涡轮的燃气流量,从而大幅增加燃气透平净输出功率。这种系统包括许多附属部件:带中间冷却的空气压缩机,提供湿空气的气源,其驱动力由附属电动机提供;湿空气饱和器,对压缩机产生的压缩空气进行加湿;有两套回热器可对排气余热进行回收利用以提高装

置的效率,其分别用来对已在饱和器中得到加湿的空气进入燃烧室之前进行预热和对供水进行加热;另外,还有驱动循环水的水泵及供给补偿水的水泵;等等。

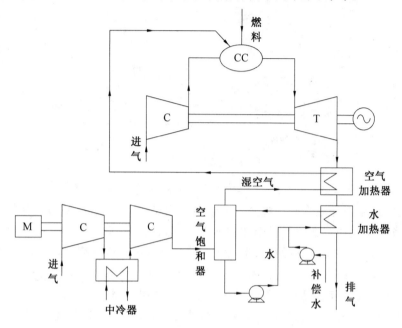

图 1.10　燃气透平燃烧室湿空气喷注系统示意图

　　这项技术是近年发展起来的比较新颖的一类增加功率的技术。文献[83]给出了相关试验结果,研究了湿空气喷注对燃气透平性能的影响。在该验证试验中,向 Fr7FA 型燃气透平的燃烧室喷注了 3.5% 的湿空气,湿空气喷注量的选择是基于防止湿空气对目标燃气透平造成危害的考虑。值得注意的是,当空气温度升高时,空气压缩机消耗的功率也增加了。因此,在这套系统中增加了一个中间冷却换热器,对压缩气体进行中间冷却,以减少辅助压气机的压缩耗功。另外,必须保证循环中的水分要足够纯净,以防止燃气透平和燃烧室部件受到损坏。在这类系统中,水循环是一个闭循环,必须连续或者周期性地对其进行更新和补偿供水,以使循环水中的溶解总固体浓度达到可接受的水平。

6. 燃气透平蒸汽喷注(STIG 循环)

　　图 1.11 为一种燃气透平燃烧室蒸汽喷注(Steam Injection Gas Turbine,STIG)循环系统示意图。程大猷博士首先提出并研究了蒸汽喷注对燃气透平性能的影响,并申请了多项相关专利,因此该循环又称 Cheng 式循环。在该循环中,安装一套回热蒸汽发生器,利用燃气透平排气热量来产生蒸汽,然后把蒸汽直接喷注入燃烧室,与压气机来流混合,混合气被加热后进入涡轮做功;产生的蒸汽也可以直接注入低压涡轮做功,无须经过燃烧室加热。由于涡轮排气热量得到回收利用,蒸汽喷注使得进入涡轮做功的流量增加,燃气透平净输出功增加,而排气温度降低有利于提高装置的热效率。注入蒸汽质量流量可以为入口质量流量的 3% ～ 10%。注入蒸汽的最大量依赖具体燃气透平情况,限制因素包括压气机喘振边界、燃气透平轴负荷与发生器过载能力等。

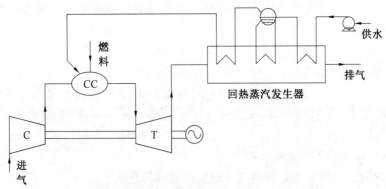

图 1.11　燃气透平燃烧室蒸汽喷注循环系统示意图

1.3.2　燃气透平进气喷水与湿压缩研究发展现状

1. 燃气透平湿压缩的提出及其特点

1850 年，Fernimough 提出蒸汽燃气混合式透平，水被喷入热气流中蒸发，混合气共同推动透平，这个思想被认为是燃气透平通过喷水来增加功率和控制 NO_x 排放的雏形。1903，Ægidius Elling 首先提出并建立了一台净输出功为正值的燃气透平，通过向压气机喷水冷却气流，燃烧气体由水套冷却，而水套中的水经蒸发后以蒸汽的形式注入透平中，增加的质量流量和空气热容使透平输出功增加。1947 年，Kleinschmidt 明确提出了湿压缩（Wet Compression）概念，并指出，湿压缩使燃气透平净输出功率增加的同时可以保证热效率不致降低（而传统中间冷却会使热效率降低），因为水滴从空气流中吸收的热量完全保存在水蒸气中，热量仍然留在气流中而无任何损失。Kleinschmidt 对压气机喷水所进行的理论研究表明，保持压比不变的情况下，喷水量为 3% 时，可使压气机耗功下降15%，而使回功比（压气机耗功与涡轮输出功的比值）下降 1/2 ～ 2/3，效率提高了 3%。

可见，压气机湿压缩循环与传统中间冷却循环（简称中冷）相比，二者的热力学过程既有相似之处，又有根本不同。湿压缩与中间冷却的目的都是通过降低空气压缩过程的温度来减少压缩耗功，从而增加燃气透平装置的输出功率。而二者的显著区别表现在：在湿压缩过程中，由喷嘴喷入的水滴与压气机内气流发生直接接触，水滴吸收热量而蒸发，与气流发生传热和传质作用，气流在压气机内的压缩过程可以得到连续冷却，从而使整个压缩过程保持在较低水平的温度，蒸发的水分以蒸汽形态进入气流与之混合，增加了气流的密度和质量流量；而中冷则需要把压气机内的压缩气流输送至中冷器，经冷却后的气体再被送到后续压气机中继续进行压缩，中冷过程中获得的热量品质低，难以再进行有效利用，造成一定的能量损失，导致燃气透平系统能力部分损失。

总体来说，压气机喷水湿压缩具有以下特点：

（1）在喷水湿压缩过程中，微小水滴喷入压气机后被气流携带，水滴蒸发过程中与气流发生热量传递和质量传递，气流在压缩过程中不断被冷却。喷水湿压缩过程是一个对气流连续冷却的过程。

（2）在喷水湿压缩过程中，低压气机内的气流温度是通过喷入水滴的蒸发来实现的。对空气气流来说，温度下降，焓值降低，其减少的能量全部由水或水蒸气吸收，能量的交换完全在混合气流内部进行,空气减少的能量并没有排出循环。湿压缩过程是一个特殊的连续回热过程。

(3)在喷水湿压缩过程中,由于水滴的不断蒸发,气流得到冷却从而质量流量增加,而产生的水蒸气也进入气流中,使得通过透平做功的燃气流量显著增加。同时由于水蒸气的定压比热容较大,在相同温降情况下的焓降也较大,从而使透平输出功显著增加。

(4)在喷水湿压缩过程中,压气机出口气流温度显著下降,在喷油率不变的情况下,燃烧室内燃气的温度也相对较低,可有效抑制 NO_x 的生成。同时,燃气中水蒸气组分的增加也对 NO_x 的生成有一定的抑制。

2. 工业燃气透平进气喷水与湿压缩研究的发展与现状

(1)进气喷水与湿压缩研究进展。

实际上从 1940 年开始,已经使用在压气机前喷水的技术来冷却气流。从 Kleinschmidt 提出湿压缩概念开始,对燃气透平进气喷水和湿压缩的研究就一直在进行。Wetzel 和 Jennings 对压比为 4.8 和 7 的压气机湿压缩进行了理论研究和分析,结果发现压气机消耗的比压缩功降低。他们还在一台十一级增压器上进行了试验研究,机组转速分别为 25 000 r/min 和 28 000 r/min,在试验中发现喷入的水雾在增压器内完全蒸发,压气机消耗的比压缩功下降,而且在他们的试验中没有发现任何的叶片侵蚀问题。Hill 开展了压气机湿压缩的热力学、空气动力学和传热理论的综合研究,同时还用水和酒精作为冷却剂进行了湿压缩的相关试验研究。

Poletavkin 给出了湿压缩过程的热力学方程式,其理论研究结果表明湿压缩在高压比(压比为 30 或者更高)时非常有效,效率可提高 50% 以上,气体的绝热指数达到1.08~1.15。Slobodyanyuk 的研究表明,向压气机进气道内喷入 8% 的水雾(雾滴直径为 30~40 μm)时可使燃气透平输出功率增加约 35%。Gasparovic 与 Hellemans 的研究表明,在保持压气机压比恒定的情况下,通过在压气机之前、压气机之后的换热器内、燃烧室内或其后进行喷水都可以使燃气透平的输出功率得到增加。他们的研究显示,燃气透平在空气流动达到饱和状态时能够更有效地运行,这个结果也得到了目前很多相关研究的证明。

Bardon 和 Fortin 对基本 Brayton 循环进行了修改以适应湿压缩研究,并对向压气机气流中喷入酒精的湿压缩过程进行了研究,而在压气机中蒸发的酒精在进入燃烧室后可以作为燃料的一部分。其研究发现,由于在气流压缩过程存在蒸发冷却作用,压气机耗功明显降低,而酒精燃料也相当于进行了燃烧之前的预热。但他们在研究中也指出,这时的燃烧室有必要进行重新设计,以使从压气机流入的贫燃料混合气得到充分燃烧。Murthy、Ehresman 和 Haykin 对湿压缩进行了广泛而深入的理论和试验研究,他们的研究目的是为了解决航空发动机在有积水的不平坦跑道起飞或飞机穿行于暴雨中时极易吸入水分而发生损坏的问题。他们研究了湿压缩对发动机性能的影响,尤其是对发动机推力、燃油消耗、喘振边界和转速的影响。他们在研究中考虑了四个基本问题,即离散相与连续相的气动耦合、离散相的径向偏移、两相之间的热量传递和质量传递,以及液滴尺寸在运行过程中的变化,通过对这些基本问题的研究来对发动机性能受到的影响进行分析。在所述的四个问题中,两相之间的气动耦合与水滴离散相的重新分布非常重要,二者之间既各自独立，又互相存在着密切联系。而由于压气机内压力和温度变化一般较大，传热和传质过程的影响也非常重要。两相之间的热量和质量传递的结果就是水蒸气组分进入气流中，混合气体的温度因水分的蒸发而明显降低，从而使得气流密度和定压比热容发生较大改变。显而易见的是，航空发动机如果吸入水分就会使压气机的性能发生很大改变，进而在很大程度上对发动机的性能产生重要的影响，影响的程度要依赖压气机流动的损失、压气机出口气流温度和压力、通过涡轮和尾喷管的燃气流量变化、发动机的控制参数等。如果发动机进气吸入的水分中有部分水分进入燃烧室并在其中进行蒸发，则燃烧室内的水分蒸发及其分布区域会对发动机性能产生较大影响。而如果进入燃烧室内蒸发的水分较小，压缩部件能够承受水分蒸发所带来的影响，即使进气吸入的水量较大，发动机仍然可以正常运转。

　　Nolan 和 Twombly 讨论了用于燃气透平增功的直接混合蒸发冷却系统的设计、安装、运行和性能特点。空气经喷水冷却达到饱和，在研究中考虑了流量波动、压力波动、泄漏流及其他损失。他们的研究表明，相比于基准状态功率（80 MW ISO），在过喷情况下，燃气透平输出功率增加了 9.6%，在该增加值中，7.4% 的贡献是来自进气蒸发冷却，而其余 2.2% 的贡献则是来自压气机内的蒸发的水分量（1.3%）。他们还发现，由于喷水冷却，燃气透平涡轮出口排气温度下降了大约 15 ℉（8.3 ℃），为了使出口气流温度达到 1 000 ℉（537.8 ℃），需要提高燃烧室内的点火温度。Young 给出了气液多相流的基本方程形式，用以计算气液混合物的热力学参数，这对于湿压缩模拟非常有用，该方程式经常被用于级积叠方法中。Mee 和 Meher-Homji 给出了湿压缩理论分析，其中包括相关的空气湿度表、水蒸气表、空气物性表等，还给出了非设计工况下以及工业应用喷水冷却的不同性能曲线。

　　Zheng 等发展了压气机湿压缩过程的热力学模型，以研究分析进气喷水和湿压缩冷却对燃气透平性能的影响。通过分析发现，随着喷水量增加，压气机压缩耗功减少，净输出功增加，但效率曲线在很宽的压缩比和透平进气温度范围里变化是平缓的。通过喷水的有效冷却使湿压缩过程的比压缩功大大减少，湿比压缩功甚至比干压缩等熵比压缩功还要低得多。湿压缩使压气机耗功减少，压缩指数减小。他们还对水滴蒸发时间、液滴破碎时间和破碎后的更细小水滴尺寸也进行了计算和分析。在后来的工作中，Zheng 等还把他们的湿压缩分析模型和方法扩展到了有回热燃气透平的循环中，并对该循环的连续蒸发和压气机内部的湿压缩冷却进行了讨论。

　　Bhargava 等对进气喷水技术在多套现有燃气透平系统上的应用及对系统的影响做了详细的参数化研究，其研究分析对象包括蒸发冷却系统和过喷水系统。在其研究中，把燃气透平性能参数与喷水情况下的主要的燃气透平设计参数结合起来，其中燃气透平性能参数包含了功率提升、热耗、燃油流量、单位功升时的喷水量、单位功升和单位比压缩功升时的压气机出口气流温度升幅。与工业燃气透平相比较，在进气喷水情况下，航空衍生型燃气透平的性能提升更加显著。他们的研究表明，喷入足够的水后，压气机比耗功较低、透平温度较低，此时燃气透平功率提升更多，热耗改善更明显。在较高的环境进气温度和较低的空气相对湿度情况下，高压进气喷水技术更能改善燃气透平装置的性能，包括功率提升和效率提高。

Chaker 等结合近 500 多套进气喷水系统在很多燃气透平装置(功率分布范围从 5 MW 到 250 MW)上的实际应用,并经过多年广泛的试验和理论研究,对进气喷水系统的机理和实际应用做了非常详细的分析。他们的研究包括基本的液滴热力学理论和传热与传质理论,还包括燃气透平进气喷水在实际应用中的一些操作经验等方面的考虑。他们在对液滴的传热和传质的研究中考虑了自然对流和强制对流的不同情况,讨论了气流速度对雾滴颗粒运动的影响。其研究还讨论了不同类型喷嘴情况下,不同的液滴测量技术和液滴颗粒尺寸组成的测量标准。另外,还对实际问题中涉及的压气机叶片磨蚀、腐蚀和压气机内结垢等方面进行了详细讨论。文献还集中给出了各种喷嘴的试验数据,并推荐了用于燃气透平进气喷水的标准喷嘴测试方法。他们还对进气道内喷入雾滴的复杂运动形式进行了研究,并给出了在多套风洞中所做试验的研究结果。同时,他们也介绍了对湿压缩压降方面的考虑,以及强调了选择正确有效的排除沉积水分方式的重要意义。

Horlock 对压气机喷水的非设计工况性能进行了一维分析研究,阐明了喷水蒸发、气流降温对压气机性能的影响。他对一台六级压气机的蒸发率进行了计算,在研究中指出,过喷水有可能导致压气机运行状态趋向失速点。尽管并没有提供喷水有可能导致压气机失速的证据,他还是建议针对地面发电燃气透平做更多这方面的测试。

Wang 等采用计算流体力学(CFD)方法做了在不同的几何结构内运动的雾滴运动规律研究,这些结构包括直管道、扩张结构、收缩结构、90°弯管等,以通过相关研究来预测由这几种结构组合的进气道内的雾滴运动规律。通过对不同结构内水滴运动的研究可以考察雾滴运动过程中的加速、减速及离心力作用,并预测冷却效果。在收缩结构中,由于气流加速作用,大水滴(50 μm 左右)的冷却效果变差,在出口处气流速度降低,而且该处温度较高,蒸发速度提高。在 90°弯管中,由于流动混合作用,冷却效果较好,离心力使得水滴趋向外壁运动,这可能导致出口处温度分布不均匀,弯管内冷却程度较高区域位于靠近外壁处。他们还对实际应用的进气道结构进行了模拟,考察液滴尺寸、液滴分布和湿度对气流受到冷却后温度场的分布的影响。在复杂进气道内,由于较大回流区域的存在,产生了流动脉动,因此气动损失增加,水滴容易在这些区域受到捕集,也有可能形成更大的水滴进入压气机内,容易对压气机叶片造成潜在的损坏。

Willems 等基于燃气透平基本的实际运行条件,对进气喷水冷却系统进行了定量分析。他们的研究考虑了实际燃气透平的运行条件、大气湿度、现场测量等,还应用了特制的测量设备,可对干球温度进行准确测量。他们的试验结果显示,处于饱和态或近饱和态的均质气流将不会再吸收水分,也就是此时不会有水分蒸发现象发生。而实际情况下,进气道的不规则几何结构导致喷水系统对进气的冷却是不均匀的,气流中会有冷热气团的分层共存,进气道内不同位置的气流存在 $3 \sim 7$ ℃ 的温差。他们的所有试验工况都显示功率输出增加,而其增加量很大程度上由环境温度、压力和相对湿度决定。

Bhargava 等对不同结构的联合循环动力装置中的燃气透平进气喷水冷却系统进行了深入研究。其研究发现,高压喷水可以有效恢复因炎热天气条件而损失的燃气透平功率输出,而且功率输出随着过喷水量的增加而增加。他们还发现,安装了先进技术燃气透平系统的联合循环装置在进行喷水冷却时功率输出增加较小,但效率提高明显。

Bagnoli 等利用他们建立的气动热力学模型研究了级间喷水对一台压气机为十七级

的燃气透平性能的影响。他们讨论了级间喷水对压气机各级性能的影响,进而预测了喷水对整台燃气透平性能的影响。他们研究发现,相比较于级间各喷水位置,在压气机的上游进行饱和喷水或过喷水,可以使功率输出达到最大。而可允许的最大喷水量则受环境条件、燃气透平最大允许输出功率以及压气机喘振极限的限制。在他们的研究中,最大允许功率输出不能超过设计功率的 25% ~ 30%。他们指出,喷水量的增加可能导致压气机的末级工作在喘振线附近。而在大气温度为 40 ℃、相对湿度为 40% 的情况下,在压气机第一级上游喷水 1.2% 就可以使燃气透平因高温而损失的功率输出(与标准状况相比较)得到恢复,要恢复损失的热效率则需喷水量为 1.4%。

Sexton 等对进气喷水和过喷水、压气机喷水进行了计算研究,分析了在不同环境温度、大气压力和湿度、进口流量、过喷水量和喷水温度下的压气机性能。他们设计用于研究的进气道可对真实的水分蒸发特性进行研究,包括喷水量、蒸发持续时间和液滴不断蒸发而直径不断减小的过程。在对非均匀液滴直径分布的喷水情况进行研究后发现,即使喷水只是为了使进气在压气机之前达到饱和态,也会有部分水滴未能在进气道内完全蒸发而进入压气机内部。这些进入压气机内的水滴由于在进气道内蒸发而直径已经很小,所以能够很好地跟随气流在压气机的前几级内完全蒸发掉。

Härtel 等研究了过喷水对压气机消耗的比压缩功的影响。在他们的模型中,通过引入水滴离散相和气流连续相之间的传热和传质来计算蒸发过程所需的时间。他们的研究结果表明,蒸发减弱之后湿压缩的收益就会减少。他们认为,对于现代重型工业燃气透平的典型压比,在把压缩过程视作近似热力学平衡的情况下,液滴需要小至 $1~\mu m$ 左右才能完全蒸发。

White 和 Meacock 用数值方法研究了微细喷水情况下湿压缩过程的热力学和气动力学特点,考察了喷水对压气机性能的影响。他们研究发现,液滴尺寸对不可逆相变产生的熵增有主要影响。他们的研究结果表明,喷水湿压缩会导致压气机各级进入非设计工况,前面的级会趋向堵塞,后面的级则会趋向失速,从而导致压气机的气动效率显著下降,工作范围也随之变窄。但由于实际的蒸发冷却效果要比理想湿压缩小得多,从而产生更多的热力学损失和气动效率受损,这样就使得实际做功能力比理想状况有所下降。基于此,他们认为现有压气机需要经过考虑这些影响,进行重新设计才能获得最优的喷水湿压缩循环的收益。

Li 等研究了湿压缩对压气机工作稳定性的影响。其研究结果表明,向压气机喷水不仅仅能够改善燃气透平的热力学性能,还能增强压缩系统的稳定性。喷水改变了压气机稳态和瞬态工作特性,可以使处于不稳定状态下的压缩系统在喷水之后重新进入稳定状态。他们的研究显示,在一定程度上,向压气机喷水能够避免喘振和旋转失速、改善压气机的工作稳定性,从而扩展压气机的工作范围和增加喘振裕度。喷水技术是最有效的主动控制技术之一。他们的研究结果在一定程度上与 White 与 Meacock 的研究结论相左。

(2)级间喷水湿压缩研究进展。

压气机的喷水洗涤系统也属于级间喷水的情况,不过正如 Ingistov 所指出,在 7EA 型燃气透平上安装的喷水系统的目的是对压气机叶片进行洗涤,从而使燃气透平能够保证正常输出功率,而不是为了增加功率的输出。Shepherd 等针对 Siemens 公司的一台燃气透平进行了进气喷水和级间喷水研究,并对现场采集数据进行了对比分析。其测试结果表明,采用级间喷水技术时,燃气透平的输出功率增加量几乎不受环境温度变动的影响。据此,研究者认为这是级间喷水的一大优点。他们的研究结果还表明,在污染物 NO_x 排放控制方面,级间喷水的效果要显著好于进气喷水。不过,他们在研究中也提到,向压气机喷水存在一些相关的风险,比如:水滴的分布问题,湿压缩对压气机进气道材料老化速度的影响,喷水后压气机内可能更容易结垢,压气机机匣可能发生变形,燃烧过程中可能存在动压扰动,控制系统需要调整等。

Bagnoli 等开发了可用于进行燃气透平在各种喷水方式下的性能模拟的计算程序。在他们的程序中,通过考虑定温和定压下潜热量和焓值的交换,对热交换方程进行求解,进而实现对水滴在压缩过程中蒸发的模拟。Bagnoli 等利用该计算程序,选择一台 GE Frame 7EA 燃气透平作为空气动力学模拟的对象,对其进行了级间喷水湿压缩研究,考察级间喷水对燃气透平性能的影响。他们通过结果分析得出,压气机湿压缩性能与喷水的位置有关。通过对压气机的第一级和第十七级深入研究发现,在所研究的各种不同喷水位置及各种环境条件下,压气机的第一级都发生了卸载现象,而第十七级都发生了加载现象。如果增加喷水量,将导致第十七级工作点移向喘振线,这意味着向压气机内喷水时必须选择合适的喷水量。他们的研究表明,与 ISO 条件下燃气透平的功率输出相比较,高温天气下燃气透平损失了大约 15% 的功率。他们的研究表明,在压气机第二级静叶喷水 1.6% 就可以实现对因高温天气而损失的功率的恢复。他们还发现,当喷水点从第一级向第五级移动时,单位喷水量产生的功率增加量将逐渐减少。而喷水点从进气道移向压气机进口时,液滴滞留时间很明显也会逐渐缩短。压气机压缩过程所消耗的比耗功在进行喷水后降低,而在进气道喷水时则能够使比耗功降低幅度达到最大,此时比耗功约为 ISO 工况下且不进行喷水时的 97%,高温天气时喷水量能够达到最大值。

Abdelwahab 采用一种基于液滴蒸发和压气机平均线计算的简单数值方法,对一台离心压气机进行了湿压缩计算。在其所用方法中,压气机模型与水滴模型相耦合,假设水滴很小,不考虑水滴内部温度梯度,忽略水滴离散相与气相之间的速度滑移。由于喷水量较高,采用足够小的水滴直径,同时也可以避免诸如产生制动转矩等机械问题和对叶轮叶片产生过度侵蚀作用。该液滴－压气机联合模型被用来预测压气机级的性能,包括各种进气条件、喷水量、水滴直径、设计压比等。其通过结果分析指出,小液滴蒸发时间快于流体质点运动时间,湿压缩影响叶轮和扩压器内的流动。对于小于 $10\,\mu m$ 的液滴,它们在扩压器内的蒸发时间比流体质点滞留时间短得多,当级压比提高时,流体质点流过叶轮的速度提高,水滴蒸发时间减少。

Sanaye 等研究了进气喷水和湿压缩对燃气透平性能的影响。通过对水滴在压气机进气道内的蒸发进行模拟,预测了进气道出口的水滴直径,并把计算结果与用软件 Fluent 计算的结果进行了对比。他们还预测了过喷水情况下水滴在进气道内未完全蒸发时压气机的排气温度,这时因水滴进入压气机蒸发而产生的湿压缩效果的影响使得压气机耗功比进气饱和喷水工况时有所降低。在所有进气喷水(1%)或过喷水(2%)工况下,压气机压缩过程消耗的比压缩功都得到降低。他们发现,由于喷水冷却产生的湿压缩的作用,压气机前几级的流量系数增加,这也导致了前几级的轴向速度提高,而折合速度也因压气机进气冷却而提高,这导致了压气机后面级的气流密度增加,轴向速度降低。随着压气机压比提高,所需喷水量也增加。在 Spina 的工作的基础上,Sanaye 等利用形状因子经验值得到了通用压气机特性线,并用来求得每一级的动叶工作系数,把计算结果与软件 Fluent 的计算值进行了比较。

由于燃气透平制造商对技术信息严格保密,往往难以得到某台压气机的准确特性线图,这成为研究湿压缩模型的一大障碍。Cerri 等引入了形状因子的概念,在压气机通用特性线图上用一个形状因子值代替压气机的总体性能,通用特性线图可以表示设计点的相应性能。Spina 总结了通用压气机特性线图的使用方法,并把计算结果与 Muir 等的试验结果进行了对比。Spina 在燃气透平热力循环计算程序中引入级积叠法,把形状因子参数作为需要调节的未知参数,确定该参数可以使得均方误差在燃气透平测量数据和相应程序计算结果之间达到最小。形状因子值通常可由各负荷和环境温度下的燃气透平效率或燃油质量流量、压气机出口压力和温度、涡轮出口气流温度等值来确定。使用压气机通用特性线图需要确定形状因子,而选择形状因子的过程是一个不确定过程。在 Spina 提出的方法中,定义通用级性能特性线的未知参数是通过结合一个循环程序与由级积叠法得到的压气机和涡轮特性线图来确定的。结果显示,这种方法可再现现有数据,但程序的高度非线性使得收敛困难,需要鲁棒性好的算法来得到更好的结果。

Kim 等从理论上分析了压气机喷水冷却装置的使用限制,对传热与传质过程进行了模拟,通过对液滴蒸发的研究,分析了连续湿压缩冷却过程。他们对湿压缩过程的参数化研究表明,液滴尺寸、喷水量或压气机压比等变量对液滴蒸发过程的非稳态特性有很大影响,并预测了液滴蒸发时间、压气机出口气流温度和比压缩功等湿压缩参数,以及液滴质量和温度、气流温度和焓值等参数的非稳态特性。而蒸发时间是压气机喷水湿压缩设计的关键变量,他们对这方面进行了研究。他们的研究发现,在蒸发开始阶段,液滴温度升高,而其质量减少要相对较弱,这时液滴内部能量增加,当增加到峰值后,蒸发强度提高,液滴能量开始随着液滴的蒸发而减少。喷水量减小,液滴初始直径减小或压气机压比增加时,液滴的蒸发时间缩短。研究发现,蒸发时间是受压缩过程和喷水过程许多变量影响的复杂函数,喷水量、压气机压比和液滴初始直径是其中最重要的变量。这些参数很大程度上决定着压气机的压缩耗功,他们的计算显示,在压气机压比为 25 时,喷水 10% 可使压气机压缩耗功下降到原始值的 70%。

喷水改变了燃气透平装置各部件的运行特性。为了对这方面做深入研究,Roumeliotis 等建立了自适应模型,可对安装各种喷水方式的双轴燃气透平进行准确计算,包括进气喷水冷却、喷水间冷、燃烧室注水或注蒸汽。他们的模型中包含了发动机进气喷水、压气机间喷水、压气机出口喷水等计算模块,研究了喷水如何使部件运行性能改变。喷水增功计算是在指定转速下进行的,他们研究了输出同样功率时喷注蒸汽的情况,此时低压压气机运行于高压比,而当蒸汽注入高压压气机时,工作状态点会移向喘振极限。他们讨论了准确模拟对性能诊断的影响,给出了包含不同形式喷水模拟的模型,可进行连续可靠的发动机监测。

Jonsson 与 Yan 引用大量文献对当前燃气透平湿循环技术进行了总结,指出以空气/水混合物作为工作介质的燃气透平可提供更高的发电效率和更多的功率输出,虽然已经提出的湿燃气透平循环种类很多,比如直接注水循环、注蒸汽循环和湿化塔蒸发循环,但只有少数循环已经实现,投入商业运营的循环方式非常少。作者对以往湿循环燃气透平的研究和发展所做的综述可为研究者提供参考。

1.3.3　航空发动机喷水技术发展现状

燃气透平注水技术早期曾经广泛用于增加飞机发动机起飞推力、跨声速加速、紧急战斗状态等。而近年来针对商用涡扇发动机注水以延长发动机寿命、降低成本,以及减少污染排放的研究正在成为热点。

Beede 研究了 J33－A－21 和 J33－A－23 喷气式发动机压气机无喷水和有喷水的性能,分析了喷水对压气机性能的影响以及对该喷气发动机的压气机与涡轮匹配的影响。部件匹配分析基于由折合流量与压气机压比倒数的乘积定义的涡轮流量函数。喷水之后 J33－A－21 的压气机喘振点涡轮流量函数值比无喷水时更低,因此,喷水后压气机不会运行在喘振区。J33－A－23 的压气机喘振点涡轮流量函数值比无喷水时要高一些,因此,压气机喷水后,原来未喷水时的压气机工作稳定点移向喘振区或较差的工作条件,除非正常工作点压比不超过峰值压比的94%。喷水后,J33－A－21 压气机压比增加大约9.5%,流量增加大约7%。喷水后,喘振点流量比喷水前增加6%,J33－A－23 压气机压比只增加大约3%,流量增加大约13%。喷水后喘振点流量比喷水前增加17%。喷水使J33－A－21 的喘振点的涡轮流量系数比无喷水时降低3%;而J33－A－23 的喘振点的涡轮流量函数比无喷水时增加15%。两台压气机性能喷水后相反的变化部分原因是J33－A－21 的压比相对增加量比 J33－A－23 高6.5%,他认为J33－A－21 喷水收益好于 J33－A－23。Beede 和 Withee 研究了喷气发动机 J33－A－21 和 J33－A－23 两型号压气机喷水时的性能变化,叶轮叶片数取 17 和 34 两种情况,各自转速分别为11 500 r/min 和 11 750 r/min,水／空气比(质量比)从 0.05 到 0.06。喷水之后,34 叶片的 J33－A－21 和 J33－A－23 峰值压比升高约 0.38,而 17 叶片的 J33－A－23 压比只增加0.14。三个压气机的最高效率下降,范围在12%～14%。34 叶片的 J33－A－21 和 J33－A－23 总流量增加分别为 4.94 kg/s 和 3.58 kg/s,压气机比压缩功率增加分别为3%～7% 和 1%～2%。Beede、Withee 和 Ambrose 研究了 J33－A－27 发动机在设计转速11 800 r/min 时,喷水(喷水量5%)对压气机的影响。喷水后,峰值总压比增加9.0%,最大效率降低 0.15%,最大空气流量增加 4.1%,最大总流量增加 9.3%。喷水后,在峰值总压比点,比压缩功最大增加量为 3.5%。

Useller、Auble 和 Harvey 研究了在模拟的高空飞行高度条件下向轴流涡喷发动机的压气机喷入水－酒精混合物,通过蒸发冷却来增加涡喷发动机的推力。发动机结构包括十一级轴流压气机、扩压器、双环形燃烧室、两级轴流透平、可变截面尾喷管。转速为12 500 r/min,透平进气温度为 743.3 ℃ 时,海平面静推力为 13 344.66 N。高度为10 668 m,速度为 $Ma=1.0$,进气温度范围 -40～26.7 ℃,研究不同进气温度时冷却液蒸发对发动机性能的影响。冷却液混合物中,水和酒精质量分数分别为 55% 和 45%,喷入位置包括压气机进口、第六级和第九级。通过研究各位置喷射获得的推力增加量发现,级间喷射对该发动机的效果要好于进口喷射;由于相对简单,在第六级喷射要优于在第

六、九级的联合喷射。在模拟的高度、跨声速飞行条件下,向压气机中喷入冷却液后推力增加很少。部分原因是较低进气温度时冷却液蒸发效果较差,但更多的是因为冷却液对发动机部件性能产生的负面影响。级间喷射产生的推力增加主要是因为气流量的增加,另外尾喷管压力增加也产生小部分推力增加。进口喷射时,发动机压力水平小幅降低,平均排气温度降低导致静推力降低。在进气温度为 26.7 ℃ 时推力增加最大,这是因为此时蒸发较强。与无喷射相比,在 26.7 ℃,增加的液相率为 2.98 时,增加的静推力和发动机推力达到最大值,分别为基准状态的 1.106 和 1.062。总体来说,向压气机喷冷却液来增加推力所能产生的效果很大程度上受所选择发动机部件设计特性的影响。

针对文献[137]中的轴流涡喷发动机,Harp、Useller 和 Auble 开展了向压气机进口喷液氨以增加推力的研究。虽然液体的蒸发使空气在压缩过程得到冷却是一种很好的增加涡喷发动机推力的方法,但冷却液的不同对增加推力效果影响很大。他们对不同冷却液进行了分析。文献[137]研究表明,在高空飞行时,由于温度很低,水 – 酒精不是满意的冷却液。在相对较低的工作温度下,水和过氧化氢不是满意的冷却液,因为它们的沸点较高;而氯甲烷和液态空气的蒸发热很低,蒸发时只能吸收少量的热量,不适合该工况下用作冷却液。他们认为选择液态无水氨作为冷却液有最大的优势,沸点相对较低,可以满足在实际工况温度和压力下的蒸发需要;而且氨在燃烧室会参与燃烧,可以代替部分燃料,其燃烧热值大约为汽油的一半。而氨最主要的缺点是有毒,且腐蚀铜和铜合金。他们的研究结果表明,在高空飞行条件下,液氨是很好的冷却液,可以大大增加发动机的推力。高度为 10 668 m、速度为 $Ma = 1.0$ 的条件下,氨 – 空气比为 0.049、进气温度为 -10.6 ℃ 时,最大净推力增加 13%,对应的液相率为 3.8;氨 – 空气比为 0.055、进气温度为 26.7 ℃ 时,最大净推力增加 29%,对应的液相率为 4.5。而由文献[137]可知,相同条件下,级间喷射水 – 酒精混合物获得的推力增加不到喷射液氨的 1/2。

Stroub 对炎热天气时向直升机发动机喷水以增加载荷和航程进行了研究分析。通过研究两型直升机 UH–1H 和 CH–47B 各自的发动机喷水后的性能发现,UH–1H 在任务半径为 92.6 km 时,有效载荷增加 86.7%;CH–47B 在相同的任务半径时,有效载荷增加 49.5%。在海拔 1 525 m,气温从 15 ℃ 升高到 35 ℃ 时,UH–1H 直升机的盘旋载荷能力丧失大约 680 kg。通过向直升机发动机的压气机入口注水,水滴的蒸发冷却使得压气机压比和质量流量增加,不但可以有效恢复载荷,而且可使发动机轴功率输出更高,大大改善了直升机的起飞性能和热天高空爬升性能,增加了运输载荷。他在研究中指出,必须对水进行软化处理,防止无机物沉积在压气机叶片和燃烧室壁面。注水系统有两个主要缺陷:增加了后勤和维护要求。文献[139]中还提到,当时的民航客机 B707 和 DC–8 使用的 J–57 发动机、B747 使用的 JT9D 发动机都采用了压气机喷水技术,而军用飞机 B–52F 和 B–52G、KC–135、F–105D 也把喷水增功作为推进系统动力来源的一部分。

1.3.4　国内对燃气透平喷水技术的研究

国内燃气透平湿压缩技术的理论和试验研究已取得一系列研究成果,并且近年来相关研究越来越多,且已有喷水机组投入运营。20 世纪 60 年代,陈大燮教授对湿压缩的热力学性能及优点进行了综合分析,并指出饱和喷水技术具有优越性。早期的湿压缩技术研究包括对活塞式和螺杆式压缩机进行的喷水湿压缩理论和试验研究,相关的研究表明对压缩机进行喷水冷却可以减少比压缩功,提高压缩机效率。

中船重工集团公司第703研究所对燃气透平进气喷水和级间喷水冷却技术进行了大量的理论和试验研究。林枫和闻雪友等在大量分析国外有关向压气机通流部分喷水的资料基础上,根据已有初步试验结果,通过总结喷水后压气机性能主要特点及影响性能的关键因素,从理论上进行了分析论证,并根据湿压缩特点提出一种计算模型。林枫根据压气机多级特性曲线综合规律法建立了压气机通用变工况计算模型,并利用发动机总体特性信息对模型参考点进行修正,以提高模型计算精度。在综合分析国内外各个时期关于湿压缩所进行的研究的基础上,他从理论上对湿压缩的特点进行了分析论证,提出一种压气机湿压缩计算模型,并结合GT 25000燃气透平对压气机喷水中冷技术进行了分析研究,对采用该技术后发动机的性能进行了详细计算,并对燃气透平进气采用雾化式蒸发冷却技术后,机组功率、热耗率、排气流量、排气温度等性能参数的变化进行了分析计算,还对简单循环机组和联合循环机组的功率增幅情况进行了比较,得到了具有实际指导意义的结论。林枫和闻雪友对GT 25000燃气透平的高、低压压气机之间采用喷水中冷技术,建立了发动机性能计算的数学模型,详细分析了实施喷水中冷技术后发动机各项参数的变化情况。刘建成采用软件Fluent对某燃气透平的高压第一级进行了研究,分析湿压缩对级压比和级效率的影响,用于指导湿压缩试验研究。刘建成和闻雪友还对当时湿压缩技术的进展进行了综合介绍。2000年以来,第703研究所研制的进口喷水湿压缩装置已经在多套燃气透平上投入商业运营,取得了很好的效益。王永峰提出了简化的湿压缩计算模型,建立了湿压缩、湿压缩—回热、湿压缩—后冷—回热、湿间冷—湿后冷—回热、湿间冷—湿后冷—回热—预热、蒸汽回注、间冷回热和湿空气透平循环的计算模型及各种循环与简单循环计算共用的假设模型,对不同加水量、压比和燃烧室出口气流温度等条件下各种循环的效率和比压缩功进行了计算和分析。

哈尔滨工业大学对燃气透平喷水冷却技术进行了非常有益的理论研究。王永青和陈安斌等对压气机进气通道喷水冷却的喷水量和进气通道长度进行了理论研究。王永青和刘铭等从非平衡热力学基本原理出发,以广义热力学力为驱动势对传质过程进行研究,拟合得出水蒸气在空气中的传质系数表达式,并以此为基础建立了湿压缩过程的数值模型。王永青和刘铭等还研究了燃气透平装置中湿压缩过程的一般规律和性能,包括各种因素对湿压缩性能的影响分析、湿压缩过程传热传质分析及熵产分析,指出研制高效雾化喷嘴是有效实现湿压缩技术的关键,压比低、压缩时间短的压气机不宜采用湿压缩技术,将喷嘴安装在距压气机入口不远的级间对湿压缩性能影响不大。王永青和刘铭等给出了湿压缩效率的定义,研究了简单循环燃气透平入口喷水湿压缩的性能特点。王永青和王滨等将湿压缩方法用于HAT循环,构造了WHAT循环,并与常规HAT循环进行比较,得到较好结果。王永青和李炳熙对湿压缩的概念和特点、湿压缩的分类、国内外研究和发展现状及该技术的应用前景进行了详细的综述。

哈尔滨工程大学从1995年开始对燃气透平喷水湿压缩进行研究,对压气机进气喷水和级间喷水的湿压缩做了大量理论和试验研究。李淑英和郑群等研究了燃气透平压缩过程喷水直接掺混蒸发内冷的必要性,分析了喷水对压缩耗功、燃气透平功率输出和装置效率的影响,并提出级间喷水设想及可行性。李淑英通过对在 S1A－02 小型燃气透平所进行的两级离心压气机的级间无叶扩压器内喷水的大量试验研究结果分析得出:① 验证了保持涡轮进口温度 T_3^* 不变时,压气机喷水增加输出功率,提高循环效率的理论分析;② 验证了保持输出功率不变时,T_3^* 下降的结论;③ 证明喷水后,压气机工作是稳定的,整机工作是稳定、可靠的。孙聿峰和周杰给出了 S1A－02 燃气透平的压气机在级间喷水的改装设计。李淑英和戴景民讨论了喷水位置对压缩过程的影响,总结了喷水引起各参数变化的规律和机理,提出了燃气透平喷水的限制因素。李淑英和郑群等建立压气机级间喷水燃气透平数学模型,并用于计算分析压气机出口气流温度、比压缩功、涡轮进口温度、循环效率及输出功率随喷水量变化关系,讨论了压气机不同位置喷水对燃气透平比压缩功和循环效率等性能影响。王云辉在压缩系统 Moore－Greitzer 模型的基础上,考虑进口蒸发冷却和压气机湿压缩,推导出湿压缩系统喘振和旋转失速统一模型并首次研究了湿压缩对压缩系统不稳定工作特性的影响,推导出湿压缩系统稳定性分析数学模型。李淑英和魏青政等通过试验研究分析得出喷嘴的安装方式对压气机级间流场损失的影响及雾化效果影响。李淑英和张正一等给出按等功率及等涡轮出口气流温度运行条件下,在 S1A－02 燃气透平上进行压气机级间喷水,发动机各主要性能参数在不同工况下随喷水量的变化规律。马同玲和孙聿峰等提出进口加湿对实现高温环境及高原地区等恶劣工作条件下增压柴油机功率恢复的新途径,并对进口加湿进行了理论和试验研究。王云辉和刘敏等建立了湿压缩系统的 Moore－Greitzer 模型,用于分析湿压缩对压缩系统失速后瞬态响应的影响,研究表明,在一定条件下,湿压缩可以消除喘振和旋转失速,提高系统的运行稳定性。李淑英和祝剑虹等建立了压气机湿特性仿真模型,针对涡轮增压器的压气机进行了分析,得到喷水对压气机压比、流量等特性的影响。张伟通过单级增压器离心压气机进口喷水湿压缩试验,发现湿压缩增加了压气机质量流量,提高了压比,降低了压缩终温,减少了压气机所消耗的比压缩功。李淑英和卢伟等采用等压差微元段形式建立饱和湿压缩数学模型,分析了饱和湿缩对压气机耗功、出口气流温度、最大喷水量的影响,得到各压比所需最大喷水量。张正一和由雪琴等通过压缩系统中液滴蒸发速率计算方法得出蒸发速率与压比、进口温度的关系,并建立理想和实际湿压缩的数学模型,得出压缩终温、比压缩功随喷水百分比及效率的变化关系。李淑英和谭美芩等从工程热力学和传热传质学基本原理出发,给出理想湿压缩定义,研究了湿压缩对压气机性能的影响并与试验进行对比。李明宏和郑群考虑喷水湿压缩引入的质量和动量改变,推导并修正了湿压缩 Moore－Greitzer 基本模型,提出湿压缩技术作为控制压缩系统失速和喘振不稳定工作状态的主动控制方法,其研究结果表明,湿压缩技术在理论上不但不会恶化压缩系统的不稳定性,而且可以改善和消除压缩系统的失速和喘振。谭美芩试验研究了涡轮增压器压气机进口喷水,发现湿压缩提高了压气机的性能。王新年和由雪琴等介绍并分析了湿压缩试验台直流闪蒸试验的原理和设计,表明闪蒸技术可基本满足湿压缩试验台要求。卫星云和史玉恒等通过试验研究了离心压气机进口喷水特性和发电用燃气透平进口喷水的压气机特性,得到不同工况下喷水量对压气机工作点的影响。由雪琴建立了湿压缩燃气透平数学模型,并应用于某舰船燃气透平的进口喷水仿真计算,结果表明,在保持燃气透平燃气初温不变时,低压压气机与高压压气机的特性线向左上方移动,燃油消耗量增加,燃气透平的功率和效率都有较大提高,燃气透平性能得到改善。李淑英和王新年等分别针对小型燃气透平和压气机做了湿压缩试验,得到了与理论相符的试验结果。王新年和由雪琴等在改进的两级离心式压气机湿压缩试验台上进行湿压缩试验,测得单级离心压气机等折合转速下干压缩和湿压缩的特征参数,得到特性线和耗功的变化情况,揭示了湿压缩对压气机工作的影响。邵燕和郑群建立了湿压缩过程热力学模型,推导了湿压缩过程熵和㶲计算方法,分别对理想和实际湿压缩过程,不同水滴蒸发速率、不同喷水量情况下湿压缩过程、湿膨胀过程进行了分析。邵燕和郑群还利用 CFD 方法对单级压气机进行了研究。王新年和史玉恒对两级离心压气机湿压缩进行了试验研究,喷水位置包括进气喷水和级间喷水。孙兰昕和郑群等采用 CFD 方法对压气机湿压缩进行了研究,探讨了湿压缩对压气机分离的影响,并对压气机内水滴运动进行了分析。罗铭聪和郑群等研究了进气喷水对跨声速压气机级稳定性的影响。杨怀峰和郑群等研究了近失速点跨声速压气机的湿压缩性能。

喷水湿压缩技术在石化行业的应用也得到了研究。杨磊和许广宇对级间喷水冷却技术在裂解气压缩机应用进行了理论研究,并结合实际应用进行分析,认为该技术既可以解决结焦问题,又可延长机组运行周期。王树术对大庆石化公司裂解气压缩机组实施喷水湿压缩技术改造进行了介绍,裂解气出口气流温度下降,结焦问题得到解决,聚合结垢得到抑制,保障了压缩机组的安全可靠运行。

1.4　本书的主要内容

本书共 9 章,各章主要内容如下:

第 1 章介绍燃气透平全通流数值模拟、燃气透平湿压缩研究的重要意义,以及 CFD 技术在燃气透平模拟中的发展、湿压缩技术的发展。

第 2 章介绍数值模拟基本理论及方法。

第 3 章介绍程序的验证案例。

第 4 章介绍湿压缩热力学及湿压缩数值研究方法。

第 5 章介绍湿压缩过程水滴的运动研究及规律。

第 6 章介绍多级压气机湿压缩性能。

第 7 章介绍燃气透平全通流模拟及数值模拟。

第 8 章介绍全通流条件下进气喷水对燃气透平性能的影响。

第 9 章介绍进气喷水对燃气透平污染物排放的影响。

第2章 数值模拟方法

叶栅内流动的可压缩流场可以用压力方法或密度方法进行数值模拟。基于压力方法求解流场问题,对马赫数的大小没有限制,即任何马赫数的流动均是适用的。基于密度方法,求解马赫数较高的流动问题已取得了很大的成功,但对于马赫数很小的流动计算,此法受到诸多限制,可用预处理方法来解决。在进行燃气透平流场模拟时,为了保证网格质量,划分网格时经常对流域进行分块处理,即分块网格。这些网格之间有交界面,需要对这种交界面条件进行处理。本书给出相对坐标系的 N-S 方程在笛卡儿坐标系下的详细表达式,研究了 SD-SLAU(Shock Detecting Simple Low-dissipation AUSM)格式、Van-Leer 迎风通量分裂格式和 Roe 通量差分分裂格式构造方法,推导了一种确定叶栅出口背压的方法,该方法考虑出口截面径向平衡方程对背压的影响。

燃烧室是燃气透平核心部件之一,对它的性能研究在整个燃气透平的研究中起着关键作用。在任意非结构化网格下,本书建立了燃烧室内三维喷水两相流燃烧过程的数学模型。选用 SD-SLAU 格式离散气相控制方程的对流项,中心差分格式离散其扩散项,并用隐式格式的时间推进法处理非平衡源项、对流项、黏性项,从而得到气相方程的离散形式,线性化处理其残差;而后用 Krylov 子空间方法进行求解。液相采用随机轨道离散模型,并用拉格朗日方法跟踪液滴相在流动区域的运动。两相耦合计算采用 PSIC 法。

2.1 控制方程

2.1.1 相对坐标系下控制方程的矢量形式

在相对坐标系下,根据质量守恒、动量守恒和能量守恒,可得到控制单元 Ω 积分形式下的控制方程组:

$$\frac{\partial}{\partial t}\iiint_\Omega \boldsymbol{W}\mathrm{d}V + \oiint_{\partial\Omega}\left[\boldsymbol{F}_I - \boldsymbol{F}_V\right]\cdot\mathrm{d}\boldsymbol{S} = \iiint_\Omega \boldsymbol{S}_\omega\mathrm{d}V \tag{2.1}$$

其中,$\mathrm{d}V$ 为控制单元 Ω 的体积;$\mathrm{d}\boldsymbol{S}$ 是控制单元 Ω 的包围面的外法线矢量;通用变量 $\boldsymbol{W}$、对流项 $\boldsymbol{F}_I$、扩散项 $\boldsymbol{F}_V$ 和广义源项 $\boldsymbol{S}_\omega$ 分别定义为

$$\boldsymbol{W} = \begin{bmatrix} \rho \\ \rho w_1 \\ \rho w_2 \\ \rho w_3 \\ \rho E \end{bmatrix}, \quad \boldsymbol{F}_I = \begin{bmatrix} \rho w_i \\ \rho w_i w_1 + p\delta_{1i} \\ \rho w_i w_2 + p\delta_{2i} \\ \rho w_i w_3 + p\delta_{3i} \\ \rho w_i H \end{bmatrix}, \quad \boldsymbol{F}_V = \begin{bmatrix} 0 \\ \tau_{i1} \\ \tau_{i2} \\ \tau_{i3} \\ \tau_{ij}w_j + q_i \end{bmatrix}, \quad \boldsymbol{S}_\omega = \begin{bmatrix} 0 \\ -2\rho e_{\alpha\beta 1}\omega_\alpha w_\beta + \rho\omega^2 r_x \\ -2\rho e_{\alpha\beta 2}\omega_\alpha w_\beta + \rho\omega^2 r_y \\ -2\rho e_{\alpha\beta 3}\omega_\alpha w_\beta + \rho\omega^2 r_z \\ \rho\omega^2 w_j r_j \end{bmatrix}$$

其中,ρ、w_i、E 和 p 分别为流体的密度、速度、单位质量的总能量以及压力;q_i 是热流量;τ_{ij}

为黏性应力张量,其定义为

$$\tau_{ij} = \mu\left(\frac{\partial w_i}{\partial x_j} + \frac{\partial w_j}{\partial x_i}\right) - \frac{2}{3}\mu\frac{\partial w_l}{\partial x_l}\delta_{ij} \tag{2.2}$$

式中,$\mu = \mu_c + \mu_t$,μ_c 为层流黏性系数,μ_t 为湍流黏性系数;δ_{ij} 为克罗内克符号。

2.1.2 物性的计算

为了使上述流动方程组封闭,还需要引入下面的几个补充方程。工作介质可看作完全气体,其状态方程为

$$p = \rho R T \tag{2.3}$$

式中,T 为气体温度;R 为工作介质的气体常数。

总焓的表达式为

$$H = h + \frac{1}{2}w_i w_i + k \tag{2.4}$$

h 可通过下式计算

$$h = c_p T \tag{2.5}$$

式中,c_p 为比定压热容常数。工作介质的分子黏性系数由萨瑟兰公式确定:

$$\frac{\mu}{\mu_0} = \left(\frac{T}{T_0}\right)^{1.5}\left(\frac{T_0 + T_s}{T + T_s}\right) \tag{2.6}$$

式中,$T_0 = 273.16$ K;μ_0 为一个大气压下 0 ℃ 时气体的动力黏性系数;T_s 为萨瑟兰常数,与气体性质有关。

在多级叶栅流场计算时,进出口温差比较大,比定压热容值一般也会相差很大,这时需要考虑变定压比热容计算。假定气体是其定压比热容只随温度变化的完全气体。可用温度的多项式形式给出,而多项式的系数则通过最小二乘法拟合获得。常采用在给定温度下的定压比热容 c_p、焓 H 和熵 S 用 NASA 多项式来计算:

$$\frac{c_p}{R} = a_1 + a_2 T + a_3 T^2 + a_4 T^3 + a_5 T^4 \tag{2.7}$$

$$\frac{H}{RT} = a_1 + \frac{a_2 T}{2} + \frac{a_3 T^2}{3} + \frac{a_4 T^3}{4} + \frac{a_5 T^4}{5} + \frac{a_6}{T} \tag{2.8}$$

$$\frac{S}{R} = a_1 \ln T + a_2 T + \frac{a_3 T^2}{2} + \frac{a_4 T^3}{3} + \frac{a_5 T^4}{4} + a_7 \tag{2.9}$$

2.1.3 控制方程的预处理

在叶栅内部流动中,有些区域的马赫数很低,即流体速度与声速的量级相差很大,这时在式(2.1)中所表示的纳维-斯托克斯方程组的对流项具有很强的刚性。在这种情况下,方程组的数值刚性会导致较差的收敛速度。在程序中,采用耦合求解器中的一种被称为时间导数预处理的方法克服了这种困难。

时间导数预处理方法是用预处理矩阵先乘以矢量形式控制方程中式(2.1)的时间导数项。这一步重新标度了所解方程系统的声速和特征值,从而减轻了低马赫数和不可压流动中会遇到的数值刚性的影响。

推导预处理矩阵，首先将守恒量 $\boldsymbol{W}$ 在控制方程式（2.1）的因变量形式变形为原始变量 $\boldsymbol{Q}$ 的形式，结果如下：

$$\frac{\partial \boldsymbol{W}}{\partial \boldsymbol{Q}} \frac{\partial}{\partial t} \iiint_{\Omega} \boldsymbol{Q} \, \mathrm{d}V + \oiint_{\partial\Omega} [\boldsymbol{F}_I - \boldsymbol{F}_V] \cdot \mathrm{d}\boldsymbol{S} = \iiint_{\Omega} \boldsymbol{S}_\omega \mathrm{d}V \tag{2.10}$$

式中，$\boldsymbol{Q} = [\, p \quad w_1 \quad w_2 \quad w_3 \quad T\,]^{\mathrm{T}}$，雅可比（Jacobian）矩阵 $\dfrac{\partial \boldsymbol{W}}{\partial \boldsymbol{Q}}$ 为

$$\frac{\partial \boldsymbol{W}}{\partial \boldsymbol{Q}} = \begin{bmatrix} \rho_p & 0 & 0 & 0 & \rho_T \\ \rho_p w_1 & \rho & 0 & 0 & \rho_T w_1 \\ \rho_p w_2 & 0 & \rho & 0 & \rho_T w_2 \\ \rho_p w_3 & 0 & 0 & \rho & \rho_T w_3 \\ \rho_p H - 1 & \rho w_1 & \rho w_2 & \rho w_3 & \rho_T H + \rho c_p \end{bmatrix} \tag{2.11}$$

式中，$\rho_p = \dfrac{\partial \rho}{\partial p}\Big|_T$，$\rho_T = \dfrac{\partial \rho}{\partial T}\Big|_p$，而 ρ_p 可写成 $\rho_p = \dfrac{1}{a^2} - \dfrac{\rho_T}{\rho c_p}$。

$$\text{令 } \boldsymbol{\Gamma} = \begin{bmatrix} \theta & 0 & 0 & 0 & \rho_T \\ \theta w_1 & \rho & 0 & 0 & \rho_T w_1 \\ \theta w_2 & 0 & \rho & 0 & \rho_T w_2 \\ \theta w_3 & 0 & 0 & \rho & \rho_T w_3 \\ \theta H - \delta & \rho w_1 & \rho w_2 & \rho w_3 & \rho_T H + \rho c_p \end{bmatrix}$$

式中，当气体为理想气体时，$\delta = 1$，$\rho_T = -\rho/T$；当气体为不可压气体时，$\delta = 0$，$\rho_T = 0$。$\theta = \dfrac{1}{U_r^2} - \dfrac{\rho_T}{\rho c_p}$，$U_r$ 为参考速度，从而保证系统的特征值关于对流和耗散时间尺度能够调节得很好。

$$U_r = \min(\max(|\,\boldsymbol{w}\,|, 10^{-5}a), a) \tag{2.12}$$

式中，a 为当地的声速。

用预处理矩阵 $\boldsymbol{\Gamma}$ 来替换雅可比矩阵 $\dfrac{\partial \boldsymbol{W}}{\partial \boldsymbol{Q}}$（式（2.10））来实现方程的预处理，即预处理系统的守恒形式为

$$\boldsymbol{\Gamma} \frac{\partial}{\partial t} \iiint_{\Omega} \boldsymbol{Q} \, \mathrm{d}V + \oiint_{\partial\Omega} [\boldsymbol{F}_I - \boldsymbol{F}_V] \cdot \mathrm{d}\boldsymbol{S} = \iiint_{\Omega} \boldsymbol{S}_\omega \mathrm{d}V \tag{2.13}$$

预处理之后的方程系统（式（2.13））的特征值为

$$w, \quad w, \quad w, \quad w' + c', \quad w' - c' \tag{2.14}$$

式中，

$$w = \boldsymbol{w} \cdot \boldsymbol{n}, \quad w' = w(1 - \alpha), \quad c' = \sqrt{a^2 w^2 + U_r^2}, \quad \alpha = \frac{1 - \beta U_r^2}{2}, \quad \beta = \rho_p + \frac{\rho_T}{\rho c_p}$$

对于理想气体，$\beta = (\gamma R T)^{-1} = \dfrac{1}{c^2}$。因此，当在声速及声速以上时 $U_r = c$，$\alpha = 0$，特征值为传统的形式 $u \pm c$。在低速时 $U_r \to 0$，$\alpha \to \dfrac{1}{2}$，所有的特征值趋近于 u，即同量级。对于密度为常数的流动，$\beta = 0$ 和 $\alpha \to \dfrac{1}{2}$，这时与 U_r 无关。只要参考速度与当地速度同一量级，

所有的特征值与 u 的量级保持一致。

程序选择原始变量 Q 作为因变量有几个原因。首先,解不可压流动时,它是自然的选择。其次,当使用二阶精度时,为了得到黏性流动中更高精度的速度和温度梯度以及无黏流动的压力梯度,需要重建原始变量 Q 而不是守恒量 W。

2.2　数值模拟技术

根据美国机械工程师协会(ASME)控制数值的精度(Numerical Accuracy)要求:控制方程各项在离散过程中所引入的截断误差的精度阶数,包括扩散项、源项,特别重要的是对流项,在计算区域的内部节点所采用的离散方法在空间上必须至少为二阶截断误差;应给出在相当宽的网格分辨率变化范围内所得到的数值解,以确认所得结果是与网格无关的(Grid-independent)或是网格收敛的(Grid-convergent);应清楚地说明停止迭代求解的准则;应给出相应的收敛误差(Convergence Error);对于非稳态的数值解,应证明所得之解的时间精度(Temporal Accuracy);边界条件及初始条件的给定。

在基于三维 N－S 方程的叶轮机械流场计算中,网格、空间离散格式、湍流模型及边界处理是影响模拟结果准确性的重要因素,下面对其进行说明。本书程序是基于非结构化网格离散的有限体积法计算,采用了 SD－SLAU 格式、Van－Leer 迎风通量分裂格式和 Roe 格式,采用 Barth-Jespersen 限制器和 Venkatakrishnan 限制器等。

2.2.1　网格生成

要使 CFD 能够成为工程中的有效工具,就必须保证网格生成简单,网格质量好。网格生成一般占整个计算任务人力消耗时间的 60% 左右,并且计算网格质量的好坏可以在很大程度上对计算结果产生决定性的影响。计算网格一般可分为结构化网格、非结构化网格、笛卡儿网格和混合网格等。

在叶轮机械里常用的是结构化网格。这是由于结构化网格具有技术成熟、网格拓扑结构简单、流场计算精度高、边界处理能力强等优点。结构化网格以拓扑结构来划分,一般有 H 型、C 型和 O 型。网格生成方法主要有代数法与微分法,代数法方法简单,但质量不易保证;而微分法生成网格质量较好,但生成方法较复杂,往往需要多次调试才能生成质量较好的网格。对于大折转角、较薄、扭曲得比较厉害的叶片,直接生成高质量的网格比较困难,为了保证网格质量,一般需要用 H 型网格、O 型网格或者 H 型网格和 O 型网格的对接网格,这就增加了网格块数,产生了较多的交界面,需要对交界面进行合理处理。

一般而言,非结构化网格适合任意复杂计算区域,可用来快速建立燃烧室网格。也有用非结构化网格对叶栅通道划分网格时,需要大量网格,边界层不容易生成,容易产生负网格,网格质量不容易保证。

总体来说,对于一个流场计算问题要生成何种计算网格,一方面要考虑网格质量的好坏,这主要涉及网格线的正交性、光滑性,网格在流场中大梯度区域的密度,计算域边界处的网格边界条件是否容易给定以及网格点数的多少是否可以保证计算是可以接受的;另一方面则还要确保生成的网格是和核心求解程序相匹配的。本书采用的是非结构化网格,用软件 ANSYS ICEM CFD 直接生成非结构化网格,但如果是用 IGG/NUMECA 生成的结构化网格,则通过程序将其转换为非结构化网格。

2.2.2　空间离散格式

在 N−S 方程组求解的过程中,主要困难在于对流通量的求解,而黏性通量的求解则相对容易许多,因为数学形式决定了对流通量具有强烈的非线性。因此,在数值方法的研究领域中,大量的工作就是围绕着对流通量的计算格式而进行的。目前比较流行的对流通量计算格式一般可以分为两大类:中心型格式和迎风型格式。迎风型格式是基于特征理论构造的一类格式,其基本形式只有一阶精度,但可以保证解在间断附近的单调性,这类格式的早期典型有 Lax 格式以及著名的 Godunov 格式。后来又发展了一些迎风型格式,如矢通量分裂(Flux Vector Splitting,FVS) 格式、通量差分分裂(Flux Difference Splitting,FDS) 格式以及二者结合的 FV/DS 格式。 矢通量分裂格式中有 Steger-Warming 格式和 Van−Leer 格式等,后者应用范围较广。

Van−Leer 格式计算量小,激波捕获精度较高,但是在接触间断处会引入较大的数值黏性,对剪切层的污染较严重。

属于通量差分分裂格式的有 Roe 格式、Osher 格式和 Harten-Lax/Roe 格式等,其中最为著名、应用最广泛的是 Roe 格式。现在 Roe 格式已发展成全速度 Roe 格式。

FV/DS 类迎风型格式中最为成功的是 Van−Leer/Hanel 格式和对流迎风分裂 (Advection Upstream Splitting Method,AUSM) 类格式。这些格式的优点是对于定常流的熵守恒以及剪切层中的数值耗散小,其中以 AUSM 类格式尤为突出。 自 1993 年 Liou 和 Stefen 提出 AUSM 格式以来,先后出现了几种其改进型格式,如 AUSMD/V 格式、AUSM＋格式以及 AUSMPW 格式。它们有各自的优缺点,例如 AUSMD/V 格式部分解决了 AUSM 格式在激波附近的数值过冲问题,但存在膨胀激波以及红玉 (Carbuncle) 现象(在强激波后产生非物理的、不稳定的紊乱信号),需要添加修正方法来消除;AUSM＋格式虽然不存在上述问题,但在对流速度或压力梯度小的区域存在数值振荡现象;AUSMPW 格式解决了 AUSM 格式的问题,但是计算量又增加许多。尽管如此,AUSM 类格式在不少方面都显示出其优越性,尤其是对于跨声速黏性流动。 全速 SD−SLAU 格式在低马赫数和存在红玉现象时,膨胀激波处理得很好。

本书介绍的有限体积法,采用了 SD−SLAU 格式、Van−Leer 迎风通量分裂格式和 Roe 迎风通量分裂格式。为了计算数值通量,需要解决重构问题。

1. 重构

重构是有限体积方法的必要步骤,当采用零阶重构时,有

$$\forall i, q_f \mid_{f \in \text{surface\_of}\_i} = q_i \tag{2.15}$$

当采用一阶重构时,有

$$\forall i, q_f \mid_{f \in \text{surface\_of}\_i} = q_i + (\nabla q)_i \cdot \boldsymbol{r}_{if} \tag{2.16}$$

根据重构,可以计算截面 f 两侧守恒变量的值。

当采用零阶重构时,有

$$q_f^+ = q_i \tag{2.17}$$

$$q_f^- = q_j \tag{2.18}$$

这时所得到的有限体积格式具有空间一阶精度。

当采用一阶重构时,有

$$q_f^+ = q_i + (\nabla q)_i \cdot r_{if} \tag{2.19}$$

$$q_f^- = q_j + (\nabla q)_j \cdot r_{jf} \tag{2.20}$$

这时所得到的有限体积格式具有空间二阶精度。

式中,$(\nabla q)_i$ 和 $(\nabla q)_j$ 分别是单元 i 和 j 内的梯度,可由高斯公式或最小二乘法求出;r_{if} 和 r_{jf} 分别代表各自的单元中心到界面中心的距离矢量(图 2.1)。

直接用一阶重构时,在激波附近不稳定,会出现非物理振荡。因此采用迎风格式去限制物理量的梯度值,从而保证物理量在单元内的分布具有单调性。

$$q_f^+ = q_i + \phi_i (\nabla q)_i \cdot r_{if} \tag{2.21}$$

$$q_f^- = q_j + \phi_j (\nabla q)_j \cdot r_{jf} \tag{2.22}$$

式中,ϕ 为限制值。

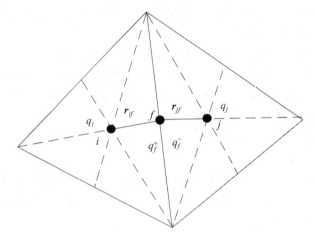

图 2.1   重构示意图

重构完成后,在有限体积框架下研究 FVS 格式和 Roe 格式数值通量的计算方法,可以看到 q_f^+ 和 q_f^- 分别被向右和向左传播的特征携带,用于计算数值通量。

2. 限制器

本书采用 Venkatakrishnan 限制器来计算叶轮机械内流流场,这个限制器比较灵活,因为此控制器有一个控制参数 k,根据不同区域流场参数不同的光滑性,适当选用不同的 k 值,就可以使光滑区达到二阶精度,间断点处一阶精度,使计算结果具有较高的分辨率和计算精度。Venkatakrishnan 限制器是对 Barth – Jesperen 限制器进行的改进。

Barth 和 Jesperen 开发了第一个多维限制器,该限制器可以得到在不规则三角形网格上跨声速流动的无振荡求解结果。这个机制由寻找值 ϕ 组成,值 ϕ 在每一个控制体内分段线性的重构求解中限制梯度。

$$q_f = q_i + \phi_i (\nabla q)_i \cdot r_{if}, \quad \phi_i \in [0,1] \tag{2.23}$$

目标是找到最大的 ϕ_i,避免在通量积分高斯点形成局部极值。Barth 和 Jesperen 进行计算的过程如下：

（1）找直接的邻接的控制体和当前控制体求解值的差值最大负值和最大正值：

$$\delta q_i^{\min} = \min(q - q_i) \tag{2.24}$$

$$\delta q_i^{\max} = \max(q - q_i) \tag{2.25}$$

（2）在每一个高斯点 j 上计算不确定重构值 $q_{ij} = q(x_j, y_j)$。

（3）为每一个高斯点 j 计算最大可容许的值 ϕ_{ij}：

$$\phi_{ij} = \begin{cases} \min\left(1, \dfrac{\delta q_i^{\max}}{q_{ij} - q_i}\right), & q_{ij} - q_i > 0 \\[2mm] \min\left(1, \dfrac{\delta q_i^{\min}}{q_{ij} - q_i}\right), & q_{ij} - q_i < 0 \\[2mm] 1, & q_{ij} - q_i = 0 \end{cases} \tag{2.26}$$

（4）$\phi_i = \min(\phi_{ij})$。

而 Venkatakrishnan 提出与 Barth-Jesperen 限制器的第三步计算不同：

$$q_{ij} - q_i > 0, \quad \phi_{ij} = \frac{1}{\Delta_-}\left[\frac{(\Delta_+^2 + \varepsilon^2)\Delta_- + 2\Delta_-^2\,\Delta_+}{\Delta_+^2 + 2\Delta_-^2 + \Delta_-\,\Delta_+ + \varepsilon^2}\right] \tag{2.27}$$

式中，$\Delta_- = q_{ij} - q_i$；$\Delta_+ = \delta q_i^{\max}$；$\varepsilon^2 = (k\Delta x)^3$，当 $k = 0$ 这个修正保持严格的单调。

3．单元中心的梯度计算

在程序中，如果单元网格是四面体或棱柱体，采用高斯法或最小二乘法求单元中心梯度（图 2.2），而单元网格是六面体，则程序采用高斯法或曲线变换的方法来求单元中心梯度。

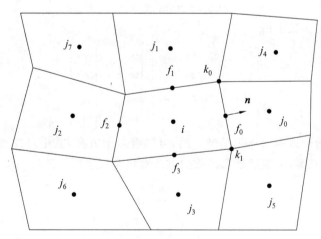

图 2.2　梯度示意图

（1）用高斯法求梯度。

利用高斯公式得

$$\nabla q_i = \frac{1}{V_{\Omega_i}} \iint_{\partial \Omega_i} q\boldsymbol{n}\, \mathrm{d}s = \frac{1}{V_{\Omega_i}} \sum_{f=0}^{N-1} q_f \boldsymbol{n}_f \Delta s_f \tag{2.28}$$

式中，n 为单元面的方向；s 为单元面的面积。

这就需要求解单元界面上的 q_f 值，最简单的是用面单元两边的单元中心值进行插值：$q_{f_0} = f(q_i, q_{j_0})$。也可利用面周围的单元中心进行加权的方法求解：

$$q_{f_0} = f(q_{k_0}, q_{k_1}) = f(q_i, q_{j_0}, q_{j_1}, q_{j_3}, q_{j_4}, q_{j_5})$$

也就是先求出单元界面上顶点的值，然后平均到面中点上。常用的由单元中心值插值得到单元顶点值的方法反距离加权平均（Inverse Distance Weighted Averaging，IDWA）法

$q_{k_0} = \dfrac{\sum \dfrac{q_i}{d_i^2}}{\sum \dfrac{1}{d_i^2}}$，$d_i$ 为单元中心到顶点的距离。这个方法容易实施，但是在网格质量差或网

格突变时易引起误差，过分加强某个值，这是由于权系数没有考虑网格的方向。这个问题可以用混合的方法进行解决。在平面中，对于单元顶点找由单元中心点构成的插值三角形；而在三维中，对于单元顶点找由单元中心点构成的插值四面体（图 2.3）。

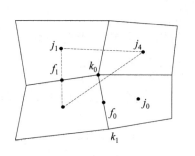 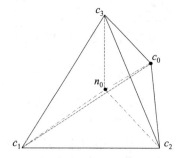

图 2.3　插值示意图

$$q_{n_0} = w_0 q_0 + w_1 q_1 + w_2 q_2 + w_3 q_3 \tag{2.29}$$

权系数根据形函数求得

$$\begin{bmatrix} x_1 & x_2 & x_3 & x_4 \\ y_1 & y_2 & y_3 & y_4 \\ z_1 & z_2 & z_3 & z_4 \\ 1 & 1 & 1 & 1 \end{bmatrix} \begin{bmatrix} w_0 \\ w_1 \\ w_2 \\ w_3 \end{bmatrix} = \begin{bmatrix} x_{n_0} \\ y_{n_0} \\ z_{n_0} \\ 1 \end{bmatrix} \tag{2.30}$$

选择插值三角形或四面体不是唯一的，可以有多个方案，其中可能有的不合理，但是存在 M 个合理的方案，可通过处罚函数的方法对权系数进行处理：

$$w_i = \frac{\displaystyle\sum_{j=1}^{M} \frac{w_j}{d_j^2}}{\displaystyle\sum_{j=1}^{M} \frac{1}{d_j^2}}$$

式中，d_j 为插值三角形或四面体的中心与顶点距离。

（2）用曲线变换法求梯度。

将物理平面的自变量 (x, y, z) 转换成计算平面中一组新的自变量 (ξ, η, ζ)，用方程

$$\begin{cases} \xi = \xi(x, y, z) \\ \eta = \eta(x, y, z) \\ \zeta = \zeta(x, y, z) \end{cases} \tag{2.31}$$

表示这个变换。

由全微分得

$$
\begin{bmatrix} \mathrm{d}\xi \\ \mathrm{d}\eta \\ \mathrm{d}\zeta \end{bmatrix} = \begin{bmatrix} \dfrac{\partial \xi}{\partial x} & \dfrac{\partial \xi}{\partial y} & \dfrac{\partial \xi}{\partial z} \\ \dfrac{\partial \eta}{\partial x} & \dfrac{\partial \eta}{\partial y} & \dfrac{\partial \eta}{\partial z} \\ \dfrac{\partial \zeta}{\partial x} & \dfrac{\partial \zeta}{\partial y} & \dfrac{\partial \zeta}{\partial z} \end{bmatrix} \begin{bmatrix} \mathrm{d}x \\ \mathrm{d}y \\ \mathrm{d}z \end{bmatrix} \tag{2.32}
$$

现在考虑逆变换

$$
\begin{cases} x = x(\xi, \eta, \zeta) \\ y = y(\xi, \eta, \zeta) \\ z = z(\xi, \eta, \zeta) \end{cases} \tag{2.33}
$$

进行全微分得

$$
\begin{bmatrix} \mathrm{d}x \\ \mathrm{d}y \\ \mathrm{d}z \end{bmatrix} = \begin{bmatrix} \dfrac{\partial x}{\partial \xi} & \dfrac{\partial x}{\partial \eta} & \dfrac{\partial x}{\partial \zeta} \\ \dfrac{\partial y}{\partial \xi} & \dfrac{\partial y}{\partial \eta} & \dfrac{\partial y}{\partial \zeta} \\ \dfrac{\partial z}{\partial \xi} & \dfrac{\partial z}{\partial \eta} & \dfrac{\partial z}{\partial \zeta} \end{bmatrix} \begin{bmatrix} \mathrm{d}\xi \\ \mathrm{d}\eta \\ \mathrm{d}\zeta \end{bmatrix} \tag{2.34}
$$

由两个矩阵分析可得

$$
\begin{bmatrix} \dfrac{\partial \xi}{\partial x} & \dfrac{\partial \xi}{\partial y} & \dfrac{\partial \xi}{\partial z} \\ \dfrac{\partial \eta}{\partial x} & \dfrac{\partial \eta}{\partial y} & \dfrac{\partial \eta}{\partial z} \\ \dfrac{\partial \zeta}{\partial x} & \dfrac{\partial \zeta}{\partial y} & \dfrac{\partial \zeta}{\partial z} \end{bmatrix} = \begin{bmatrix} \dfrac{\partial x}{\partial \xi} & \dfrac{\partial x}{\partial \eta} & \dfrac{\partial x}{\partial \zeta} \\ \dfrac{\partial y}{\partial \xi} & \dfrac{\partial y}{\partial \eta} & \dfrac{\partial y}{\partial \zeta} \\ \dfrac{\partial z}{\partial \xi} & \dfrac{\partial z}{\partial \eta} & \dfrac{\partial z}{\partial \zeta} \end{bmatrix}^{-1} \tag{2.35}
$$

令 $q = q(x, y, z)$，可得

$$
\frac{\partial q}{\partial x} = \frac{\partial q}{\partial \xi}\frac{\partial \xi}{\partial x} + \frac{\partial q}{\partial \eta}\frac{\partial \eta}{\partial x} + \frac{\partial q}{\partial \zeta}\frac{\partial \zeta}{\partial x} \tag{2.36a}
$$

$$
\frac{\partial q}{\partial y} = \frac{\partial q}{\partial \xi}\frac{\partial \xi}{\partial y} + \frac{\partial q}{\partial \eta}\frac{\partial \eta}{\partial y} + \frac{\partial q}{\partial \zeta}\frac{\partial \zeta}{\partial y} \tag{2.36b}
$$

$$
\frac{\partial q}{\partial z} = \frac{\partial q}{\partial \xi}\frac{\partial \xi}{\partial z} + \frac{\partial q}{\partial \eta}\frac{\partial \eta}{\partial z} + \frac{\partial q}{\partial \zeta}\frac{\partial \zeta}{\partial z} \tag{2.36c}
$$

四边形单元 i（图 2.4）有四个界面 f_0、f_1、f_2、f_3，而在六面体中，单元有六个界面 f_0、f_1、f_2、f_3、f_4、f_5。

首先对界面配对，使两个面之间单位法向点乘后值最小；然后计算 $\begin{bmatrix} \dfrac{\partial x}{\partial \xi} & \dfrac{\partial x}{\partial \eta} & \dfrac{\partial x}{\partial \zeta} \\ \dfrac{\partial y}{\partial \xi} & \dfrac{\partial y}{\partial \eta} & \dfrac{\partial y}{\partial \zeta} \\ \dfrac{\partial z}{\partial \xi} & \dfrac{\partial z}{\partial \eta} & \dfrac{\partial z}{\partial \zeta} \end{bmatrix}$，

例如计算 $\dfrac{\partial x}{\partial \xi}$、$\dfrac{\partial y}{\partial \xi}$、$\dfrac{\partial z}{\partial \xi}$，由于 $[\Delta x, \Delta y, \Delta z]^{\mathrm{T}} = \boldsymbol{P}_{j_1} - \boldsymbol{P}_{j_0}$，$\Delta \xi = 1$，所以可求得 $\dfrac{\partial x}{\partial \xi} = \Delta x$、$\dfrac{\partial y}{\partial \xi} =$

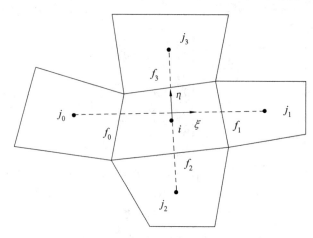

图 2.4　曲线变换法求梯度示意图

Δy、$\dfrac{\partial z}{\partial \xi}=\Delta z$，如此可求其他的量，并求得逆矩阵，得到 $\begin{bmatrix} \dfrac{\partial \xi}{\partial x} & \dfrac{\partial \xi}{\partial y} & \dfrac{\partial \xi}{\partial z} \\[2mm] \dfrac{\partial \eta}{\partial x} & \dfrac{\partial \eta}{\partial y} & \dfrac{\partial \eta}{\partial z} \\[2mm] \dfrac{\partial \zeta}{\partial x} & \dfrac{\partial \zeta}{\partial y} & \dfrac{\partial \zeta}{\partial z} \end{bmatrix}$ 的值；最后，计算单

元 i 的值的梯度，需要构造与其周围单元 j_0、j_1、j_2、j_3、j_4、j_5 的值之间的关系系数。

根据

$$\frac{\mathrm{d}q}{\mathrm{d}x}=\frac{\partial q}{\partial \xi}\frac{\partial \xi}{\partial x}+\frac{\partial q}{\partial \eta}\frac{\partial \eta}{\partial x}+\frac{\partial q}{\partial \zeta}\frac{\partial \zeta}{\partial x} \tag{2.37}$$

得

$$\frac{\mathrm{d}q}{\mathrm{d}x}=(q_{j_1}-q_{j_0})\frac{\partial \xi}{\partial x}+(q_{j_3}-q_{j_2})\frac{\partial \eta}{\partial x}+(q_{j_5}-q_{j_4})\frac{\partial \zeta}{\partial x}$$

在计算单元 i 中心的 $\dfrac{\mathrm{d}q}{\mathrm{d}x}$ 时，q_{j_0} 的系数为 $-\dfrac{\partial \xi}{\partial x}$，$q_{j_1}$ 的系数为 $\dfrac{\partial \xi}{\partial x}$，$q_{j_2}$ 的系数为 $-\dfrac{\partial \eta}{\partial x}$，$q_{j_3}$ 的系数为 $\dfrac{\partial \eta}{\partial x}$，$q_{j_4}$ 的系数为 $-\dfrac{\partial \zeta}{\partial x}$，$q_{j_5}$ 的系数为 $\dfrac{\partial \zeta}{\partial x}$。

（3）用最小二乘法求梯度。

用最小二乘法求解梯度，求解单元梯度可以依靠最小二乘法，如单元编号为 0 的单元，与之相连的单元数为 N，得

$$\boldsymbol{A}\,\nabla q=\boldsymbol{f} \tag{2.38}$$

式中，

$$\boldsymbol{A}=\begin{bmatrix} w_1\Delta x_1 & w_1\Delta y_1 & w_1\Delta z_1 \\ \vdots & \vdots & \vdots \\ w_N\Delta x_N & w_N\Delta y_N & w_N\Delta z_N \end{bmatrix},\quad \boldsymbol{f}=\begin{bmatrix} w_1\Delta q_1 \\ \vdots \\ w_N\Delta q_N \end{bmatrix} \tag{2.39}$$

$$\Delta x_i=x_i-x_0,\quad \Delta y_i=y_i-y_0,\quad \Delta z_i=z_i-z_0,\quad \Delta q_i=q_i-q_0 \tag{2.40}$$

$w_i=\sqrt{(x_i-x_0)^2+(y_i-y_0)^2+(z_i-z_0)^2}$，标号 0 为所求单元的信息。求解系统如下：

$$\nabla q = \boldsymbol{A}^+ \boldsymbol{f} \tag{2.41}$$

式中,

$$\boldsymbol{A}^+ = \frac{1}{\Delta}\begin{bmatrix} \boldsymbol{L}_1^T(df-e^2)+\boldsymbol{L}_2^T(ce-bf)+\boldsymbol{L}_3^T(be-cd) \\ \boldsymbol{L}_1^T(ce-bf)+\boldsymbol{L}_2^T(af-c^2)+\boldsymbol{L}_3^T(bc-ae) \\ \boldsymbol{L}_1^T(be-cd)+\boldsymbol{L}_2^T(bc-ae)+\boldsymbol{L}_3^T(ad-b^2) \end{bmatrix} \tag{2.42}$$

式中,$a=\sum_{i=1}^{N}w_i^2(x_i-x_0)^2$;$b=\sum_{i=1}^{N}w_i^2(x_i-x_0)(y_i-y_0)$;$c=\sum_{i=1}^{N}w_i^2(x_i-x_0)(z_i-z_0)$;$d=\sum_{i=1}^{N}w_i^2(y_i-y_0)^2$;$e=\sum_{i=1}^{N}w_i^2(y_i-y_0)(z_i-z_0)$;$f=\sum_{i=1}^{N}w_i^2(z_i-z_0)^2$;$\Delta=adf-ae^2-b^2f-c^2d+2bce$;$\boldsymbol{L}_i$ 为矩阵 $\boldsymbol{A}$ 第 i 列。

4. 计算格式

为了方便离散格式计算,对单元面上的速度矢量进行分解。对于单元的一个界面,它的面积 $\Delta s=|\boldsymbol{S}|$,其中 $\boldsymbol{S}$ 为单元面通过向量叉乘求得的向量。由于方程具有旋转不变性,以界面建立新的局部坐标系(图 2.5):面的单位法向 $\boldsymbol{n}=\dfrac{\boldsymbol{S}}{\Delta s}$,面的单位切向 $\boldsymbol{t}_1=\dfrac{\boldsymbol{P}_E-\boldsymbol{P}_G}{|\boldsymbol{P}_E-\boldsymbol{P}_G|}$,另外一个切向垂直于法向 $\boldsymbol{n}$ 和切向 $\boldsymbol{t}_1$ 构成的平面 $\boldsymbol{t}_2=\boldsymbol{n}\times\boldsymbol{t}_1$。其中,在三角形中,$\boldsymbol{P}_E$ 为边 AB 的中点的向量,$\boldsymbol{P}_G$ 为三角形 ABC 的中心的向量。在四边形中,$\boldsymbol{P}_E$ 和 $\boldsymbol{P}_G$ 分别为边 AB 的中点和边 CD 的中点的向量。

定义旋转矩阵 $\boldsymbol{T}$ 及其逆矩阵 $\boldsymbol{T}^{-1}$:

$$\boldsymbol{T}=\begin{bmatrix} 1 & 0 & 0 & 0 & 0 \\ 0 & n_x & n_y & n_z & 0 \\ 0 & t_{1x} & t_{1y} & t_{1z} & 0 \\ 0 & t_{2x} & t_{2y} & t_{2z} & 0 \\ 0 & 0 & 0 & 0 & 1 \end{bmatrix},\quad \boldsymbol{T}^{-1}=\begin{bmatrix} 1 & 0 & 0 & 0 & 0 \\ 0 & n_x & t_{1x} & t_{2x} & 0 \\ 0 & n_y & t_{1y} & t_{2y} & 0 \\ 0 & n_z & t_{1z} & t_{2z} & 0 \\ 0 & 0 & 0 & 0 & 1 \end{bmatrix} \tag{2.43}$$

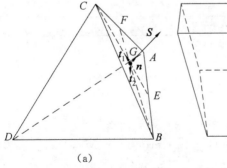

(a)　　　　　　　　(b)

图 2.5　单元面上法向量示意图

由于方程具有旋转不变性,在界面上有 $\boldsymbol{F}(\boldsymbol{W})\cdot\boldsymbol{S}=\boldsymbol{T}^{-1}\boldsymbol{F}(\boldsymbol{TW})\Delta s$,即

$$\boldsymbol{F}_I \cdot \boldsymbol{S} = \begin{bmatrix} \rho w_i \\ \rho w_i w_1 + p\delta_{1i} \\ \rho w_i w_2 + p\delta_{2i} \\ \rho w_i w_3 + p\delta_{3i} \\ \rho w_i H \end{bmatrix} \quad s_i = \begin{bmatrix} \dot{m} \\ F_n n_x + F_{t1} t_{1x} + F_{t2} t_{2x} \\ F_n n_y + F_{t1} t_{1y} + F_{t2} t_{2y} \\ F_n n_z + F_{t1} t_{1z} + F_{t2} t_{2z} \\ \dot{m}H \end{bmatrix} \Delta s \tag{2.44}$$

其中速度矢量 $\boldsymbol{w} = (w_1, w_2, w_3)^{\mathrm{T}}$ 在以面法向方向构成的坐标系下的三个方向($\boldsymbol{n}, \boldsymbol{t}_1$, $\boldsymbol{t}_2$)的速度分量为 $w_n = \boldsymbol{w} \cdot \boldsymbol{n}, w_{t1} = \boldsymbol{w} \cdot \boldsymbol{t}_1, w_{t2} = \boldsymbol{w} \cdot \boldsymbol{t}_2$。通过界面的质量流量 $\dot{m} = \rho w_n$,通过界面的动量在法向的分量 $F_n = \dot{m} w_n + p, F_{t1} = \dot{m} w_{t1}, F_{t2} = \dot{m} w_{t2}$,通过界面的能量 $F_m = \dot{m}H$。

根据分解形式,本书给出了 SD－SLAU 格式、Van－Leer 迎风通量分裂格式和 Roe 通量差分分裂格式这三种典型的格式的计算公式。

(1)SD－SLAU 格式。

采用 SD－SLAU 格式离散对流项。无黏通量表示为

$$\boldsymbol{F}_I = \boldsymbol{T}^{-1} \left(\frac{\dot{m} + |\dot{m}|}{2} \boldsymbol{\Phi}_{\mathrm{L}} + \frac{\dot{m} - |\dot{m}|}{2} \boldsymbol{\Phi}_{\mathrm{R}} + \tilde{p} \boldsymbol{N} \right) \tag{2.45}$$

式中,

$$\boldsymbol{\Phi} = \begin{bmatrix} 1 & w_n & w_{t1} & w_{t2} & H \end{bmatrix}^{\mathrm{T}} \tag{2.46}$$

$$\boldsymbol{N} = \begin{bmatrix} 0 & 1 & 0 & 0 & 0 \end{bmatrix}^{\mathrm{T}} \tag{2.47}$$

$$\tilde{p} = \frac{p^+ + p^-}{2} + \frac{\beta^+ - \beta^-}{2}(p^+ - p^-) + (1-\chi)(\beta^+ + \beta^- - 1)\frac{p^+ + p^-}{2} \tag{2.48}$$

$$\beta^{\pm} = \begin{cases} \frac{1}{4}(2 \mp M^{\pm})(M^{\pm} \pm 1)^2 \pm \alpha M^{\pm}(M^{\pm} - 1)^2, & |M^{\pm}| < 1 \\ \frac{1}{2}[1 + \mathrm{sign}(\pm M^{\pm})], & \text{其他} \end{cases} , \quad \chi = (1 - \widehat{M})^2 \tag{2.49}$$

令 $\alpha = 0$,可以省略高阶项。

$$\widehat{M} = \min \left(1.0, \frac{1}{\bar{c}} \sqrt{\frac{w_n^{+2} + w_{t1}^{+2} + w_{t2}^{+2} + w_n^{-2} + w_{t1}^{-2} + w_{t2}^{-2}}{2}} \right), \quad M^{\pm} = \frac{w_n^{\pm}}{\bar{c}} \tag{2.50}$$

$\bar{c}$ 的(－)表示两边进行算术平均。

$$|\overline{w}_n| = \frac{\rho^+ |w_n^+| + \rho^- |w_n^-|}{\rho^+ + \rho^-} \tag{2.51}$$

$$|\overline{w}_n|^{\pm} = (1-g)|\overline{w}_n| + g|w_n^{\pm}| \tag{2.52}$$

$$g = -\max[\min(M^+, 0), -1] \cdot \min[\max(M^-, 0), 1] \in [0, 1] \tag{2.53}$$

SD－SLAU 质量通量为

$$\dot{m} = \frac{1}{2} \left[\rho^+ (w_n^+ + |\overline{w}_n|^+) + \rho^- (w_n^- - |\overline{w}_n|^-) - \theta\left(\frac{\Delta p}{p}\right) \max(0, 1 - |\breve{M}|) \frac{\Delta p}{\bar{c}} \right] \tag{2.54}$$

式中,

$$|\breve{M}| = \frac{|\overline{w}_n|}{\overline{c}}, \quad \theta\left(\frac{\Delta p}{p}\right) = \min\left\{1, \left[\frac{C_{SD2}\frac{|\Delta p|}{\overline{p}} + C_{SD1}}{\frac{|\Delta p|_{max}}{\overline{p}} + C_{SD1}}\right]^2\right\} \quad (C_{SD1} \approx 0.1, C_{SD2} \approx 10).$$

$$\overline{p} = \frac{1}{2}(p^+ + p^-)$$

$$\Delta p = p^- - p^+, \quad |\Delta p|_{max} = \max[|\Delta p|, \max_j |\Delta p_j|], \quad \overline{c} = \frac{1}{2}(c^+ + c^-)$$

(2)Van−Leer 迎风通量分裂格式。

运用 Van−Leer 迎风通量分裂格式,通量函数 $\boldsymbol{\Phi}$ 定义为

$$\boldsymbol{F}_I = \boldsymbol{T}^{-1}[\boldsymbol{H}(\boldsymbol{q}^+) + \boldsymbol{H}(\boldsymbol{q}^-)] \tag{2.55}$$

式中,

$$\boldsymbol{H} = \begin{bmatrix} \rho w_n \\ \rho w_n^2 + p \\ \rho w_n w_{t1} \\ \rho w_n w_{t2} \\ \rho w_n H \end{bmatrix} \tag{2.56}$$

根据法向马赫数 Ma_n 定义 $\boldsymbol{H}^+$ 和 $\boldsymbol{H}^-$:

当 $Ma_n \geqslant 1$ 时,

$$\boldsymbol{H}^+ = \boldsymbol{H}, \quad \boldsymbol{H}^- = \boldsymbol{0} \tag{2.57a}$$

当 $Ma_n \leqslant -1$ 时,

$$\boldsymbol{H}^+ = \boldsymbol{0}, \quad \boldsymbol{H}^- = \boldsymbol{H} \tag{2.57b}$$

当 $|Ma_n| < 1$ 时,

$$\boldsymbol{H}^{\pm} = \begin{bmatrix} h_1^{\pm} \\ h_2^{\pm} \\ h_3^{\pm} \\ h_4^{\pm} \\ h_5^{\pm} \end{bmatrix} = \begin{bmatrix} \pm\dfrac{\rho c(Ma_n \pm 1)^2}{4} \\ \dfrac{h_1^{\pm}c[(\gamma-1)Ma_n \pm 2]}{\gamma} \\ h_1^{\pm}cM_{t1} \\ h_1^{\pm}cM_{t2} \\ h_1^{\pm}c^2\left\{\dfrac{[(\gamma-1)Ma_n \pm 2]^2}{[2(\gamma^2-1)]} + \dfrac{M_{t1}^2}{2} + \dfrac{M_{t2}^2}{2}\right\} \end{bmatrix} \tag{2.57c}$$

(3)Roe 通量差分分裂格式。

在式(2.13)中无黏通量矢量 $\boldsymbol{F}_I$ 可以通过通量差分分裂格式求解:

$$\boldsymbol{F}_I = \frac{1}{2}\boldsymbol{T}^{-1}[\boldsymbol{H}(\boldsymbol{q}^+) + \boldsymbol{H}(\boldsymbol{q}^-)] - \frac{1}{2}\boldsymbol{T}^{-1}|\boldsymbol{A}|(\boldsymbol{Q}^+ - \boldsymbol{Q}^-) \tag{2.58}$$

式中,通量 $\boldsymbol{H}(\boldsymbol{q}^+)$ 和 $\boldsymbol{H}(\boldsymbol{q}^-)$ 是用表面"右边"和"左边"的重构矢量 $\boldsymbol{q}^+$ 和 $\boldsymbol{q}^-$ 计算出来的。式(2.58)的右边第一项是通过简单平均得到的。

$\boldsymbol{A}$ 为无黏通量雅可比矩阵:

$$A = \frac{\partial \boldsymbol{H}}{\partial \boldsymbol{Q}} \qquad (2.59\mathrm{a})$$

雅可比矩阵 $\boldsymbol{A}$ 可转换成另外一种形式:

$$\boldsymbol{A} = \boldsymbol{R} \boldsymbol{\varLambda} \boldsymbol{R}^{-1} \qquad (2.59\mathrm{b})$$

式中,$\boldsymbol{\varLambda}$ 是特征值的对角阵。通过 Roe 平均用于求 $|\hat{\boldsymbol{A}}|$。

式(2.58)可以看成二阶中心差分加上附加的矩阵耗散。附加的矩阵耗散项不仅对变量的对流项、超声速流动的压力和速度有作用,而且还提供了定常状态的压力速度耦合,并对低速和不可压流的稳定性与高效收敛有作用。

5. 定常流的时间步进法

程序中耦合控制方程(预处理中的式(2.13))在时间上的离散既可以用于定常计算,也可以用于非定常计算。在定常情况下,进行时间步进计算直至达到定常解。耦合方程可以用隐式,也可以用显式时间步进来进行时间离散。而时间步进法这两种格式中,显示格式受 CFL 条件限制,时间步长不能取得太大,而对隐式格式而言限制较小,可以较快收敛。为提高离散方程的稳定性,采用隐式格式处理源项、对流项、黏性项,从而得气相控制方程的离散形式如下:

$$\boldsymbol{\varGamma} V_i \frac{\Delta \boldsymbol{Q}_i^n}{\Delta t} + \boldsymbol{R}_i^{n+1} = \boldsymbol{0} \qquad (2.60)$$

线性化处理残差 $\boldsymbol{R}_i^{n+1}$ 得

$$\boldsymbol{R}_i^{n+1} \approx \boldsymbol{R}_i^n + \left(\frac{\partial \boldsymbol{R}}{\partial \boldsymbol{Q}}\right)_i \Delta \boldsymbol{Q}_i^n = \boldsymbol{R}_i^n + \sum_{m=1}^{nb(i)} \left\{ \frac{\partial (\boldsymbol{F}_I - \boldsymbol{F}_V)_m \cdot \Delta \boldsymbol{S}_m}{\partial \boldsymbol{Q}_i} \Delta \boldsymbol{Q}_i^n \right\} +$$

$$\sum_{m=1}^{nb(i)} \left\{ \frac{\partial (\boldsymbol{F}_I - \boldsymbol{F}_V)_m \cdot \Delta \boldsymbol{S}_m}{\partial \boldsymbol{Q}_j} \Delta \boldsymbol{Q}_j^n \right\} - \frac{\partial (V_i \boldsymbol{S}_\omega)}{\partial \boldsymbol{Q}_i} \Delta \boldsymbol{Q}_i^n \qquad (2.61)$$

将式(2.61)代入式(2.60)得

$$\left[\frac{V_i}{\Delta t} \boldsymbol{\varGamma} + \sum_{m=1}^{nb(i)} \left\{ \frac{\partial (\boldsymbol{F}_I - \boldsymbol{F}_V)_m \cdot \Delta \boldsymbol{S}_m}{\partial \boldsymbol{Q}_i} \right\} - \frac{\partial (V_i \boldsymbol{S}_\omega)}{\partial \boldsymbol{Q}_i} + \sum_{m=1}^{nb(i)} \left\{ \frac{\partial (\boldsymbol{F}_I - \boldsymbol{F}_V)_m \cdot \Delta \boldsymbol{S}_m}{\partial \boldsymbol{Q}_j} \right\} \right] \Delta \boldsymbol{Q} = -\boldsymbol{R}_i^n$$

$$(2.62)$$

令

$$a_{ii} = \frac{V_i}{\Delta t} \boldsymbol{\varGamma} + \sum_{m=1}^{nb(i)} \left\{ \frac{\partial (\boldsymbol{F}_I - \boldsymbol{F}_V)_m \cdot \Delta \boldsymbol{S}_m}{\partial \boldsymbol{Q}_i} \right\} - \frac{\partial (V_i \boldsymbol{S}_\omega)}{\partial \boldsymbol{Q}_i}$$

当 $i \neq j$ 时,

$$a_{ij} = \sum_{m=1}^{nb(i)} \left\{ \frac{\partial (\boldsymbol{F}_I - \boldsymbol{F}_V)_m \cdot \Delta \boldsymbol{S}_m}{\partial \boldsymbol{Q}_j} \right\}$$

$$\boldsymbol{A} = (a_{ij}), \quad \boldsymbol{x} = \Delta \boldsymbol{Q}_i^n = \boldsymbol{Q}_i^{n+1} - \boldsymbol{Q}_i^n, \quad \boldsymbol{b} = -\boldsymbol{R}^n$$

则式(2.62)可写为

$$\boldsymbol{A}\boldsymbol{x} = \boldsymbol{b} \qquad (2.63)$$

在程序中的耦合求解器同时解连续性、动量、能量,并将它们作为一组控制方程或者方程的矢量来处理,随后会按顺序求解其他附加标量如湍流模型的控制方程,也就是说这些附加标量方程相互之间是分离的,而且和连续性、动量、能量方程的耦合方程组之间是分离的。

采用 Krylov 子空间方法求解方程组 $\boldsymbol{Ax} = \boldsymbol{b}$。Krylov 子空间方法最主要的优点是不必精确计算雅可比矩阵，因此可用有限差分方法求解界面上通量的雅可比矩阵 $\dfrac{\partial (\boldsymbol{F}_I - \boldsymbol{F}_V)_m}{\partial \boldsymbol{Q}_i}$ 及 $\dfrac{\partial (\boldsymbol{F}_I - \boldsymbol{F}_V)_m}{\partial \boldsymbol{Q}_j}$，但是有限差分方法需要额外计算 1 次通量数值。可采用如下的有限差分形式：

$$\frac{\partial \boldsymbol{F}_i}{\partial \boldsymbol{Q}_j} \approx \frac{\boldsymbol{F}_i(\boldsymbol{Q}_j + h_j \boldsymbol{e}^j) - \boldsymbol{F}_i(\boldsymbol{Q}_j)}{h_j} \tag{2.64}$$

式中，$\boldsymbol{e}^j$ 为第 j 个标准基向量；h_j 是一个小的增量，且 $h_j = \sqrt{\varUpsilon} \max\{ \mid x_j \mid,$ $\mathrm{typ}(x_j)\} \mathrm{sign}(x_j)$，$\varUpsilon$ 为机器精度，$\mathrm{typ}(x_j)$ 为 x_j 的特征尺寸。

时间步长 Δt 是从 CFL(Courant-Friedrichs-Lewy) 条件计算得到的：

$$\Delta t = \frac{\mathrm{CFL} \cdot L}{\mid w \mid + a} \tag{2.65}$$

式中，L 为单元网格特征长度；w 为单元的速度；a 为单元的马赫数；CFL 为 CFL 条件数。

程序采用 Trilinos 程序包来计算式(2.63)，Trilinos 程序包采用了"数据结构无关(Data-structure-neutral)"的设计方法。在保持较高性能的前提下，改进了其易用性和软件复杂性管理。在 Trilinos 框架中定义了一个线性代数对象模型 Epetra 作为 Trilinos 中的各种软件包的构建基础和沟通载体。运用 Epetra 时常涉及的主要类有 Epetra_Comm、Epetra_BlockMap、Epetra_Operator、Epetra_MultiVector、Epetra_LinearProblem，Epetra 对象的典型使用流程如图 2.6 所示。

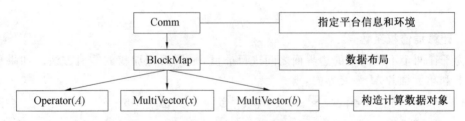

图 2.6　Trilinos 中 Epetra 对象的典型使用流程

2.3　网格交界面处理方法

2.3.1　普通交界面的处理

普通交界面有的相连，有的不相连。相连的交界面分为 1 对 1 连接的交界面(图 2.7(a)) 与非 1 对 1 连接的交界面(图 2.7(b))；不相连的交界面分为 1 对 1 周期连接交界面(图 2.7(c)) 与非 1 对 1 周期连接交界面(图 2.7(d))。处理普通交界面的一般过程：① 构建交界面单元所对应的虚单元的几何信息；② 计算插值权系数。

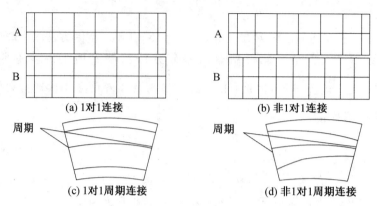

(a) 1对1连接　　　　　　　　(b) 非1对1连接

周期　　　　　　　　　　　周期

(c) 1对1周期连接　　　　　　(d) 非1对1周期连接

图 2.7　各种交界面示意图

1. 构建交界面单元对应的虚单元的几何信息

界面处理如图 2.8 所示,在交界面两边,运用单元 1 对应的单元 2 和单元 3,通过单元 2 和单元 3 按照交界面的重叠面积加权方式产生新单元 1′,则单元 1 对应新单元 1′ 形成 1 对 1 的关系。这样对于单元 1 而言,其处理方式可与普通单元的处理方式相一致。

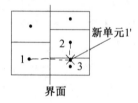

图 2.8　界面处理

2. 计算插值权系数

为了在两个不同网格的边界面之间进行插值,采用面积加权的插值方法。如果单元面片 S 和单元面片 M 为交界面,则

$$\Phi_{S_i} = \sum_n w_{M_n,S_i} \Phi_{M_n}, \quad \Phi_{M_j} = \sum_m w_{S_m,M_j} \Phi_{S_m} \tag{2.66}$$

式中,$w_{M_n,S_i} = \dfrac{A_{S_i,M_n}}{A_{M_n}}$,$A_{S_i,M_n}$ 为单元 S_i 与单元 M_n 的重合面积,A_{M_n} 为单元 M_n 的面积;

$w_{S_m,M_j} = \dfrac{A_{M_j,S_m}}{A_{S_m}}$,$A_{M_j,S_m}$ 为单元 M_j 与单元 S_m 的重合面积,A_{S_m} 为单元 S_m 的面积;

$\sum_n w_{M_n,S_i} = 1.0$;$\sum_m w_{S_m,M_j} = 1.0$。

快速计算两个单元间的重合面积为该方法的关键问题,重合面积的计算进而转化为多边形相交问题,可以采用 Sutherland − Hodgman clipping 算法求解。为减少单元间的测试,可以运用 Kd − tree 和分离轴理论快速判断两个单元是否相交。

在处理周期(1 对 1,非 1 对 1)问题时,先对周期面上的点的坐标进行预处理,使周期的两个面重合,之后其处理方法与相邻的交界面处理一样。

2.3.2　混合平面法

在叶轮机械内部流场的计算中,由于叶轮的动、静叶片排之间是相对转动的,所以动、静叶之间存在着一个人为的交界面。这就需要处理这个交界面上下游之间的流场信息传递。可以采用一种交界面掺混的方法,如混合平面法,对每个叶片排进行独立求解,在动、静叶片排间的交界面上下游处传递经过周向平均的参数,这相当于把动、静叶片排的间距拉大,使上游出口产生的各种不均匀,扰动到达下游出口时已经变成周向均匀扰动。

　　考虑到动、静叶之间有相对运动,在动、静叶网格处理上要采用多块网格。由于程序采用非结构化网格计算,构造处理不同网格块交界面的数值方法比在结构化网格中的处理方法复杂。在叶轮机械相邻叶栅交界面的处理中,上游某一列叶栅的出口(网格为 A),与相邻的下游叶栅的进口(网格为 B)组成一对交界面(图 2.9)。

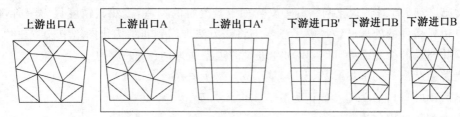

上游出口 A　　上游出口 A　　上游出口 A′　　下游进口 B′　下游进口 B　　下游进口 B

图 2.9　混合平面

计算交界面数值通量的步骤如下:

(1) 考虑到网格更容易映射插值到径向位置,分别在网格 A 和网格 B 中构造由网格 A 和网格 B 的边界域构成的虚拟结构化规则网格 A′ 和网格 B′,这两个虚拟网格必须有相同的径向分布。

(2) 通过插值计算出虚拟网格上的物理量的值。

根据 GGI 插值算法,将网格 A 和网格 B 守恒通量映射到网格 A′ 和网格 B′。

(3) 在虚拟网格上建立周向平均。

对通量 F 进行混合面积平均,即

$$F_1 = \overline{\rho u_z} = \frac{1}{\text{Pitch}} \int_0^{\text{Pitch}} \rho u_z \mathrm{d}\theta \tag{2.67a}$$

$$F_2 = \overline{\rho u_z^2} + \overline{p} = \frac{1}{\text{Pitch}} \int_0^{\text{Pitch}} (\rho u_z + p) \mathrm{d}\theta \tag{2.67b}$$

$$F_3 = \overline{\rho u_z}\, \overline{u_\theta} = \frac{1}{\text{Pitch}} \int_0^{\text{Pitch}} \rho u_z u_\theta \mathrm{d}\theta \tag{2.67c}$$

$$F_4 = \overline{\rho u_z}\, \overline{u_r} = \frac{1}{\text{Pitch}} \int_0^{\text{Pitch}} \rho u_z u_r \mathrm{d}\theta \tag{2.67d}$$

$$F_5 = \overline{\rho u_z}\, \overline{H} = \frac{1}{\text{Pitch}} \int_0^{\text{Pitch}} \rho u_z H \mathrm{d}\theta \tag{2.67e}$$

解下列方程组

$$\begin{bmatrix} \overline{\rho} \cdot \overline{u_z} \\ \overline{\rho} \cdot \overline{u_z^2} + \overline{p} \\ \overline{\rho} \cdot \overline{u_z} \cdot \overline{u_\theta} \\ \overline{\rho} \cdot \overline{u_z} \cdot \overline{u_r} \\ \overline{\rho} \cdot \overline{u_z} \cdot \overline{H} \end{bmatrix} = \begin{bmatrix} F_1 \\ F_2 \\ F_3 \\ F_4 \\ F_5 \end{bmatrix} \tag{2.68}$$

(4) 将所需计算的变量从网格 A′和网格 B′映射到网格 A 和网格 B。

① 考虑到流量、动量、总能量、焓和熵的守恒性,选取 $\overline{\rho}$、$\overline{\rho u}$、$\overline{\rho v}$、$\overline{\rho w}$、$\overline{\rho p}$ 作为面积平均的处理量。这种平均模型可以保证流量在混合前后保持守恒,同时总能量在混合后减小的幅度和熵在混合后增加的幅度都比较小。

② 混合平面法只考虑叶片展向流场的不均匀性变化,而忽略了周向的不均匀性变化。由于进出口边界与叶片的前缘和尾缘距离很近,在边界上存在着很强的周向不均匀,所以采用了外推周向不均匀性的做法,在混合平面上只保证其周向平均值等于上(下)游传递来的周向平均值,使本列的周向不均匀性在进出口边界上得到体现。

文献[331]针对结构化网格处理交界面上黎曼解的构造,虽然其精度仅为一阶,但作为进口边界条件的处理已经足够了。本书将该方法推广到非结构化网格中去。在叶轮机械中静叶与动叶交界面处理时,以动叶进口的边界面为例:

上游静叶出口的平均参数记为 $\overline{\rho}_s$, $\overline{u}_s$, $\overline{v}_s$, $\overline{w}_s$, $\overline{p}_s$;

下游动叶进口的平均参数记为 $\overline{\rho}_r$, $\overline{u}_r$, $\overline{v}_r$, $\overline{w}_r$, $\overline{p}_r$。

考虑到动叶周向旋转速度 ω,则得到

$$\Delta\rho=\overline{\rho}_r-\overline{\rho}_s, \quad \Delta u=\overline{u}_r-\overline{u}_s, \quad \Delta v=\overline{v}_r-\overline{v}_s, \quad \Delta w=\overline{w}_r-\overline{w}_s+\omega r, \quad \Delta p=\overline{p}_r-\overline{p}_s$$

记与动叶进口面相连的单元参数为 $I=i:\rho_i,u_i,v_i,w_i,p_i$,构造 $I=i+1$ 时有

$$\rho_{i+1}=\rho_i-\Delta\rho, \quad u_{i+1}=u_i-\Delta u, \quad v_{i+1}=v_i-\Delta v, \quad w_{i+1}=w_i-\Delta w, \quad p_{i+1}=p_i-\Delta p$$

这样就通过 $I=i+1,I=i$ 在 $I=i+1/2$ 的交界面上构造了黎曼解。

Denton 教授的混合平面模型可以保证质量、动量、能量的严格守恒,具有较好的鲁棒性,而加入无反射条件可用于交界面非常靠近叶片和交界面上有激波反射的情况,以及周向流动的变化远小于平均值等情况。在运用混合平面法的过程中,最终使得控制方程的三阶精度、从叶栅上下游得到的流量和经过周向平均的径向分布曲线都在一定的误差范围内。

2.3.3 非结构化网格并行划分界面的处理

本节的目的是开发算法以及加速非结构化网格的 N－S 方程的计算。这项工作基于网格区域分解的方法,需要将网格分解成一组子网格(子域),可将其分布在 n 个处理器的并行机中。每个处理器上运行相同的程序,并且在每次迭代计算时,通过使用的消息传递接口(MPI)将 Ghost 点变量的相关信息交换给其他处理器。处理器之间消息传递的目的是为了保持与原来顺序求解的一致性。采用 ParMETIS 提供的拓扑图划分算法,对非结构化网格进行划分。文献[332]对涡轮叶栅计算网格进行了并行处理。

1. 网格并行划分步骤

网格并行划分的两大主要步骤为无重叠划分和关于求解方法的划分后处理。图2.10给出了上述整个过程的四个处理器、无重叠、一层映像情形下的简单示例。

(1) 无重叠划分。

非结构化网格之间的拓扑关系是一种无向图,因此可借用图的划分技术进行非结构化网格的无重叠划分。图的划分本质上是一个满足相关约束条件的多目标整数优化问题,可使用现成的专业软件如 ParMETIS 来完成非结构化网格的有效划分,其基本调用模

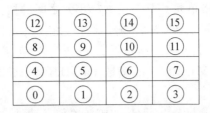

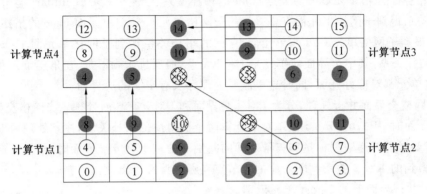

图 2.10　网格划分及算法通信示意图

式是输入节点坐标与邻接矩阵等相关网格信息,输出节点编号与子网格号即处理器号的对应关系。其采用的是多水平方法,该方法基于多水平思想,包含图的粗化、初始剖分以及多水平优化三个阶段。首先,在图的粗化阶段,将某些顶点结合在一起,得到下一级粗化图,重复此过程直到粗化图足够小为止,即得到一个最小图;然后,对最小图进行剖分,得到一个初始剖分,因为这个粗化图很小,所以执行时间也很短;最后,从最粗的图到最细的图(初始图),在每一水平层的粗化图中都对其进行优化,一般采用 KL/FM 类方法。

区域分解将网格划分成一系列的子区域网格,子区域数与并行的节点数相同,这样每个并行节点都有一部分网格。这里给出程序从 CGNS 格式网格读入并划分的算法 1。

算法 1:

① 用函数 readmesh( ),读入 CGNS 格式网格,可以得到单元 Cell 与节点 Node 的拓扑关系、边界 Boundary 与节点 Node 的拓扑关系。

② 通过程序 ParMETIS 中的函数 ParMETIS_V3_PartMeshKway 进行划分,可以得到单元 Cell 属于哪个计算节点,最后将这些通过程序 MPI 中的函数 MPI_Allgatherv 发给各个并行节点,从而得到单元 Cell 标号与并行节点号的拓扑关系。

③ 根据单元 Cell 标号与并行节点号的拓扑关系得到的并行节点号与单元 Cell 标号的拓扑关系,可用来构建子网格。

④ 根据并行节点号与单元 Cell 标号的拓扑关系得到子网格单元 Cell 与节点 Node 之间的拓扑关系、单元 Cell 全局标号与局部标号之间的拓扑关系、节点 Node 全局标号与局部标号之间的拓扑关系。

⑤ 根据子网格单元 Cell 与节点 Node 之间的拓扑关系得到子网格节点 Node 单元与 Cell 之间的拓扑关系。

⑥ 根据子网格单元 Cell 与节点 Node 之间的拓扑关系和子网格节点 Node 单元与 Cell

之间的拓扑关系得到子网格单元 Cell 与子网格单元之间的拓扑关系。

⑦ 根据子网格节点 Node 全局标号与局部标号之间的拓扑关系和边界 Boundary 与节点 Node 的拓扑关系可以得到子网格边界 Boundary 与节点 Node 的拓扑关系。

⑧ 网格通过程序 ParMETIS 中的函数 ParMETIS_V3_Mesh2Dual 构造一个偶图（Dual Graph）。

⑨ 根据子网格单元 Cell 与节点 Node 的拓扑关系、子网格边界 Boundary 与节点 Node 的拓扑关系得到子网格单元面 Face 列表、子网格单元 Cell 与单元面 Face 的拓扑关系。

⑩ 根据子网格单元 Cell 与单元面 Face 的拓扑关系得到子网格单元面 Face 与单元 Cell 的拓扑关系，其中边界面对单元是 1 对 1 关系，但反过来则不是，在角点单元和棱上单元，这些单元都对应好几面，同时这里需要处理好没有定义的边界面。

⑪ 网格交界面并行处理，分为 1 对 1 交界面和 1 对 n 交界面处理。当网格交界面为 1 对 1 交界面时，所需的 Ghost 点 1 对 1 计算两个面对应的拓扑关系，注意处理周期性交界面时，需要考虑传递数据标量和矢量之间的差别。处理 1 对 n 交界面时，根据普通交界面处理时得到的 1 对 n 关系判断对应的 n 节点在哪个计算节点上。

（2）并行界面上的 Ghost 单元识别。

在并行网格划分中，需要计算各个并行节点的流场变量和梯度。各子区域由一层 Ghost 单元封闭，它与其他并行节点上的计算域重叠，Ghost 单元包含流体参数和计算并行划分的界面上的梯度所需的梯度以及几何参数（单元中心位置）。

使用 ParMETIS 图划分软件所得到的网格划分方案是基于无重叠的网格分裂的，有时并行分界面上的单元需要分界面相邻单元的数据信息，则需要根据算法要求对划分过的网格做关于边界重叠和映像的后处理。利用网格的拓扑连接信息对并行分界面做分层重叠延拓，将得到的单元节点作为当前子网格的映像点（Ghost），如图 2.10 中有阴影的单元。这些 Ghost 与相邻子区域的计算点通过 MPI 通信，从而使这些点与相邻子区域保持一定的关联度。在每个网格文件中并行界面上的 Ghost 单元识别算法如下。

算法 2：

① 由并行界面得到对应点集。

```
std::vector<int> pointGhostsFace = facesPoints(ghostsFace);
```

② 由所有网格的网格单元得到点对所有单元的关系。

```
std::map<int,std::vector<int>> points2Cells_
= cellShapePointCells ( meshsRawOne_.cellshapes());
```

③ 根据并行界面上的点，通过点对所有单元的关系 points2Cells_ 与单元对局部单元编号的关系 cellGlobal2LocalMaps 得到点对 Ghost 单元的关系 ghostsCell。

```
for(int i = 0; i < pointGhostsFace. size(); i++)
{
    for(int j = 0; j < points2Cells_[pointGhostsFace[i]]. size(); j++)
    {
        int guess = points2Cells_[pointGhostsFace[i]][j];
        bool foundbegin = false;
        for(int k = 0; k < ghostsCell. size(); k++)
        {
            if(guess == ghostsCell[k])
            {
                foundbegin = true;
                break;
            }
        }
        if(! foundbegin && cellGlobal2LocalMaps_[ guess]. first! = mype_)
        {
            nGhost_++;
            ghostsCell. push_back(guess);
        }
    }
}
```

（3）建立 Ghost 与并行计算节点之间的通信数据结构。

算法 3：

① 初始化 sendCells，recvCells，recvCount，sendCount。

② recvCells 收集本区域所需要的其他各个节点上的全局点，recvCount 统计各个节点的数目。

```
for (int g = nCells_;g < nTotalCells_; ++g)
{
    int p = cellGlobalRankList_[ghostsLocal2GlobaMap_[g]];
    recvCells_[p]. push_back(ghostsLocal2GlobaMap_[g]);
}
for (int p = 0;p < npes_; ++p) recvCount[p] = recvCells_[p]. size();
```

③ 交换各个节点上所需的 ghost 单元数据数目。

```
MPI_Alltoall(&recvCount[0],1,MPI_INT,&sendCount[0],1,MPI_INT,
MPI_COMM_WORLD);
```

④ 根据 recvCount 交换 ghost 单元对应的全局点。

```
for (int p=0;p<npes_;++p)
{
        sendCells_[p].resize(sendCount[p]);
        MPI_Sendrecv(&recvCells_[p][0],recvCount[p],MPI_INT,p,0,
&sendCells_[p][0],sendCount[p],MPI_INT,p,0,MPI_COMM_WORLD,
MPI_STATUS_IGNORE);
}
```

⑤ 由全局点转换成局部点。

```
for (int proc=0;proc<npes_;++proc)
{
        for (int i=0;i<sendCells_[proc].size();++i)
sendCells_[proc][i]=cellGlobal2LocalMaps_[sendCells_[proc][i]].second;
        for (int i=0;i<recvCells_[proc].size();++i)
                recvCells_[proc][i]=ghostsGloba2LocalMap_[recvCells_[proc][i]];
}
```

上述网格映射关系和通信环境的构造是个复杂的过程,但是这个过程只需要在开始时执行一次,所花费的时间在总的方程整个迭代求解的过程迭代求解时间中所占比例很小,是可以接受的。

2. 并行网格信息的应用

根据计算需求求得的网格映射关系中得到在并行计算所需通信的单元信息标号信息。对 Ghost 单元进行变量的交换。

算法 4:

交换 ghost 单元变量的数据结构。

```
std::vector<double> sendBuffer;// 发送的数据
std::vector<double> recvBuffer;// 接收的数据
for (int proc=0;proc<npes_;++proc)
{
        if (mype_!=proc)
        {
                int sendSize=0;// 发送数据的大小
                for (int g=0;g<mesh.sendCells[proc].size();++g)
                {
                        sendSize+=fieldIndex_[mesh.sendCells[proc][g]].nVars();
                }
                int recvSize=0;// 接收数据大小
                for (int g=0;g<mesh.recvCells[proc].size();++g)
                {
```

```
recvSize +=fieldIndex_. ghostValue()[mesh. recvCells[proc][g]]. nVars();
                }
            sendBuffer. resize(sendSize);
        recvBuffer. resize(recvSize);
        for (int g=0;g < mesh. sendCells[proc]. size(); ++g)
        {
                id = mesh. sendCells[proc][g];
                for (int h=0;h < fieldIndex_[id]. nVars(); ++h)
                {
                        sendBuffer[g+h]=value(id,h);
                }
        }// 打包
// 发送并接收数据
MPI_Sendrecv(&sendBuffer[0],sendBuffer. size(),MPI_DOUBLE,proc,0,&recvBuffer[0],
recvBuffer. size(),MPI_DOUBLE,proc,MPI_ANY_TAG,MPI_COMM_WORLD,MPI_STATUS_
IGNORE);
        for (int g=0;g < mesh. recvCells[proc]. size(); ++g)
        {
                id = mesh. recvCells[proc][g];
                for (int h=0;h < fieldIndex_[id]. nVars(); ++h)
                {
                        ghostValue()(id,h)=recvBuffer[g+h];
                }
        }// 分到对应的 ghostValue 中去
    }
}
```

　　在大多数并行计算机上,从一个处理器到另一个处理器传递数据所需要的时间比移动或操纵单个处理器内的数据所用的时间多。为了防止程序被过分放慢下来,许多并行计算机允许用户开始发送或接收多个消息和进行其他操作。这里用 MPI_Sendrecv 来替代 mpi_bsend( ) 和 mpi_recv( )。

3. 并行计算的流程

　　根据上述并行划分机制实现并行计算。并行计算的流程如下:

算法 5:

初始化所有并行计算节点。

① 并行区域分解。

无重叠划分(算法 1);

并行界面上的 Ghost 单元识别(算法 2);

49

建立 Ghost 单元与并行计算节点之间的通信数据结构(算法 3)。

② 并行求解器。

读入初始条件和边界条件;

求解耦合方程;

求解湍流方程;

根据并行网格信息的应用进行交换和更新 Ghost 数据结构(算法 4);

判断是否收敛,是否达到最大迭代次数,如果为否,那么继续求解计算,直到满足条件。

③ 并行输出数据处理。

从各个并行计算节点收集计算数据到根节点;

根据全局标号输出全局结果。清空各个并行计算节点。

2.4 燃烧模型控制方程及其离散

2.4.1 燃烧室中的燃烧模型

燃烧室中喷水两相流是一个复杂的物理和化学过程,对这一过程的模拟要建立燃烧过程的数学模型,以及复杂两相流动系统的偏微分方程组。

1. 气相控制方程

将燃烧室中的燃烧过程简化处理成三维、单步、不可逆无限快反应,即采用单步化学反应机理。反应物包括燃料和空气,生成物为二氧化碳和水蒸气,所以计算过程中有燃料、氧气、氮气、二氧化碳和水蒸气等多种组分,需要建立如下方程:

$$\frac{\partial}{\partial t}\int_V \mathbf{W} dV + \oint [\mathbf{F}_I - \mathbf{F}_v] \cdot d\mathbf{A} = \int_V \mathbf{S}_c dV + \int_V \mathbf{S}_d dV \qquad (2.69)$$

式中,$\mathbf{S}_c$、$\mathbf{S}_d$ 分别为气相场与燃油液滴产生的源项;矢量 $\mathbf{W}$、对流项 $\mathbf{F}_I$、耗散项 $\mathbf{F}_v$ 分别为

$$
\mathbf{W} = \begin{bmatrix} \rho \\ \rho v_1 \\ \rho v_2 \\ \rho v_3 \\ \rho E \\ \rho k \\ \rho \varepsilon \\ \rho Y_1 \\ \cdots \\ \rho Y_4 \end{bmatrix}^{\mathrm{T}}, \quad
\mathbf{F}_I = \begin{bmatrix} \rho v_i \\ \rho v_i v_1 + p\delta_{1i} \\ \rho v_i v_2 + p\delta_{2i} \\ \rho v_i v_3 + p\delta_{3i} \\ \rho v_i E + p v_i \\ \rho v_i k \\ \rho v_i \varepsilon \\ \rho v_i Y_1 \\ \cdots \\ \rho v_i Y_4 \end{bmatrix}^{\mathrm{T}}, \quad
\mathbf{F}_V = \begin{bmatrix} 0 \\ \tau_{i1} \\ \tau_{i2} \\ \tau_{i3} \\ \tau_{ij} w_j + q_i \\ \tau_{ik} \\ \tau_{i\varepsilon} \\ q_{Y_1} \\ \cdots \\ q_{Y_4} \end{bmatrix}^{\mathrm{T}}
$$

其中,ρ 为密度;p 为压力;v_1、v_2、v_3 为三个方向的速度;E 为内能;k、ε 分别为湍流动能、湍流扩散率;$Y_1, \cdots, Y_4$ 为各组分质量分数;δ_{ij} 为克罗内克符号;τ_{ij} 为黏性应力张量;q_i 为导

热量;τ_{ik}、$\tau_{i\varepsilon}$ 分别为湍流动能、湍流扩散率的耗散量;q_{Y_1},$\cdots$,q_{Y_4} 为组分的耗散量。

2. 液相控制方程

液相采用随机轨道离散模型。在拉格朗日坐标系下,该模型可追踪油滴群蒸发完全前各自的运动轨迹、质量损失及能量变化。

(1) 控制油滴运动的方程为

$$m_d \frac{dU_{i,d}}{dt} = \frac{\pi}{8} \rho_g D_d^2 C_D |U_{i,g} - U_{i,d}| (U_{i,g} - U_{i,d}) \tag{2.70}$$

油滴轨道方程为

$$\frac{dx_i}{dt} = U_{i,d} \tag{2.71}$$

式中,m_d 为油滴质量;D_d、$U_{i,d}$ 分别为油滴的直径、速度;$U_{i,g}$ 为瞬时气相速度;C_D 为油珠的阻力系数。

(2) 当油滴温度高于沸点时,油滴受热蒸发,其直径随时间变化的速率为

$$\frac{dD_d}{dt} = -\frac{4k_g}{\rho_d c_{pg} D_d}(1 + 0.3Re_d^{1/2} Pr^{1/3})\ln(B+1) \tag{2.72}$$

式中,B 是蒸发率常数;k_g、c_{pg} 分别为气相的导热系数、等压定压比热容;ρ_d 为液相密度;Re 为油滴相对雷诺数;Pr 为油滴相对普兰特数。

当油滴直径 D_d 小于某一尺寸时可认为全部蒸发,并与气体完全混合。

(3) 当油滴温度低于沸点时,周围的高温气体将对它进行加热,此时温度随时间变化的规律为

$$\frac{dT_d}{dt} = 6k_g Nu \frac{(T_g - T_d)}{\rho_d D_d^2 c_{pd}} \tag{2.73}$$

式中,采用 Ranz$-$Marshall 公式计算油滴相对努塞尔数 Nu;c_{pd} 为油滴定压比热容;T_d 为油滴温度。

2.4.2　燃烧室数值模拟方法

计算包括两部分:第一部分为气相(连续相)的数值求解,第二部分为液滴相(离散相)的数值求解。求解过程中考虑了两相之间的动量、质量及能量交换。

1. 气相控制方程的离散和求解

考虑到低马赫数和不可压流动时数值刚性的影响,采用与叶栅内流场求解同样的时间导数预处理方法:

$$\boldsymbol{\Gamma} \frac{\partial}{\partial t} \int_V \boldsymbol{Q} dV + \oint [\boldsymbol{F}_I - \boldsymbol{F}_V] \cdot d\boldsymbol{A} = \int_V \boldsymbol{S}_c dV + \int_V \boldsymbol{S}_d dV \tag{2.74}$$

式中,

$$\boldsymbol{Q} = [p, v_1, v_2, v_3, E, k, \varepsilon, Y_1, \cdots, Y_4]^T, \quad \boldsymbol{\Gamma} = \frac{\partial \boldsymbol{W}}{\partial \boldsymbol{Q}}$$

与结构化网格相比,采用非结构化网格更适合燃烧室的复杂几何模型的网格划分。采用 SD$-$SLAU 格式离散对流项,用高阶格式重构网格界面上的左右两侧的流场参数值;离散耗散项时,采用体积加权平均的方法求解界面上相关物理量的梯度。

气相控制方程的离散形式如下：

$$\boldsymbol{\Gamma} V_i \frac{\Delta \boldsymbol{Q}_i^n}{\Delta t} + \boldsymbol{R}_i^{n+1} = 0 \tag{2.75}$$

将残差 $\boldsymbol{R}_i^{n+1}$ 线性化处理,并代入式(2.75)得 $\boldsymbol{Ax} = \boldsymbol{b}$,其中

$$a_{ii} = \frac{V_i}{\Delta t}\boldsymbol{\Gamma} + \sum_{m=1}^{nb(i)}\left\{\frac{\partial\,(\boldsymbol{F}_I - \boldsymbol{F}_V)_m \cdot \Delta\,\boldsymbol{S}_m}{\partial\,\boldsymbol{Q}_i}\right\} - \frac{\partial\,(V_i\boldsymbol{S}_c + V_i\boldsymbol{S}_d)}{\partial\,\boldsymbol{Q}_i}$$

$$a_{ij} = \sum_{m=1}^{nb(i)}\left\{\frac{\partial\,(\boldsymbol{F}_I - \boldsymbol{F}_V)_m \cdot \Delta\,\boldsymbol{S}_m}{\partial\,\boldsymbol{Q}_j}\right\},\quad \boldsymbol{A} = (a_{ij})$$

$$\boldsymbol{x} = \Delta\,\boldsymbol{Q}_i^n = \boldsymbol{Q}_i^{n+1} - \boldsymbol{Q}_i^n,\quad \boldsymbol{b} = -\boldsymbol{R}^n$$

2. 液相控制方程的离散计算

假定喷嘴雾化滴径尺寸服从 Rosin － Rammler 分布：

$$R = 1 - \exp\left[-\left(\frac{d_k}{\overline{d}}\right)^n\right] \tag{2.76}$$

式中,R 为直径小于 d_k 的液滴质量占液滴总质量的百分数;$\overline{d}$ 为液滴的特征尺寸;n 为均匀度指数。将滴径分成 L 个尺寸组,则根据式(2.76)可计算出颗粒进口质量浓度分布和初始粒径分布。同时给出各个颗粒的初始速度方向和初始位置。用四阶 Runge-Kutta 法求解式(2.70),可求得油滴新的速度 $U_{i,d}$,然后由油滴轨道方程(2.71)可确定油滴在计算区域内的运动轨迹,最后根据当前时刻颗粒位置和颗粒所在网格单元以及下一时刻颗粒位置确定下一时刻颗粒所在网格单元,此时采用高效稳定的颗粒追踪算法。

3. 燃烧室计算流程

通过液相离散求得计算区域内的油滴位置、速度、尺寸和温度,然后再计算每个控制容积中质量、动量和能量的变化,从而求得油滴相与气相相互作用的源项。将每个初始尺寸组的油滴各自源项叠加,得出每个控制容积中油滴相和气体相间相互作用的总源项。迭代过程中,气液两相交替计算,最终达到收敛标准,即可得到气液两相流场分布结果,整个迭代过程为 PSIC 法。

2.5　湍流模型

在燃气透平内的流动是三维的、湍流的。在许多情况下,这种三维特性、大曲率绕流、激波与边界层相互干扰、流动分离以及其他一些原因常常会改变湍流结构,采用能更好地反映燃气透平内湍流运动物理本质的湍流模型是燃气透平内湍流模拟的关键问题之一。

Spalart － Allmaras 湍流模型在燃气透平流场模拟中效果较好。Spalart － Allmaras 湍流模型求解湍流黏性的输运方程并不需要求解当地剪切层厚度的长度尺度。该模型对于燃气透平内湍流求解有壁面影响流动及有逆压力梯度的边界层问题的效果较好。二方程模型中 Menter $k - \omega$ SST 模型目前得到了越来越多的重视,因为它有较好的物理基础,同时实际应用表明它可较为全面地反映湍流细节。本书介绍的程序中采用了 Spalart －Allmaras 湍流模型和 Menter $k - \omega$ SST 模型。

2.5.1　Spalart－Allmaras 湍流模型

Spalart－Allmaras 湍流模型的求解变量是 $\widetilde{\nu}$，表征出了近壁（黏性影响）区域以外的湍流运动黏性系数。$\widetilde{\nu}$ 的输运方程为

$$\frac{\partial(\rho\widetilde{\nu})}{\partial t}+\frac{\partial(\rho u_j\widetilde{\nu})}{\partial x_j}=\frac{1}{\sigma_{\widetilde{\nu}}}\left\{\frac{\partial}{\partial x_j}\left[(\mu+\rho\widetilde{\nu})\frac{\partial\widetilde{\nu}}{\partial x_j}\right]+C_{b2}\rho\frac{\partial\widetilde{\nu}}{\partial x_j}\frac{\partial\widetilde{\nu}}{\partial x_j}\right\}+G_{\widetilde{\nu}}-Y_{\widetilde{\nu}}\quad(2.77)$$

式中，$G_{\widetilde{\nu}}$ 为湍流黏性产生项；$Y_{\widetilde{\nu}}$ 为湍流黏性耗散项；$\widetilde{\nu}$ 为湍流运动黏性。

湍流黏性系数计算如下：

$$\mu_t=\rho\widetilde{\nu}f_{v1}\quad(2.78)$$

式中，f_{v1} 为黏性阻尼函数，定义为 $f_{v1}=\dfrac{\chi^3}{\chi^3+C_{v1}^3}$，并且 $\chi\equiv\dfrac{\widetilde{\nu}}{\nu}$。

湍流黏性产生项 $G_{\widetilde{\nu}}$ 模拟：

$$G_{\widetilde{\nu}}=C_{b1}\rho\widetilde{S}\widetilde{\nu}\quad(2.79)$$

式中，

$$\widetilde{S}\equiv Sf_{v3}+\frac{\widetilde{\nu}}{\kappa^2 d^2}f_{v2}\quad(2.80)$$

其中，$f_{v2}=\dfrac{1}{\left(1+\dfrac{\chi}{C_{v2}}\right)^3}$；$f_{v3}=\dfrac{(1+\chi f_{v1})(1-f_{v2})}{\chi}$；$d$ 为计算点到壁面的距离；$S=\sqrt{2\Omega_{ij}\Omega_{ij}}$，$\Omega_{ij}$ 定义为

$$\Omega_{ij}=\frac{1}{2}\left(\frac{\partial u_j}{\partial x_i}-\frac{\partial u_i}{\partial x_j}\right)\quad(2.81)$$

由于平均应变率对湍流产生也起到很大作用，处理过程中，定义 S 为

$$S\equiv|\Omega_{ij}|+C_{\text{prod}}\min(0,|S_{ij}|-|\Omega_{ij}|)\quad(2.82)$$

式中，$C_{\text{prod}}=2.0$；$|\Omega_{ij}|\equiv\sqrt{\Omega_{ij}\Omega_{ij}}$；$|S_{ij}|\equiv\sqrt{2S_{ij}S_{ij}}$，平均应变率 S_{ij} 定义为

$$S_{ij}=\frac{1}{2}\left(\frac{\partial u_j}{\partial x_i}+\frac{\partial u_i}{\partial x_j}\right)\quad(2.83)$$

湍流黏性耗散项 $Y_{\widetilde{\nu}}$ 为

$$Y_{\widetilde{\nu}}=C_{w1}\rho f_w\left(\frac{\widetilde{\nu}}{d}\right)^2\quad(2.84)$$

式中，

$$f_w=g\left[\frac{1+C_{w3}^6}{g^6+C_{w3}^6}\right]^{1/6}\quad(2.85)$$

$$g=r+C_{w2}(r^6-r)\quad(2.86)$$

$$r\equiv\frac{\widetilde{\nu}}{\widetilde{S}\kappa^2 d^2}\quad(2.87)$$

$$\widetilde{S}=S+\frac{\widetilde{\nu}}{\kappa^2 d^2}f_{v2}\quad(2.88)$$

模型中的常系数 $C_{b1}=0.133\,5$，$C_{b2}=0.622$，$\sigma_{\tilde{v}}=\dfrac{2}{3}$，$C_{v1}=7.1$，$C_{v2}=5$，$C_{w1}=\dfrac{C_{b1}}{\kappa^2}+\dfrac{1+C_{b2}}{\sigma_{\tilde{v}}}$，

$C_{w2}=0.3$，$C_{w3}=2.0$，$\kappa=0.41$。

在壁面，湍流运动黏性 $\tilde{v}$ 设置为零。当计算网格足够细，可以计算层流底层时，壁面切应力用层流应力－应变关系求解，即

$$\frac{u}{u_\tau}=\frac{\rho u_\tau y}{\mu} \tag{2.89}$$

当第一层网格不在层流底层时，假设与壁面近邻的网格质心落在边界层的对数区，则根据壁面法则：

$$\frac{u}{u_\tau}=\frac{1}{k}\ln E\left(\frac{\rho u_\tau y}{\mu}\right) \tag{2.90}$$

式中，$k=0.419$；$E=9.793$。

2.5.2　Menter 剪切应力输运湍流模型(SST 模型)

Menter 的 $k-\omega$ SST 模型方程为如下形式：

$$\frac{\partial(\rho k)}{\partial t}+\frac{\partial(\rho u_j k)}{\partial x_j}=\frac{\partial}{\partial x_j}\left[(\mu+\sigma_k\mu_t)\frac{\partial k}{\partial x_j}\right]+\tau_{ij}\frac{\partial u_i}{\partial x_j}-\beta^*\rho\omega k \tag{2.91}$$

$$\frac{\partial(\rho\omega)}{\partial t}+\frac{\partial(\rho u_j\omega)}{\partial x_j}=\frac{\partial}{\partial x_j}\left[(\mu+\sigma_\omega\mu_t)\frac{\partial\omega}{\partial x_j}\right]+\frac{\gamma}{\nu_t}\tau_{ij}\frac{\partial u_i}{\partial x_j}-\beta\rho\omega^2+2(1-F_1)\rho\sigma_{\omega2}\frac{1}{\omega}\frac{\partial k}{\partial x_j}\frac{\partial\omega}{\partial x_j} \tag{2.92}$$

混合方程量的关系：

$$\phi=F_1\phi_1+(1-F_1)\phi_2 \tag{2.93}$$

其中

$$F_1=\tanh(\arg_1^4) \tag{2.94}$$

$$\arg_1=\min\left[\max\left(\frac{\sqrt{k}}{0.09\omega y},\frac{500v}{y^2\omega}\right),\frac{4\rho\sigma_{\omega2}k}{\mathrm{CD}_{kw}y^2}\right] \tag{2.95}$$

$$\mathrm{CD}_{kw}=\max\left(2\rho\sigma_{\omega2}\frac{1}{\omega}\frac{\partial k}{\partial x_j}\frac{\partial\omega}{\partial x_j},10^{-20}\right) \tag{2.96}$$

SST 内流：

$\sigma_{k1}=0.85$，　$\sigma_{\omega1}=0.5$，　$\beta_1=0.075$，　$\beta^*=0.09$，　$\gamma_1=\beta_1/\beta^*-\sigma_{\omega1}\kappa^2/\sqrt{\beta^*}$，　$\kappa=0.41$

标准 $k-\varepsilon$ 模型：

$\sigma_{k2}=1.0$，　$\sigma_{\omega2}=0.856$，　$\beta_2=0.082\,8$，　$\beta^*=0.09$，　$\gamma_2=\beta_2/\beta^*-\sigma_{\omega2}\kappa^2/\sqrt{\beta^*}$，　$\kappa=0.41$

湍流黏性系数：

$$\mu_t=\rho\frac{a_1k}{\max(a_1\omega,\Omega F_2)} \tag{2.97}$$

式中，$a_1=0.31$；$\Omega=\sqrt{2S_{ij}S_{ij}}$，$S_{ij}=\dfrac{1}{2}\left(\dfrac{\partial u_i}{\partial x_j}+\dfrac{\partial u_j}{\partial x_i}\right)$；$F_2=\tanh(\arg_2^2)$，$\arg_2=$

$\max\left(2\dfrac{\sqrt{k}}{0.09\omega y},\dfrac{500v}{y^2\omega}\right)$，$y$ 为壁面距离，$v=\dfrac{\mu}{\rho}$。

2.6　计算边界条件处理

燃气透平叶栅计算常用的边界有进口边界、出口边界、壁面边界和周期性边界。进口边界和出口边界的位置是人为规定的,可选取进出口离叶栅轴向弦长的 1.5 倍位置作为进出口边界的位置。壁面边界有叶轮机械中叶片表面、轮毂面和轮盖面,它们属于物理边界,由其本身的特性决定,边界也是确定的。选取叶轮机械流道一个通道作为研究对象,则会产生一个人为的周期性边界,这里不同的选择会产生不同的流道形式。

1. 进口边界条件

进口边界条件的给定可以依据特征理论进行处理。由一维欧拉方程特征分析得到特征波速 $u+a$、u、$u-a$。当进口为亚声速时,方程的一个特征值 $u-a$ 小于零,特征线上的信息是从内向外传递的。因此,需要有一个参数的值从计算域内部点插值到边界上,边界上只能给定四个参数。

燃气透平叶栅计算进口给定气体的总压 p_{tol}、总温 T_{tol},同时给定气体进口气流角 α、β。根据气体动力学理论,总压力与总温度的计算公式为

$$p_{tol} = p \left(1 + \frac{1}{2} \frac{u_i u_i}{c_p T} \right)^{\frac{\gamma}{\gamma-1}} \tag{2.98}$$

$$T_{tol} = T \left(1 + \frac{1}{2} \frac{u_i u_i}{c_p T} \right) \tag{2.99}$$

$$\frac{w}{u} = \tan \alpha \tag{2.100}$$

$$\frac{v}{u} = \tan \beta \tag{2.101}$$

用 $k-\varepsilon$ 模型计算湍流时,进口的 k 及 ε 值给定。没有具体的试验数据时,一般采用

$$k = (0.5\% \sim 1.5\%) \left(\frac{1}{2} u_i^2 \right) \tag{2.102}$$

$$\varepsilon = C_\mu^{3/4} \frac{k^{3/2}}{L} \tag{2.103}$$

式中,$L = 0.07l$;$C_\mu = 0.09$。

进口条件为超声速时,所有特征波速 $u+a$、u、$u-a$ 都大于零,即所有流场信息都是从计算域外向内传播,因此进口边界参数由来流给定。

2. 出口边界条件

根据特征理论,当出口为超声速时,所有特征波速都大于零,意味着流动信息都是从计算域内向外传播,所以出口流场参数由直接外推得到,所有量的梯度为零,即 $\frac{\partial}{\partial n} = 0$。这时无须给定出口条件。

当出口为亚声速时,有一特征速度 $u-a$ 小于零,说明有流场信息从计算域外向内传播,所以在出口需要给定一个流场参数。可给定气体出口的静压,其他流场参数的梯度为零,可以直接外推得到。

在燃气透平叶栅计算中,可由简单径向平衡方程给定出口压力和轮毂处的静压 p_{hub},而静压的展向分布用简单径向平衡方程 $\dfrac{\mathrm{d}p}{\mathrm{d}r}=\rho\dfrac{C_v^2}{r}$ 确定,以便能够保证计算结果的准确性。这个方法中假定径向速度可以忽略不计,这就对实际的叶栅计算提出要求:出口区域流场的径向速度要求较小,可在出口延长段上人为地取一段圆柱面。对于黏性流场计算而言,由于流场相对紊乱和复杂,即使是采用了上述处理方法,也常常不会使简单径向平衡方程条件得到满足。因此,对于子午型线变化大的涡轮,若仅采用简单径向平衡方程确定出口压力,则通常不会给出正确的物理边界条件。

$$\frac{\mathrm{d}p}{\mathrm{d}r}=\frac{\rho}{r}\left(w_\theta+\omega r\right)^2 \tag{2.104a}$$

$$\frac{\partial p}{\partial r}=\frac{\rho}{r}w_\theta^2+\rho r\omega^2+2\rho\omega w_\theta \tag{2.104b}$$

左端表示单位质量的气体所承受的表面力在径向的投影,右端表示周向分速度产生的向心加速度。将式(2.104a)和(2.104b)中各量周向平均:

$$\bar\phi=\frac{1}{N}\sum_{j=1}^N\phi_j \tag{2.105}$$

式中,ϕ_j 为变量 ϕ 沿周向节点 j 的值;N 为周向节点的个数;$\bar\phi$ 为变量 ϕ 周向平均后的结果。

牛顿-科茨公式:

$$\bar p_k-\bar p_{b0}=\frac{1}{2}\left[\left(\overline{\frac{\rho w_\theta^2}{r}}+\overline{\rho r\omega^2}+2\overline{\rho\omega w_\theta}\right)_k+\left(\overline{\frac{\rho w_\theta^2}{r}}+\overline{\rho r\omega^2}+2\overline{\rho\omega w_\theta}\right)_{b0}\right](r_k-r_{b0}) \tag{2.106}$$

式中,下标 $b0$ 代表给定周向平均背压 $\bar p_{b0}$ 所在的径向节点位置;下标 k 代表待求周向平均背压 $\bar p_k$ 所在的径向节点位置。

3. 壁面边界条件

在对燃气透平叶栅壁面进行处理时,由于是黏性流场,需要定义无滑移边界条件,即令壁面上的速度等于壁面的运动速度。壁面处的温度可由等温壁面条件 $T=T_w$ 或者壁面的导热条件 $q_n=K\dfrac{\partial T}{\partial\boldsymbol n}$ 得到。另外,壁面处的压力通过内点的压力外推,也可以采用法向动量方程得到。

当为绝热壁面条件时,壁面处的法向热流量 q_n 为 0。本书采用压力外推,则绝热壁面条件为

$$\left\{\frac{\partial p}{\partial\boldsymbol n}=0,\frac{\partial T}{\partial\boldsymbol n}=0,u=0,v=0,w=0\right\} \tag{2.107}$$

式中,p 为压力;T 为温度;$\boldsymbol n$ 为壁面外法向。

壁面函数给定壁面条件,这个方法对较近的壁面无效,基于准平衡假设,不能准确模拟分离流;第一网格到壁面距离要在对数区内。通常计算的距离为 y^+ $\left(y^+=\dfrac{\rho u_\tau y}{\mu}\right)$。对数区的 $y^+>30\sim60$。在 $y^+<12.225$ 的时候采用层流(线性)准则,因此网格不必太密,

因为壁面函数在黏性底层根本不起作用。对数区与完全湍流的交界点随压力梯度和雷诺数变化。如果雷诺数增加,该点远离壁面。但在边界层里,必须有几个网格点。

在标准 $k-\varepsilon$ 模型中,采用壁面函数法处理湍流黏性系数。壁面临近节点 P 的湍流黏性系数计算如下:

$$\mu_t = \left[\frac{y_P^+}{\ln \dfrac{E y_P^+}{\kappa}} - 1\right] \mu \tag{2.108}$$

其中,

$$y_P^+ = \frac{y_P (C_\mu^{1/4} k_P^{1/2})}{\nu} \tag{2.109}$$

k_P 按 k 方程计算。k 方程壁面条件为 $\left(\dfrac{\partial k}{\partial y}\right)_w \approx 0$,$\varepsilon$ 方程壁面条件为 $\varepsilon_P = \dfrac{C_\mu^{\frac{3}{4}} k_P^{\frac{3}{2}}}{\kappa y_P}$。

4.周期性边界条件

在燃气透平叶栅计算中,选取燃气透平叶栅流道一个通道作为研究对象,则会产生一个人为的周期性边界。这里不同的选择会产生不同的流道形式,产生周期性边界,当周期性两边的网格一一对应时,可简单地给定周期边界上气动参数相等。

5.初始条件给定

在燃气透平叶栅计算时,根据预估进口静压值和给定出口静压值,从进口到出口按线性分布给定压力的初场,其他参数按进口参数值赋给计算域。也可以采用欧拉方程计算结果或者是通流计算结果赋给初场。初场条件只需保证各变量之间符合物理规律,能保证流场顺利迭代进行计算即可。

叶栅流场计算中,首先准备叶栅计算的网格,可以用网格生成软件来生成网格,例如,用 NUMECA Auto Grid5 进行划分;然后准备程序读入文件;这两个文件准备好后,就可以进行模拟计算。

叶轮机械计算流程通常如下:

(1) 读入网格、边界条件、初场条件和方程离散参数,给计算初始化。

(2) 质量、动量和能量方程耦合计算。

(3) 湍流方程计算。

(4) 重复第(2)步和第(3)步,直到满足收敛条件。

2.7　本章小结

本章系统地推导了三维黏性流体控制方程及其预处理问题,并介绍了高阶精度差分格式的建立原则。同时给出了 SD－SLAU 格式、Van－Leer 格式和 Roe 格式的构造方法。另外,本章分析了叶栅流场计算适用的湍流模型,以及对模型中壁面距离计算的高效率算法。为了提高数值稳定性及求解效率,在隐式部分的计算中引入了矢通量分裂及对角化处理方法。为了提高收敛速度,在时间推进过程中采用了局部时间步长的处理措施。

　　本章还研究了流场计算中的交界面处理。给出普通交界面的处理方法，使用混合平面法进行燃气透平叶列间处理，涡轮级计算中叶列间小间隙情况的求解会引起参数的振荡而很难使程序得到收敛解。本书采用了在交界面上构造黎曼解的方法大大提高了程序的稳定性。并行计算时，对非结构化网格下的网格处理、程序对网格的划分、节点信息的管理等问题进行了研究。

　　本章还介绍了燃烧模拟控制方程及其离散形式。

第 3 章　　数值模拟方法的验证

为了验证程序的有效性,本章通过几个典型算例对程序进行校核。

3.1　三维叶栅流场数值模拟

3.1.1　NASA Rotor 37 流场的数值模拟

通过对有详细测量数据的跨声速压气机 NASA Rotor 37 转子和后加载叶栅的流场进行数值模拟,与试验数据对比以便能够验证所开发三维黏性流场求解程序的准确性及性能,并调试程序。NASA Rotor 37 本是 NASA 格伦研究中心于 20 世纪 70 年代设计的四个高压压气机进口级之一(分别为 NASA Rotor 35、36、37、38)。后来,NASA 采用激光测速仪和探针对孤立转子流场进行了详细的测量,试验结果参见文献[236]。1994 年,美国机械工程师协会和国际燃气透平学会(IGTI) 以 NASA Rotor 37 转子为对象对叶轮机械 CFD 程序进行了盲题测试,以此来评估不同方法的 CFD 程序对压气机流场的预测能力。NASA Rotor 37 动叶的试验数据公布以后,进一步吸引了不同学者对其进行数值模拟研究,主要是由于其几何尺寸和性能参数在跨声速转子中颇具代表性,很适合作为三维黏性流场求解程序的检验算例。另外,对其流场结构以及损失机理等的细致研究也有助于现代跨声速压气机的设计。本节就以 NASA Rotor 37 为例考核叶轮机械数值模拟程序对于三维跨声速压气机内流场的预测能力。

NASA Rotor 37 转子的基本设计参数见表 3.1。

表 3.1　NASA Rotor 37 转子的基本设计参数

参数	数值
叶片数	36
设计转速 /(r · min^{-1})	17 188.7
设计流量 /(g · s^{-1})	20.19
设计压比	2.106
叶尖速度 /(m · s^{-1})	454.14
设计转速下的叶尖间隙高度 /mm	0.356
叶尖入口相对马赫数	1.48
叶根入口相对马赫数	1.13
叶尖稠度	1.29
展弦比(平均叶高处)	1.19
展弦比(平均叶片高度 / 叶根轴向弦长)	1.56
转子进口轮毂比	0.7

NASA Rotor 37 的网格采用结构化网格,对叶片表面、轮毂和轮盖的壁面附近网格做加密处理,保证壁面附近 $y^+ < 5$。图 3.1 给出了 NASA Rotor 37 计算网格的情况。本书选择了三种不同疏密程度的网格,网格总数分别为 37 万、57 万和 100 万。对 NASA Rotor 37 的数值模拟也是在设计转速下进行。边界条件的取法为:进口给定总压和总温,绝对速度方向为轴向;出口在轮毂处给定静压值,然后利用简化径向平衡方程计算出口静压沿展向的分布;物面边界采用了无滑移绝热条件。

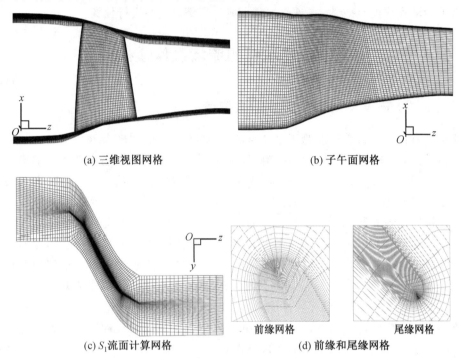

(a) 三维视图网格   (b) 子午面网格

(c) S_1 流面计算网格   前缘网格   尾缘网格

(d) 前缘和尾缘网格

图 3.1   NASA Rotor 37 计算网格

为了将计算结果与试验数据对比,需要对网格离散数据进行处理,即对计算参数进行平均处理。对总压采用能量加权平均法,对静压采用面积加权平均法,而对其他流场采用流量加权平均法。各参数的计算式分别为

$$\overline{p_j^*} = \left[\frac{\sum_{i=1}^{n} (p_i^*)^{\frac{\gamma-1}{\gamma}} (\rho \boldsymbol{W}_i \cdot \boldsymbol{S}_i)}{\sum_{i=1}^{n} \rho \boldsymbol{W}_i \cdot \boldsymbol{S}_i} \right]^{\frac{\gamma}{\gamma-1}} \tag{3.1}$$

$$\overline{p_j} = \frac{\sum_{i=1}^{n} p_i \boldsymbol{S}_i}{\sum_{i=1}^{n} \boldsymbol{S}_i} \tag{3.2}$$

$$\overline{q_j} = \frac{\sum_{i=1}^{n} q_i (\rho \boldsymbol{W}_i \cdot \boldsymbol{S}_i)}{\sum_{i=1}^{n} \rho \boldsymbol{W}_i \cdot \boldsymbol{S}_i} \tag{3.3}$$

式中,q 为除压力外其他的量;j 为沿轴向分布的截面;i 为截面上单元标号;n 为截面单元总数。

若要得到某个轴向截面上参数的径向分量,程序基于非结构化网格计算,这时根据轴向截面生成对应结构化网格,将计算值映射到结构化网格单元上,然后沿各径向高度将各参数仿照式(3.1)~(3.3)做周向平均。另外,轴向某两个截面的绝热效率由下式定义:

$$\bar{\eta} = \frac{\left(\overline{\dfrac{p_2^*}{p_1^*}}\right)^{\frac{\gamma-1}{\gamma}} - 1}{\overline{\dfrac{T_2^*}{T_1^*}} - 1} \tag{3.4}$$

图 3.2 比较了两套计算网格对压气机特性曲线的预测情况,其中三角形点给出了试验结果。图中的横坐标定义质量流量的无量纲化处理,即为某特性线上的计算流量与其最大堵塞流量的比值,因此,也就是定义了每条特性线上面的流量最大值都为 1。但是每条特性线的实际堵塞流量并不相同。37 万、70 万和 100 万的网格计算得到的堵塞流量分别为 20.915 kg/s、20.951 kg/s、20.951 kg/s。可见,当网格数较少时,37 万的粗网格预测的堵塞流量对网格的依赖性还是较大的,但是当计算网格达到了 70 万的中等网格和 100 万的细网格时,这种效率对网格疏密程度的依赖性大大减小,堵塞流量大小基本上已经与网格数量无关了(表 3.2)。 由于计算值是 20.951 kg/s,试验值是(20.93 ± 0.14) kg/s,说明 CFD 程序对于堵塞流量的预测结果是可信的。由图 3.3 可见,从整条特性线的预测结果来看,数值模拟预测的总压比与试验值符合得较好,而对效率的预测偏低,效率相差 2% 左右。不同疏密程度的网格似乎对特性的预测趋势影响不大。

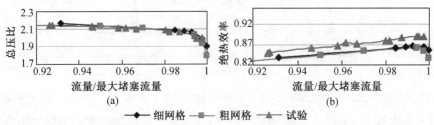

(a)　　　　　　　　　　　　　　(b)

◆ 细网格　■ 粗网格　▲ 试验

图 3.2　设计转速下的 NASA Rotor 37 转子特性

表 3.2　NASA Rotor 37 计算网格方案

网格数	流量 /(kg · s⁻¹)	效率 /%
37 万	20.915	84.5
70 万	20.951	85.5
100 万	20.951	85.5

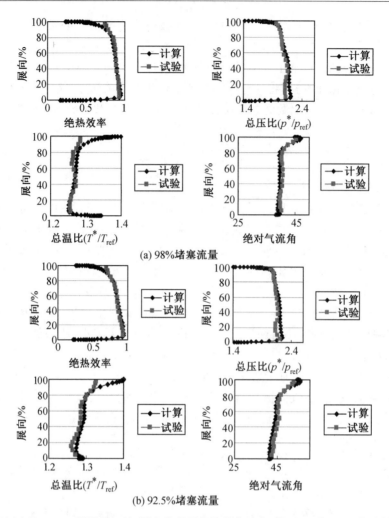

(a) 98%堵塞流量

(b) 92.5%堵塞流量

图 3.3　NASA Rotor 37 测量站 4 处，周向能量平均的绝热效率、总压比、总温比、绝对气流角对比

　　图 3.3 为 98% 以及 92.5% 堵塞流量下，测量站 4 处的周向能量平均的绝热效率、总压比、流量平均的总温比、绝对气流角沿展向分布的数值与试验对比。图中方形实心为试验曲线，菱形实心为细网格计算结果。总体来讲，计算结果与试验值符合较好，但是也存在一些明显的误差。

　　由图 3.3 可见，在 98% 堵塞流量下，首先与试验相比，等熵效率的计算值在 80% ～ 100% 叶高范围具有较大程度的偏差，计算值偏低，最大偏差超过 8%，这也是造成效率计算值偏低的主要原因，这一区域应该是进口马赫数较高、激波强度较强且不受顶部泄漏流影响较小的区域，推测是由于计算程序对较强激波及其与附面层相互作用产生的损失的预测不准造成的。其他叶高范围内，计算结果与试验值相差不大。总压比的预测相对比较准确，误差较小，与试验值相比，在下半叶展范围内计算值偏高，而在上半叶展范围内计算值偏低，但是幅度不大。总温比的预测在整个叶高的范围内计算值都偏高，特别是在上半叶展相差较多。在受叶顶间隙影响的区域，计算的总温要比试验值高出很多，由于间隙内网格数量过少等原因，CFD 程序对于叶顶区域复杂流动的气动损失的预测能力有限。在对出口绝对气流角的预测方面,计算值在整个叶高范围内都要小于试验角度。出口气流角的计算也要大于试验值,在中间部分大了 3° 左右,但总体的弯曲趋势是一致的。

在 92.5％ 堵塞流量下,其总体的准确程度与 98％ 堵塞流量相似。计算的绝热效率与试验值在大部分叶展符合较好,叶顶部分差别仍较明显。对总压比与总温比来说,误差相对更大些,但总体的弯曲趋势是一致的。

图 3.4 给出了 98％ 堵塞流量下 30％、50％、70％ 和 90％ 叶高处的马赫数等值线分布数值与试验值对比。由图可见,在各个叶高处的激波结构、位置和试验结果符合较好。激波前的马赫数与试验结果也基本一致,激波后的马赫数要略小于试验值。另外,计算的激波宽度与试验值基本一致,计算激波的倾斜程度与试验结果相当,这说明程序有较好的捕捉激波的能力。

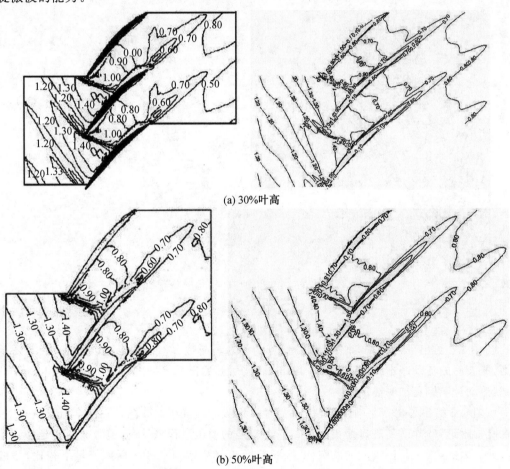

(a) 30%叶高

(b) 50%叶高

图 3.4　98％ 堵塞流量下不同叶高相对马赫数等值线对比(左侧为试验值,右侧为计算值)

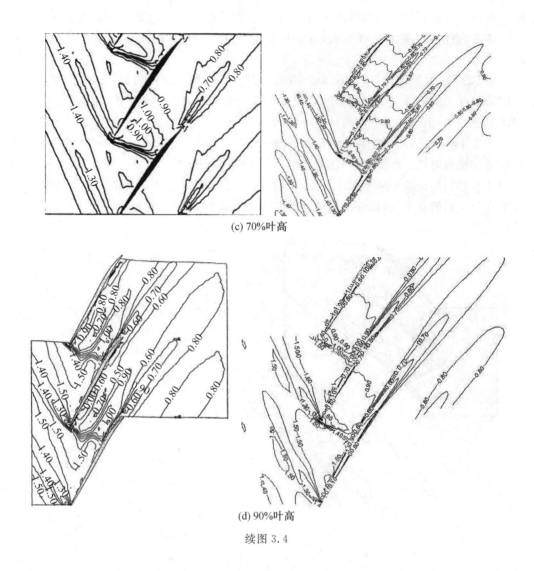

(c) 70%叶高

(d) 90%叶高

续图 3.4

　　图3.5给出了92.5％堵塞流量下计算的相对马赫数等值线图。可以看出,在30％叶高,激波后的流动基本良好;在50％叶高,激波后开始出现轻微的流动分离;而在70％叶高,流动分离则更加明显。

　　图3.6给出了92.5％和98％堵塞流量下近吸力面静压曲线图。在两个流量状态下,在叶根附近,叶片通道进口处主流存在一个较强的增压过程,这一槽道激波一直延伸到轮毂处。因此,损失是比较大的。在92.5％堵塞流量下,与在98％堵塞流量下相比,激波的结构形状并没有明显不同,只是激波的强度更强一些。由此看出,较强的激波结构有效地增加了压力。

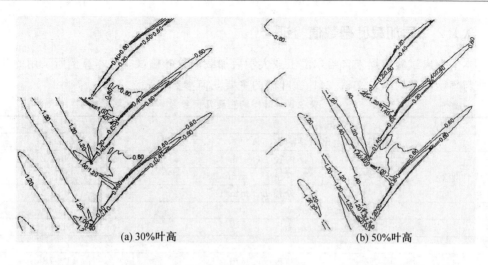

(a) 30%叶高   (b) 50%叶高

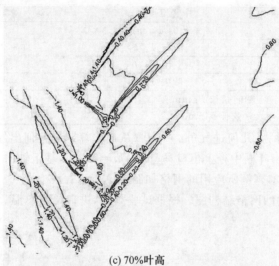

(c) 70%叶高

图 3.5　92.5％堵塞流量下不同叶高相对马赫数等值线

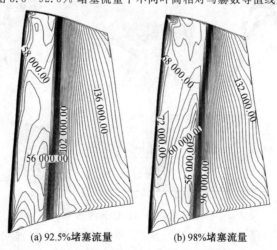

(a) 92.5%堵塞流量   (b) 98%堵塞流量

图 3.6　NASA Rotor 37 近吸力面静压曲线分布

3.1.2 后加载叶栅数值验证

本书列出试验数据来自哈尔滨工业大学后加载涡轮叶栅试验。本算例所采用的几何参数与气动参数均来自文献[241]。叶栅的主要几何参数见表 3.3。

表 3.3　叶栅的主要几何参数

叶片数			54
叶栅中径上出口马赫数(Ma)			0.235
直径		内径 D_h/mm	1 904.2
		中径 D_m/mm	2 119.2
		外径 D_t/mm	2 334.2
叶高 h/mm			215
径高比 D_m/h			9.86
展弦比 h/b			1.22
节距		叶根 T_n/mm	110.78
		中径 T_m/mm	124.8
		叶尖 T_t/mm	135.8
节弦比		叶根 T_n/b	0.630
		中径 T_m/b	0.701
		叶尖 T_t/b	0.772
轴向弦长 B/mm			115.1
弦长 b/mm			176.2

试验给出的条件为：几何进气角 $\alpha_0 = 90°$（从周向算起），几何出气角 $\alpha_1 = 12°$。栅前总压 $p_0 = 365\ \text{Pa}$（表压），叶栅中径上出口马赫数 $Ma = 0.235$，基于轴向弦长的叶栅出口雷诺数 $Re = 6.1 \times 10^4$。本算例所应用的网格如图 3.7 所示。

图 3.7 为该算例的网格结构图。根据试验条件，进口给定总温、总压，出口给定静压、轴向进气角。

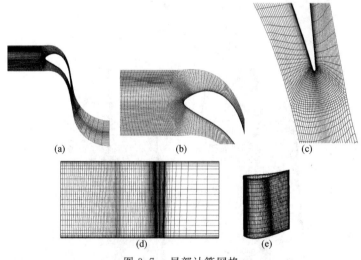

(a) (b) (c)

(d) (e)

图 3.7　局部计算网格

采用不同网格数对后加载叶型进行模拟，以便对网格进行独立性检查。采用 15 万、30 万、50 万、80 万和 100 万分别对后加载叶型进行模拟（表 3.4）。网格较少时，计算对网格有依赖性。在网格数 50 万以上计算后加载的流量基本不变,总压比也不变。

表 3.4　后加载计算网格方案

网格数 / 万	流量 /(kg·s⁻¹)	总压比
15	24.181	0.997 05
30	24.259	0.997 25
50	24.114	0.997 38
80	24.114	0.997 38
100	24.113	0.997 38

根据试验,定义静压系数为

$$H_s = \frac{p_s - \overline{p}_{s1}}{p_0^* - \overline{p}_{s1}} \tag{3.5}$$

式中,p_s、$\overline{p}_{s1}$ 及 p_0^* 分别代表当地静压、出口静压及进口总压,若进口非均匀,则 p_0^* 取中间截面的进口总压。

图 3.8 为不同叶高处的试验值与计算值的叶片表面静压对比图,从该图的对比分析来看,计算值与试验值结果整体符合较好,特别在叶栅中部 50% 叶高处和叶栅顶部 90% 叶高处,在压力面上计算值与试验值符合较好。而根部 10% 叶高处吸力面轴向 90% 处静压的预测有一定误差,可能在这里吸力面边界层低能流体集聚、增厚,并且在这附近开始转捩、分离。这需要在湍流模型中进一步研究,可以考虑加转捩的湍流模型来避免这个误差。

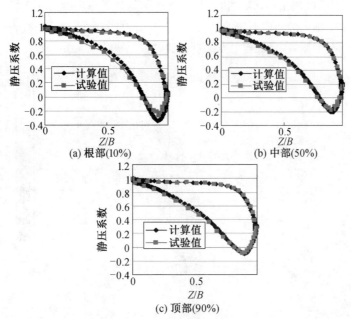

图 3.8　叶片表面的静压分布

从图 3.8 还可以看到,叶栅在压力面上从叶片前缘至大约 70% 轴向弦长的压力下降很小,说明边界层在此范围内加速十分缓慢。在后 30% 轴向弦长压力下降得很快,说明边界层在压力面末端有较大的加速,显然在整个压力面上边界层始终在顺压梯度的作用下保持层流状态。在吸力面上从叶片前缘至大约 94% 轴向弦长压力系数一直迅速减小,说明边界层在此范围内以及较大的顺压梯度的作用下加速,边界层的厚度增长缓慢,在下游的 94% 轴向弦长压力迅速上升,边界层在大的逆压梯度的作用下开始发生分离。由于最低压力点处在大约 94% 轴向弦长处,所以逆压梯度段很短,说明了后部加载叶型减小了湍流区长度,因而在降低叶型损失的同时,降低了二次流损失。在接近轮毂的几个截面上可以看到弯叶栅的最低压力点较直叶栅要更加靠近叶片的尾缘,使得弯叶片吸力面上的出口扩压段进一步缩短,能量损失也就更小。这是由于静叶栅流道内的流动损失主要由叶型损失和二次流损失组成,而这两项损失都取决于叶栅中的三维压力场,叶片吸力面和压力面上的表面静压分布决定叶型损失的大小,上、下端壁的表面静压分布是影响端部二次流的主要因素。

图 3.9 和图 3.10 表示试验测得的与本书计算的直叶栅的上、下端壁上的静压系数等值线分布。从图中可以看出,静压分布基本一致,但是计算出的静压等值线与流道中心线的交角比试验测得的等值线更斜一些。由图 3.9 和图 3.10 可见,在直叶栅的上、下端壁表面,试验测得静压等值线与压力边几乎垂直,与吸力边斜交,静压等值线与流道中心线的交角也较大。而计算的静压等值线与压力边有一定角度,但吸力边与试验相似。由于端壁边界层沿静压等值线的法向流动,静压等值线与流道中心线的交角能说明端壁横向二次流的强弱。静压等值线与流道中心线的交角越小或越趋于正交,端壁横向二次流越强或越弱,这说明计算结果的二次流偏大。

如图 3.9 和图 3.10 所示,在直叶栅的上端壁表面,最低压力点发生在喉部稍下游靠近吸力面的地方。由该点至叶栅出口,端壁边界层流动遇到的是逆压梯度。在常规直叶栅的吸力面前 76% 轴向弦长范围内沿径向形成的是负压力梯度,因此在喉部之前的机壳吸力面角偶内边界层低能流体集聚、增厚,在最低压力点附近开始转捩、分离。

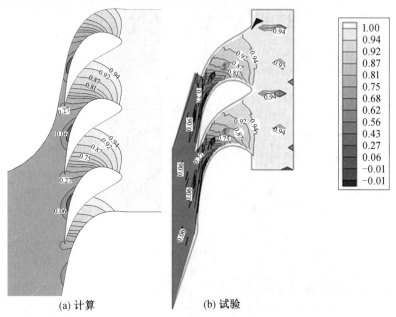

(a) 计算   (b) 试验

图 3.9   叶栅上端壁表面的相对静压分布

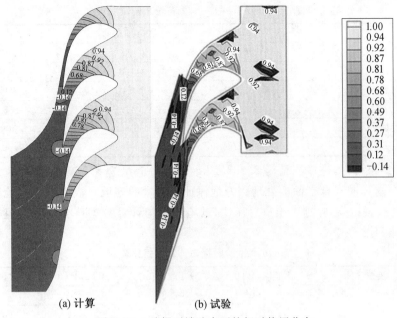

(a) 计算　　　　　(b) 试验

图 3.10　　叶栅下端壁表面的相对静压分布

3.1.3　Aachen 1－1/2 涡轮级的计算试验

为了校核软件中的混合平面程序,本书的算例采用 Aachen 1－1/2 涡轮级来验证。Gallus 和 Walraevens 进行了试验研究,其详细的试验装置、试验条件以及试验涡轮详细的几何尺寸参见文献[242]。

Aachen 1－1/2 涡轮级试验测量位置如图 3.11 所示,测试位置 0 在第一列叶栅前缘 25 mm,测试位置 1 到 3 在对应叶栅的尾缘下游 8.8 mm。Aachen 1－1/2 涡轮级试验叶栅展弦比低,几何数据见表 3.5。Aachen 1－1/2 涡轮级的计算网格首先采用了 H－O－H 型网格,然后通过程序转成非结构化网格,Aachen 1－1/2 涡轮的各列的计算网格点分别为 29 万、39 万、28 万。计算工作介质采用理想空气,采用 Sparlart－Allmaras 一方程湍流模型,进口条件给定总压、总温、气流角条件,出口条件给定平均静压。

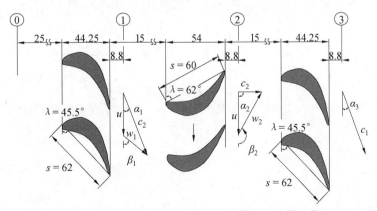

图 3.11　　Aachen 1－1/2 涡轮试验示意图以及测量位置

表 3.5　Aachen 1－1/2 涡轮几何数据

	第一排静叶	第一排动叶	第二排静叶
展弦比	0.887	0.917	0.887
中叶展弦长 /mm	47.6	41.8	47.6
顶部间隙 /mm	0	0.4	0
叶片数	36	41	36
叶顶直径 /mm	600	600	600
雷诺数(基于弦长)	6.8e＋005	4.9e＋005	6.7e＋005

由计算结果可得,进口流量为 8.368 8 kg/s,出口流量为 8.366 8 kg/s,流量偏差在 0.5% 以内。这说明混合平面的处理很好地保证了流量的守恒。表 3.6 是试验数据与计算数据的比较。每一列叶栅进出口总压比,试验数据与计算数据符合较好。但是计算流量比试验值偏大。

表 3.6　试验数据与计算数据比较

	流量 /(kg·s⁻¹)	PT1/PT0	PT3/PT2	PT2/PT0	PT3/PT0
试验	8.02	0.993	0.986	0.842	0.829
计算	8.36	0.991	0.984	0.836	0.821

如图 3.12 左侧图所示,3 个测试位置计算值与试验测得的绝对气流角沿叶高的分布结果相比较,计算得出的绝对气流角沿叶高分布规律与试验符合较好。在第 1 测试位置的计算值与试验值相比,计算值偏小,相差 3° 左右;在第 2 测试位置的计算值与试验值相比总体趋势一致,两端有点差别;在第 3 测试位置的计算值与试验值相比量级一致,这可能是计算整体流量偏大造成的。如图 3.12 右侧图所示,与试验测得的绝对总压比沿叶高的分布结果相比较可知,计算得出的绝对总压比沿叶高分布规律与试验符合较好。在第 1 测试位置的绝对总压比偏小一点,而在第 2 测试位置和第 3 测试位置的绝对总压比偏大一些,这可能也是计算整体流量偏大造成的。

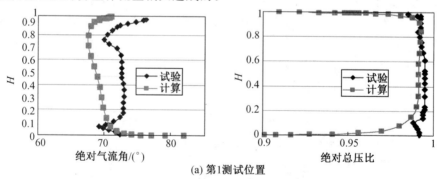

(a) 第1测试位置

图 3.12　在不同测试位置,绝对气流角和总压比周向平均沿径向分布

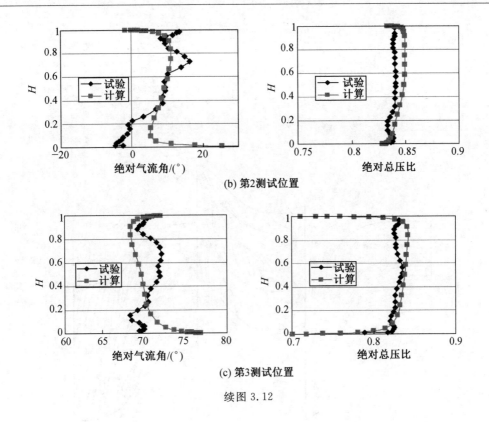

(b) 第2测试位置

(c) 第3测试位置

续图 3.12

　　从图 3.13 中动叶的拟 S3 流面的二次流流线分布中,可以大致看出马蹄涡的吸力面分支与通道涡的融合过程,在动叶前部可以看到通道涡中不稳定极限环的产生,这说明随着涡的拉伸与发展,通道涡很有可能破裂而引起较大的损失。由图 3.14 可以看到来流边界层在叶片前缘的鞍点处发生分离,从分离线处开始生成马蹄涡,马蹄涡的压力面分支在紧靠吸力面的位置同旋向一致的通道涡融合为一个涡,而马蹄涡吸力面分支一直流在吸力面附近。

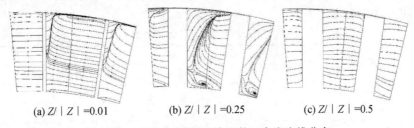

(a) $Z/|Z|=0.01$　　　　(b) $Z/|Z|=0.25$　　　　(c) $Z/|Z|=0.5$

图 3.13　　动叶中的拟 S3 流面的二次流流线分布

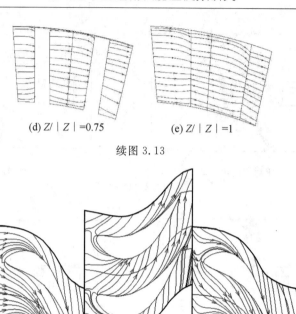

(d) $Z/|Z|=0.75$ (e) $Z/|Z|=1$

续图 3.13

图 3.14   叶轮毂面上的极限流线图

3.1.4   并行网格的加速比数值试验

为了验证并行算法的程序,针对不同网格数进行并行计算,统计其一步计算所需时间。加速比定义为:加速比＝单步计算时间／并行单步计算时间。从表 3.7 中可以看出,NASA Rotor 37 并行计算中网格总数相对较少时加速计算不大,这是因为并行计算时间中通信时间占的比重较大。

表 3.7   算例的 CPU 计算时间

算例	网格总数／万	单核	双核		四核	
		计算时间／s	计算时间／s	加速比	计算时间／s	加速比
NASA Rotor 37	10	11	7	1.57	4	2.75
	50	60	36	1.67	19	3.15
	100	123	71	1.73	34	3.62

3.2   燃烧室数值试验验证

3.2.1   燃烧室计算模型

对图 3.15 所示本书自行设计的某型涡喷发动机的环形燃烧室进行了数值模拟。该型发动机的工作过程是,空气在压气机增压后经过扩压器减速增压,从燃烧室前部进入环腔通道,然后依次通过火焰筒壁面的各种进气孔(掺混孔、主燃孔等)进入火焰筒,剩余的空气最后由火焰筒头部的锥罩装置以及旋流器进入燃烧室头部。喷嘴利用轴向旋流器在火焰筒头部产生的旋流和主燃孔射流的共同作用形成中心回流区来稳定火焰,后面再接燃气涡轮。环形燃烧室的火焰环腔是由两个特殊形状的环形薄壳即内壳和外壳构成,火焰管的头部安装有 12 组喷嘴,外壳上有 5 排射流孔,内壳上有 4 排射流孔,其设计工况参数、结构参数分别见表 3.8 及表 3.9。

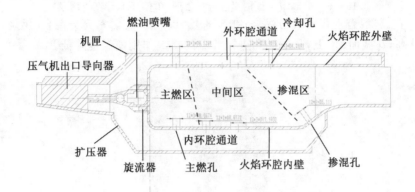

图 3.15　燃烧室结构示意图

表 3.8　燃烧室的设计工况参数

空气流量 /(kg·s^{-1})	空气温度 /K	空气压力 /MPa	燃油流量 /(kg·s^{-1})
6.18	485.45	0.4	0.131 55

表 3.9　燃烧室的结构参数

长度 /mm	入口喷水平均直径 /mm	出口喷水平均直径 /mm	喷嘴数
255	230	250	12

　　由于环形燃烧室的几何结构比较复杂,取一个喷嘴对应的几何区域作为计算区域,并适当地延伸进出口区域。在计算网格方面,主要采用四面体网格,自行设计的燃烧室网格数为 339 438。燃烧室空气入口流量、静温、氧气的质量分数分别为 0.515 kg/s、485.45 K、0.233;出口采用压力出口,具体数值为 346 637 Pa;壁面采用绝热条件;燃料采用平均分子式 $C_{12}H_{23}$,其质量流量为 0.010 962 5 kg/s,速度为 10 m/s;液滴颗粒直径为 3 005 μm;喷水锥角 30°。

3.2.2　燃烧室计算结果与分析

　　由图 3.16 可见,进口处空气温度仅为 500 K,经过燃烧后的空气温度迅速升高,高温区集中在主燃区域,覆盖燃烧室长度的近 1/2,中心区域最高达 2 400 K,因此不适于直接进入涡轮导向叶片,而是进入稀释区适当地降低燃气温度,出口处的燃气温度降到 1 200 K。

　　在 $z=0.031$ m、$z=0.064$ m、$z=0.101$ m 分别取截面 Z_1、Z_2、Z_3,它们的温度分布云图如图 3.17 所示。总体上讲,三个截面经历了温度先升高后降低的过程,这说明:在截面

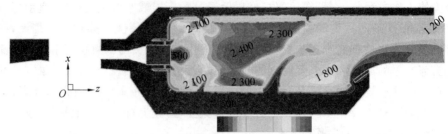

图 3.16 $y = 0 \text{ mm}$ 平面的温度分布云图(单位:K)(彩图见附录)

Z_1 上,气流与燃料混合但仅有部分燃烧;在截面 Z_2 上,气流与燃料充分混合、燃烧,从而使温度迅速升高;在截面 Z_3 上,从射流孔进入气流的掺混作用使温度降低。

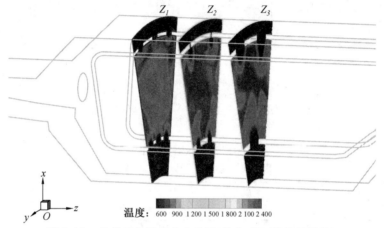

图 3.17 各截面的温度分布云图(单位:K)(彩图见附录)

由图 3.18 可见,燃烧室出口环腔沿径向 80% 以上区域的温度均分布在 1 200 K 到 1 300 K 之间。最高温度 1 300 K,最低温度 950 K,温差高达 350 K,因此在燃烧室的后续设计中,还需要重新分配空气进气量。如图 3.19 所示,在主燃区形成一个低速区,在角区出现对气流突然加速的现象,从内环腔上的射流孔进入气流的马赫数高达 0.4,可通过加大孔直径降低其马赫数。如图 3.20 所示,在主燃区中心产生低压区,并且在各喷射孔处

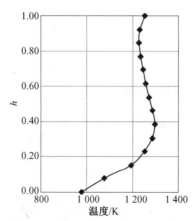

图 3.18 出口气流温度径向分布图

压力梯度较大,这与图 3.19 结果的分析是对应的。

空气在扩压器的两边形成一对稳定的涡旋(图 3.21 中分别用 A、B 标出),可使从旋流器及内外环腔进气量稳定分配,一定程度上可缓冲上游的气流,延缓喘振。在燃烧室头部的角区形成两回流区(图 3.21 中分别用 C、D 标出)。回流区的逆流区充满高温燃烧产物,为可燃混气提供自动点火源。二次燃烧区与主燃区的气流之间区分并不明显,因此二次燃烧区的作用未能充分体现。图 3.22 可以较清楚地看到上述气流结构。

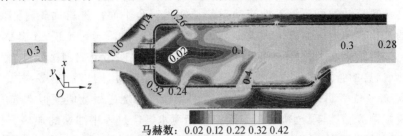

图 3.19 $y = 0$ mm 平面的马赫数分布云图(彩图见附录)

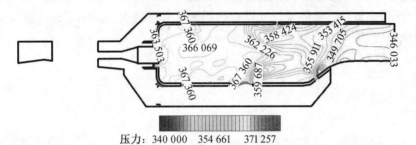

图 3.20 $y = 0$ mm 平面的压力分布云图(彩图见附录)

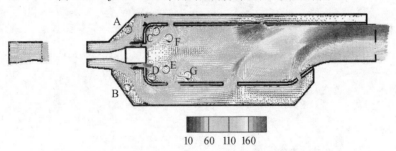

图 3.21 $y = 0$ mm 平面的速度矢量图(彩图见附录)

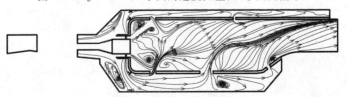

图 3.22 $y = 0$ mm 平面的流线图

3.3　　本章小结

　　本章对开发的求解程序进行了验证。对 NASA Rotor 37 高负荷跨声速转子进行计算，与试验结果对比表明，程序能够较为准确地捕捉激波，能够反映高负荷跨声速压气机流动特性。后加载叶型的流场试验数据与计算结果的对比分析表明，程序可以较为准确地预测低马赫数流动的可压缩黏性流动现象。使用混合平面法进行涡轮叶列间处理，采用在交界面上构造黎曼解的方法大大提高了程序的稳定性，Aachen 1 － 1/2 涡轮算例的计算结果与试验结果基本符合。并行计算时，对非结构化网格下的网格处理、程序对网格的划分、节点信息的管理等问题进行了研究。在并行计算时，网格数越多，并行加速比越大。采用欧拉 － 拉格朗日方法对燃烧室气液两相喷水燃烧进行数值模拟。选用 $k - \varepsilon$ 两方程模型模拟湍流黏性，颗粒轨道模型模拟两相喷水燃烧过程中油珠的加热、蒸发及与空气的相互掺混过程，EBU-Arrhenius 燃烧模型估算化学反应速率。结果表明隐式耦合方法求解的温度分布、马赫数分布、速度分布、压力分布均较合理，温度分布和文献中分布情况基本符合，因此该方法能够较好地模拟燃烧室内流场，反映实际燃烧室中的流动与两相喷水的燃烧过程。

第 4 章 湿压缩热力学过程与数值理论

压气机湿压缩热力学过程与等温、等熵和多变压缩过程相比具有独特的特点,本章将几种压缩过程进行对比,并对湿压缩热力学过程做以简单介绍。

本章对湿压缩两相流动数值模型进行了详细介绍。水滴在压气机内蒸发过程中不间断地与周围气流发生热量、质量和动量交换。水滴与气流之间相互影响,运动水滴受到气动力加速作用,对气流也有反作用。水滴吸收周围气体的热量蒸发使气流冷却,水蒸气进入气流中与空气混合。对湿压缩进行 CFD 研究时,需要准确模拟两相之间的双向耦合作用,既能对两相间的传热传质和动量交换进行很好的模拟,又能对液滴离散相的运动和蒸发过程进行很好的跟踪。

本章还对液滴受气动力作用发生的二次破碎模型进行了介绍。

4.1 湿压缩热力学过程

湿压缩概念指出,该技术是通过压气机入口或级间向压缩气体喷射冷却液体,冷却液体与气体之间发生直接接触并快速掺混,液滴蒸发过程与气流之间发生热量和质量传递,使得压缩气体温度受冷却下降,由于液滴在压缩过程的不断蒸发使得气流温度得以维持在较低水平,这样的结果就是压气机湿压缩过程耗功要低于通常情况下的绝热压缩耗功。实际应用的燃气透平装置喷水技术中常用的是饱和喷水和过饱和喷水,而后者目前发展更快,应用更多。通常湿压缩既包括压气机进口喷水或级间喷水,也包括过喷水导致的压气机内湿压缩过程。

4.1.1 湿压缩与其他压缩过程比较

图 4.1 和图 4.2 分别给出了压气机湿压缩热力过程与各形式干压缩过程在 $p-V$ 图和 $T-S$ 图上的对比,通过热力学分析可以对湿压缩过程与干压缩过程的差别和优劣对比进行初步了解。

由 $p-V$ 图可见,等温压缩、湿压缩、等熵压缩和多变压缩过程的压缩耗功分别为

$$W_{C\_T} = 面积(f-1-2_T-g-f)$$
$$W_{C\_K} = 面积(f-1-2_K-g-f)$$
$$W_{C\_S} = 面积(f-1-2_S-g-f)$$
$$W_{C\_N} = 面积(f-1-2_N-g-f)$$

对代表各压缩过程耗功的各面积进行比较,可清楚得到

$$W_{C\_T} < W_{C\_K} < W_{C\_S} < W_{C\_N}$$

在 $T-S$ 图中可得到同样的各压缩过程耗功关系,此时等温压缩、湿压缩、等熵压缩

和多变压缩过程的压缩耗功分别为

$$W_{C\_T} = 面积(n-1-2_T-j-n)$$
$$W_{C\_K} = 面积(n-1-2_K-2_T-j-n)$$
$$W_{C\_S} = 面积(n-1-2_S-2_T-j-n)$$
$$W_{C\_N} = 面积(i-2_N-2_T-j-i)$$

由压气机工作过程 $p-V$ 图和 $T-S$ 图可见,在把气体由压力 p_1 压缩到 p_2 的过程中,与除等温压缩之外的其他形式压缩过程相比较,湿压缩耗功较小。在实际应用中,等温压缩过程既难以实现,又不具成本效益。

与等熵干压缩过程相比较,理想湿压缩耗功减少量由 $p-V$ 图和 $T-S$ 图中面积可表示为

$$\Delta W_C = W_{C\_S} - W_{C\_K} = 面积(1-2_S-2_K-1)$$

等熵压缩过程空气工作介质没有热量释放,而湿压缩过程中空气工作介质释放热量,该热量值在 $T-S$ 图中可表示为

$$\Delta Q = 面积(1-2_K-m-n-1)$$

湿压缩过程释放的热量并未排出压气机外,而是由压气机进口喷入的水滴吸收,经过相变产生水蒸气,与空气混合并参与之后涡轮的做功,因此空气释放热量并未被浪费。这与压气机中间冷却过程不同,间冷是通过换热器将空气工作介质热量吸收排出压气机,以达到减少比压缩功的目的,但排出的热量被浪费掉,即使被回收利用,也会由于其品质较低而利用率低下。由于液态水潜热很大,汽化过程可以吸收较多热量,可对压缩过程温度不断升高的气流进行有效冷却,大大减少比压缩功,另外,水蒸气定压比热容较大,做功能力强,也可以大大增加燃气透平的功率输出。

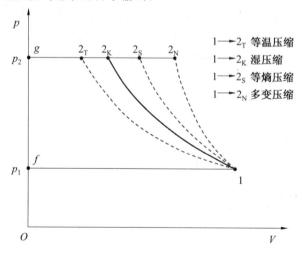

图 4.1　压气机湿压缩与其他压缩过程 $p-V$ 图对比

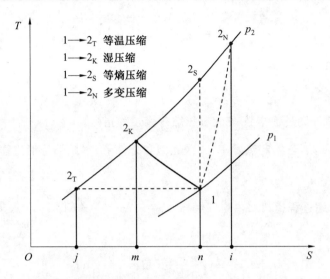

图 4.2　压气机湿压缩与其他压缩过程 $T-S$ 图对比

4.1.2　湿压缩热力学过程介绍

根据文献[107]推导的理想和实际湿压缩热力学过程方程,对其热力学过程进行简单介绍。

1. 湿压缩过程方程

对理想湿压缩过程,根据 Gibbs 方程可得

$$T\mathrm{d}s = \mathrm{d}h - \frac{\mathrm{d}p}{\rho} \tag{4.1}$$

假定蒸发潜热等于假想可逆热,可得

$$T\mathrm{d}s = -L\mathrm{d}w \tag{4.2}$$

式中,L 为汽化潜热;w 为蒸汽和空气质量比,$w = \dfrac{m_v}{m_a}$。

根据上两式,Gibbs 方程可变为

$$-L\mathrm{d}w = \mathrm{d}h - \frac{\mathrm{d}p}{\rho} \tag{4.3}$$

根据热力学和理想气体状态方程,式(4.3) 可改写为

$$-L\mathrm{d}w = \frac{\gamma R}{\gamma - 1}\mathrm{d}T - \frac{\mathrm{d}p}{p}RT \tag{4.4}$$

稍加变形即可得到理想湿压缩过程的状态方程:

$$\frac{\mathrm{d}p}{p} = \frac{\gamma}{\gamma - 1} + \frac{L}{R}\frac{\mathrm{d}w}{\mathrm{d}T} \tag{4.5}$$

由式(4.5) 可见,蒸发率 $\dfrac{\mathrm{d}w}{\mathrm{d}T}$ 在压缩过程中起重要作用,正是这一项使得湿压缩过程区别于干压缩过程。

假设 $\dfrac{\mathrm{d}w}{\mathrm{d}T}$ =常数,即蒸发率与温度呈线性关系,对式(4.5) 积分可得

$$\frac{p}{p_1} = \left(\frac{T}{T_1}\right)^{\frac{k}{k-1}} = \left(\frac{T}{T_1}\right)^{\sigma} \tag{4.6}$$

由式(4.5)和式(4.6)可得

$$\frac{\gamma}{\gamma-1} + \frac{L}{R}\frac{\mathrm{d}w}{\mathrm{d}T} = \frac{k}{k-1} = \sigma \tag{4.7}$$

式中,γ 为干压缩等熵过程指数;k 为湿压缩等熵过程指数。

由式(4.7)可见,若给定蒸发率 $\frac{\mathrm{d}w}{\mathrm{d}T}$ 或在饱和条件下,湿压缩等熵过程指数 k 可由该式求得。

而实际湿压缩过程指数要由空气熵增 $\Delta S = \frac{1}{\gamma-1}\frac{n-\gamma}{n-1}R\ln\frac{T_2}{T_1}$ 和水蒸发率 $\frac{\mathrm{d}w}{\mathrm{d}T}$ 确定。由 Gibbs 方程可得

$$-L\mathrm{d}w + \frac{1}{\gamma-1}\frac{n-\gamma}{n-1}R\mathrm{d}T = \frac{\gamma R}{\gamma-1}\mathrm{d}T - \frac{\mathrm{d}p}{\rho} \tag{4.8}$$

根据热力学和理想气体状态方程,式(4.8)可以写成

$$\frac{\mathrm{d}p}{p}RT = \frac{\gamma R}{\gamma-1}\mathrm{d}T + L\mathrm{d}w - \frac{1}{\gamma-1}\frac{n-\gamma}{n-1}R\mathrm{d}T \tag{4.9}$$

上式两边同除 RT 并变形可得

$$\frac{\mathrm{d}p}{p} = \left(\frac{\gamma}{\gamma-1} + \frac{L}{R}\frac{\mathrm{d}w}{\mathrm{d}T} - \frac{1}{\gamma-1}\frac{n-\gamma}{n-1}\right)\frac{\mathrm{d}T}{T} \tag{4.10}$$

对式(4.10)积分得

$$\frac{p}{p_1} = \left(\frac{T}{T_1}\right)^{\frac{m}{m-1}} \tag{4.11}$$

式中,m 为实际湿压缩过程多变指数。

对比可知

$$\frac{m}{m-1} = \frac{\gamma}{\gamma-1} + \frac{L}{R}\frac{\mathrm{d}w}{\mathrm{d}T} - \frac{1}{\gamma-1}\frac{n-\gamma}{n-1} \tag{4.12}$$

比较 k、m、n 可知

$$k < m < n \tag{4.13}$$

由式(4.6)得出口气流温度:

$$\frac{T_2}{T_1} = \left(\frac{p_2}{p_1}\right)^{\frac{k-1}{k}} \tag{4.14}$$

如果考虑变定压比热容影响,由熵增条件

$$\Delta s = 0 \tag{4.15}$$

可知,对湿空气有

$$s_{a2} + w_2 s_{w2} + f_2 s_{f2} = s_{a1} + w_1 s_{w1} + f_1 s_{f1} \tag{4.16}$$

2. 湿比压缩功

蒸发冷却效应使得压缩过程耗功减少,但相应计算更加复杂。湿空气比焓表达式为

$$h = h_a + wh_w + fh_f \tag{4.17}$$

式中,h_a、h_w、h_f 分别为空气、水蒸气和液态水的焓;w、f 分别为水蒸气/空气质量比、液态

水 / 空气质量比。

由式(4.17) 得

$$\begin{aligned} dh &= dh_a + d(wh_w) + d(fh_f) \\ &= dh_a + w dh_w + h_w dw + f dh_f + h_f df \end{aligned} \tag{4.18}$$

在压缩过程,$dh_f \approx 0$,且有 $dw = -df$,则上式可写为

$$\begin{aligned} dh &= dh_a + w dh_w + h_w dw - h_f dw \\ &= dh_a + w dh_w + dw(h_w - h_f) \\ &= dh_a + w dh_w + dw(h_w - h_g + h_{fg}) \end{aligned} \tag{4.19}$$

式中,h_g、h_{fg} 分别为饱和蒸汽焓和蒸发潜热。

从液滴蒸发的角度考虑,式(4.19) 还可写成

$$\begin{aligned} dh &= dh_a + w dh_w - h_w df + h_f df \\ &= dh_a + w dh_w - df(h_w - h_g + h_{fg}) \end{aligned} \tag{4.20}$$

于是可得湿压缩过程压缩耗功:

$$W_C = h_{a2} - h_{a1} + w_2 h_{w2} - w_1 h_{w1} + f_2 h_{f2} - f_1 h_{f1} \tag{4.21}$$

若令 $w_2 - w_1 = \Delta w$,$f_2 - f_1 = \Delta f$,$\Delta w = \Delta f$,则得湿比压缩功:

$$W_C = h_{a2} - h_{a1} + w_1(h_{w2} - h_{w1}) + \Delta w h_{w2} + f_2(h_{f2} - h_{f1}) - \Delta f h_{f1} \tag{4.22}$$

若水滴在压气机出口蒸发完成,则 $f_2 = 0$,得该情况下湿比压缩功:

$$\begin{aligned} W_C &= h_{a2} - h_{a1} + w_1(h_{w2} - h_{w1}) + \Delta w h_{w2} - \Delta f h_{f1} \\ &= h_{a2} - h_{a1} + w_1(h_{w2} - h_{w1}) + \Delta w(h_{w2} - h_{f1}) \end{aligned} \tag{4.23}$$

式中,Δw 是压气机内进口到出口蒸发量,$\Delta w = \Delta f$。

湿压缩过程压缩耗功还可以写成

$$W_C = (h_{a2} + w_2 h_{w2}) - (h_{a1} + w_1 h_{w1}) - \Delta f h_{f1} \tag{4.24}$$

若 $w_1 = 0$,则意味着压缩过程始于干空气,则比压缩功为

$$W_C = (h_{a2} + w_2 h_{w2}) - h_{a1} - \Delta f h_{f1} \tag{4.25}$$

又因此时 $w_2 = \Delta f$,则比压缩功为

$$W_C = h_{a2} - h_{a1} + \Delta f(h_{w2} - h_{f1}) \tag{4.26}$$

一般来说,$w_1 \neq 0$ 表明压气机进气是湿空气或者已经某类蒸发冷却技术进行冷却。

3. 湿压缩效率

由于蒸发冷却影响,等熵湿压缩过程的比压缩功减少,压缩效率需要重新定义。否则,若取等熵干比压缩功作为衡量基准,则湿压缩的等价绝热效率有可能大于 1.0。

湿压缩等价绝热效率定义为

$$\eta_{ec} = \frac{W_{di}}{W_w} = \frac{\eta_d W_d}{W_w} \tag{4.27}$$

式中,W_{di}、W_d 和 W_w 分别为干空气等熵比压缩功、干空气实际比压缩功和实际湿比压缩功;η_d 为干空气等熵压缩效率。对理想湿压缩过程,$W_w = W_{wi}$(等熵湿比压缩功),则等价绝热效率为

$$\eta_{eic} = \frac{W_{di}}{W_{wi}} \tag{4.28}$$

通常来说,等熵湿比压缩功要小于等于等熵干比压缩功,这就意味着必然有湿压缩等价绝热效率 $\eta_{eic} \geqslant 1$。

若取等熵湿比压缩功作为基准衡量真实湿压缩过程,定义等熵湿压缩效率如下:

$$\eta_w = \frac{W_{wi}}{W_w} \tag{4.29}$$

该效率定义可反映实际湿压缩过程接近理想湿压缩过程的程度,显然通常来说 $\eta_w < 1.0$。

另外,还可以定义反映湿压缩效力的湿压缩效率,定义式如下:

$$\eta_{wd} = \frac{W_d - W_w}{W_d - W_{wi}} \tag{4.30}$$

式中,可视 $(W_d - W_{wi})$ 为理想湿压缩效力,则该效率定义可反映实际湿压缩效力接近理想湿压缩效力的程度。

4.2　控制方程与湍流模型

在压气机进气喷水后,水滴在压气机内部逐渐蒸发,该过程中就会不间断地与周围气流发生热量、质量和动量的交换,图4.3对这一过程做了概括描述。在图4.4中把干空气和水分组分作为两个系统,可以清楚说明两相之间的传热过程,以及压气机对空气和蒸发产生的水蒸气的压缩做功过程。水滴与气流之间是相互影响的,水滴在气流中吸收周围气体的热量使之得到冷却,而自身由于蒸发作用体积和质量不断减小,直至最后蒸发完全,产生的水蒸气进入气流中,成为混合气体的一部分。另外,水滴在运动过程中还要受到气流的气动力加速作用,同样,水滴对气流也有反作用。所以,在进行数值研究时,要准确模拟两相流动过程,必须考虑水滴离散相与气流连续相之间的双向耦合作用。在数值求解过程中,两相之间的双向耦合是通过对离散相和连续相方程组的交替求解并得到流场的收敛解而实现的。为实现对水滴颗粒在压缩气流中运动和蒸发过程的跟踪,本书采用欧拉－拉格朗日多相流模型,即用欧拉法求解空气与水蒸气混合气的连续相控制方程,用拉格朗日法求解水滴颗粒的离散相控制方程,并通过质量、动量和能量源项将两相之间的相互影响进行双向耦合。

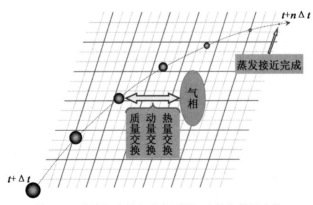

图4.3　液滴与连续相之间质量、动量和热量交换

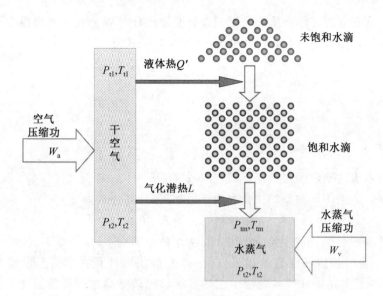

图 4.4　湿压缩系统内部传热与比压缩功

4.2.1　连续相控制方程与湍流模型

1.连续相控制方程

(1)质量守恒方程。

本书中,连续相是由空气与由水滴蒸发产生的水蒸气组成的混合气体,其质量守恒方程为

$$\frac{\partial \rho}{\partial t} + \nabla \cdot (\rho \boldsymbol{u}) = S_{\mathrm{m}} \tag{4.31}$$

式中,ρ、$\boldsymbol{u}$ 分别为混合气体的密度与速度;源项 S_{m} 表示因液滴的蒸发而产生的从离散相到连续相的质量传输,也可表示有蒸气冷凝时由气体到液滴的质量传输。

(2)动量守恒方程。

$$\frac{\partial}{\partial t}(\rho \boldsymbol{u}) + \nabla \cdot (\rho \boldsymbol{uu}) = -\nabla p + \nabla \cdot (\overline{\overline{\tau}}) + \boldsymbol{F} \tag{4.32}$$

式中,p 是静压;$\boldsymbol{F}$ 是外部体积力源项,包括诸如连续相和液滴之间的动量传递等;$\overline{\overline{\tau}}$ 为黏性剪切应力张量,

$$\overline{\overline{\tau}} = \mu \left[(\nabla \boldsymbol{u} + \nabla \boldsymbol{u}^{\mathrm{T}}) - \frac{2}{3} \nabla \cdot \boldsymbol{u} \boldsymbol{I} \right] \tag{4.33}$$

式中,μ 为分子黏性;$\boldsymbol{I}$ 为单位张量。

(3)能量守恒方程。

$$\frac{\partial}{\partial t}(\rho h_{\mathrm{t}}) + \nabla \cdot [\boldsymbol{u}(\rho h_{\mathrm{t}} + p)] = \nabla \cdot [\lambda \nabla T + (\overline{\overline{\tau}} \cdot \boldsymbol{u})] + \boldsymbol{u} \cdot \boldsymbol{F} + S_{\mathrm{h}} \tag{4.34}$$

式中,h_{t} 为总焓;λ 为热传导率;S_{h} 为热量源项。

总焓 h_{t} 与静焓 h 的关系如下:

$$h_{\mathrm{t}} = h + \frac{u^2}{2} \tag{4.35}$$

本书中,所有参与工作介质均采用五系数变定压比热容公式来考虑温度对定压比热容的影响,定压比热容 c_p、焓值 H 和熵值 S^0 的计算公式分别为

$$\frac{c_p}{R} = a_0 + a_1 T + a_2 T^2 + a_3 T^3 + a_4 T^4 \tag{4.36}$$

$$\frac{H}{R} = a_0 T + \frac{a_1 T^2}{2} + \frac{a_2 T^3}{3} + \frac{a_3 T^4}{4} + \frac{a_4 T^5}{5} + a_5 \tag{4.37}$$

$$\frac{S^0}{R} = a_0 \ln T + a_1 T + \frac{a_2 T^2}{2} + \frac{a_3 T^3}{3} + \frac{a_4 T^4}{4} + a_6 \tag{4.38}$$

式中,空气与水蒸气变定压比热容公式中的系数项 $a_0 \sim a_6$ 根据文献[243]取值。

蒸发潜热 h_{fg} 由不同物态的工作介质焓值求得,计算公式为

$$h_{fg} = h_v(T_{sat}) - h_p(T_{sat}) \tag{4.39}$$

式中,h_v 为水蒸气焓值;T_{sat} 为饱和温度;h_p 为水的焓值。

水滴蒸发会引起流场温度的显著变化,蒸发潜热的计算在水滴蒸发模拟中非常重要。通过对各工作介质采用可变定压比热容能够比较准确地计算各温度下的定压比热容,由此可得到更为准确的蒸发潜热值。

2. 湍流模型

目前湍流数值模拟方法主要有三种,即直接数值模拟(DNS)、大涡模拟(LES)和统计平均方法,而统计平均方法是目前在工程实际应用中唯一得到普及的方法。

雷诺时均 N-S 方程导出过程中会引入雷诺应力(或湍流应力)附加项,导致方程组不封闭,为使方程组封闭,必须找出确定这些附加项的关系式,并且这些关系式中不能再引入新的未知量。实际上,湍流脉动值附加项的确定是用雷诺时均方程计算湍流的核心内容。所谓湍流模型就是把湍流脉动值附加项与时均值联系起来的一些特定关系式,其作用是通过对雷诺应力张量进行建模来使雷诺平均运动方程组封闭,其建立基于理论分析与试验数据经验。其中,二阶矩模型直接构造雷诺应力张量的输运方程并建模,在工程湍流问题中得到广泛应用的是涡黏性模型(一阶矩模型)。 涡黏性模型是布辛涅斯克(Boussinesq)类比流体的分子黏性提出的,即假设湍流脉动所造成的附加雷诺应力也与层流运动应力那样可以与时均的应变率关联起来。仿照层流时流体的应力与应变率的本构方程,湍流脉动所造成的雷诺应力可以表示为

$$-\rho \overline{u'_i u'_j} = (\tau_{ij})_t = -p_t \delta_{ij} + \mu_t \left(\frac{\partial u_i}{\partial x_j} + \frac{\partial u_j}{\partial x_i} \right) - \frac{2}{3} \mu_t \delta_{ij} \frac{\partial u_k}{\partial x_k} \tag{4.40}$$

式(4.40)中各物理量均为时均值,p_t 为脉动速度造成的压力,

$$p_t = \frac{1}{3} \rho (\overline{u'^2} + \overline{v'^2} + \overline{w'^2}) = \frac{2}{3} \rho k \tag{4.41}$$

式中,k 为单位质量流体湍流脉动动能,

$$k = \frac{\overline{u'^2} + \overline{v'^2} + \overline{w'^2}}{2} = \frac{\overline{u'_i u'_i}}{2} \tag{4.42}$$

式(4.40)中,μ_t 为涡黏性系数,它是空间坐标的函数,取决于流动状态而非物性参数,而分子黏性 μ 则是物性参数。

μ_t 可以通过附加的湍流量计算得到,比如湍流动能 k、耗散率 ε、比耗散率 ω 以及其他

湍流量 $\tau=\dfrac{k}{\varepsilon}$、$l=\dfrac{k^{\frac{2}{3}}}{\varepsilon}$、$q=\sqrt{k}$ 等。不同的涡黏性模型采用不同的湍流量,比如常见的 $k-\varepsilon$、$k-\omega$ 以及 $k-\tau$、$q-\omega$ 和 $k-l$ 等湍流模型,涡黏性系数分别表示为 $\mu_{\mathrm{t}}=\dfrac{C_{\mu}\rho k^2}{\varepsilon}$,$\mu_{\mathrm{t}}=\dfrac{C_{\mu}\rho k}{\omega}$,$\mu_{\mathrm{t}}=C_{\mu}\rho k\tau$,$\mu_{\mathrm{t}}=\dfrac{C_{\mu}\rho q^2}{\omega}$,$\mu_{\mathrm{t}}=C_{\mu}\rho\sqrt{k}\,l$。为了使控制方程封闭,必须引入附加的湍流量,因此需要求解相应的微分方程。根据求解微分方程数目的不同,一般可将涡黏性模型划分为三类,即代数模型(零方程模型)、一方程模型和两方程模型。如果考虑湍流的各向异性,则雷诺应力与平均速度应变率呈非线性关系,可以使用非线性涡黏性模型。

CFX 软件基于统计理论发展了涡黏湍流模型、雷诺应力湍流模型、大涡模拟和分离涡模型,其中涡黏湍流模型包括零方程模型、两方程模型($k-\varepsilon$ 模型、RNG $k-\varepsilon$ 模型、$k-\omega$ 模型、BSL $k-\omega$ 模型、SST $k-\omega$ 模型等)。由于标准 $k-\varepsilon$ 模型具有较好的计算精度,能保证工程需要,并且鲁棒性好、计算量小、通用性强,因此该模型自提出以来,一直被工业界视为标准工业用湍流模型,在实际工业流动和传热模拟中得到了广泛的应用。

标准 $k-\varepsilon$ 模型是一个半经验模型,它采用湍流动能方程(k 方程)和湍流动能耗散率方程(ε 方程)来封闭湍流控制方程组:

$$\frac{\partial(\rho k)}{\partial t}+\nabla\cdot(\rho\boldsymbol{u}k)=\nabla\cdot\left[\left(\mu+\frac{\mu_{\mathrm{t}}}{\sigma_k}\right)\nabla k\right]+P_{\mathrm{k}}-\rho\varepsilon \tag{4.43}$$

$$\frac{\partial(\rho\varepsilon)}{\partial t}+\nabla\cdot(\rho\boldsymbol{u}\varepsilon)=\nabla\cdot\left[\left(\mu+\frac{\mu_{\mathrm{t}}}{\sigma_\varepsilon}\right)\nabla\varepsilon\right]+\frac{\varepsilon}{k}(C_{\varepsilon1}P_{\mathrm{k}}-C_{\varepsilon2}\rho\varepsilon) \tag{4.44}$$

式中,$C_{\varepsilon1}$、$C_{\varepsilon2}$、σ_k 和 σ_ε 为湍流模型常数。在 $k-\varepsilon$ 模型中,$\mu_e=\mu+\mu_{\mathrm{t}}$,$\mu$ 和 μ_{t} 分别为分子黏性系数和湍流黏性系数。湍流黏性系数 μ_{t} 与湍动能和耗散率的关系表达式为

$$\mu_{\mathrm{t}}=\rho C_{\mu}\frac{k^2}{\varepsilon} \tag{4.45}$$

P_{k} 为黏性和浮力作用的湍流产生项,其表达式为

$$P_{\mathrm{k}}=\mu_{\mathrm{t}}\nabla\boldsymbol{u}\cdot(\nabla\boldsymbol{u}+\nabla\boldsymbol{u}^{\mathrm{T}})-\frac{2}{3}\nabla\cdot\boldsymbol{u}(3\mu_{\mathrm{t}}\nabla\cdot\boldsymbol{u}+\rho k)+P_{\mathrm{kb}} \tag{4.46}$$

式中,P_{kb} 为浮力产生项。

模型中常数的经验值可选取为 $C_{\varepsilon1}=1.44$,$C_{\varepsilon2}=1.92$,$C_{\mu}=0.09$,$\sigma_k=1.0$,$\sigma_\varepsilon=1.3$,均已经过相关试验验证,普遍适用于大多数管流和自由剪切流的计算。

类似标准 $k-\varepsilon$ 模型的高雷诺数湍流模型在离开壁面一定距离的湍流区域适用性好,而在与壁面相邻接的黏性支层中,湍流雷诺数很低,高雷诺数湍流模型模拟能力不足,需要做特殊处理,比如采用壁面函数法。采用壁面函数法时,在黏性支层不布置任何节点,把与壁面相邻的第一个节点布置在旺盛湍流区域内,这与低雷诺数模型不同,后者需要在黏性支层内布置比较多的节点。壁面函数法能够以较少的网格数得到较好的结果,计算量小,在工程湍流计算中应用较广。CFX 软件中,采用标准 $k-\varepsilon$ 模型时,在壁面使用 Scalable 壁面函数,可适用于任意精度网格。

在壁面函数法中,假设壁面附近黏性支层以外区域,无量纲速度和温度服从对数分布律:

$$u^{+} = \frac{U_t}{u_\tau} = \frac{1}{\kappa}\ln(y^{+}) + C \qquad (4.47)$$

式中，u^{+} 为近壁无量纲速度；u_τ 为切应力速度，$u_\tau = \left(\frac{\tau_\omega}{\rho}\right)^{\frac{1}{2}}$，$\tau_\omega$ 为壁面剪切应力；U_t 为距离壁面 Δy 处切向速度；y^{+} 为离开壁面的无量纲距离，$y^{+} = \frac{\rho \Delta y u_\tau}{\mu}$；$\kappa$ 为冯·卡门常数；C 为依赖壁面粗糙度的对数边界层常数。

在 CFX 软件中，Scalable 壁面函数用 $u^{*} = C_\mu^{\frac{1}{4}} k^{\frac{1}{2}}$ 代替 u^{+}。u_τ 可显示给出如下：

$$u_\tau = \frac{U_t}{\frac{1}{\kappa}\ln(y^{*}) + C} \qquad (4.48)$$

壁面剪切应力 τ_ω 由式 $\tau_\omega = \rho u^{*} u_\tau$ 得到，其中 $y^{*} = \frac{\rho \Delta y u^{*}}{\mu}$。

壁面函数法的缺点是对近壁网格点位置依赖大，对近壁网格敏感度高，精细网格对更高精度求解没有帮助。Scalable 壁面函数可保持网格精细时求解的一致性，可用于任意精度网格。其基于的思想是通过 $\tilde{y}^{*} = \max(y^{*}, 11.06)$ 来限制对数率中的 y^{*} 值，11.06 是近壁对数率和线性率的交点，可使得 y^{*} 计算值不会低于这个限制。这样，所有网格点都位于黏性支层外，可保持精细网格的求解一致性。

4.2.2 离散相控制方程与二次破碎模型

1. 离散相控制方程

在压气机喷水湿压缩过程中，水滴颗粒作为稀疏的离散相分布在气流中，受到气流黏性曳力、离心力等力的作用并对气流产生反作用，通过对流换热、蒸发潜热等与气流发生热量、质量传递。离散相控制方程包括颗粒运动方程、热传递方程与质量传递方程，两相之间的双向耦合通过在各自控制方程添加源项实现。由于水滴颗粒属于稀疏相，可以认为互相之间的距离足够大，能够发生直接接触的概率极低，因此在模拟中把水滴颗粒之间的相互作用忽略，也就是不考虑水滴之间的碰撞、聚合等现象。

（1）水滴颗粒运动方程。

在颗粒参与的两相流中，颗粒的受力很复杂，包括气动曳力、重力、虚拟质量力、压力梯度力等；在旋转流动中，还有因旋转产生的离心力和 Coliolis 力。对于水滴颗粒的受力，本书中仅考虑气动曳力、离心力与 Coliolis 力，而不考虑其他受力，原因是：在压气机高速旋转流动的情况下，相对于 $\boldsymbol{F}_D$ 与 $\boldsymbol{F}_R$，重力作用要比前两种力小几个量级；而虚拟质量力与压力梯度力只有当两相密度差别不大或连续相密度较离散相密度大时，作用才显著。

在拉格朗日坐标系下，液滴颗粒运动方程可以写为

$$m_p \frac{\mathrm{d}\boldsymbol{u}_p}{\mathrm{d}t} = \boldsymbol{F}_D + \boldsymbol{F}_R \qquad (4.49)$$

式中，m_p 为液滴颗粒的质量；$\boldsymbol{u}_p$ 为液滴的速度；$\boldsymbol{F}_D$ 为液滴受到的曳力；$\boldsymbol{F}_R$ 为旋转产生的离心力和科氏力。$\boldsymbol{F}_R$ 和 $\boldsymbol{F}_D$ 分别如下：

$$\boldsymbol{F}_R = m_p[-\boldsymbol{\omega} \times (\boldsymbol{\omega} \times \boldsymbol{r}) - 2\boldsymbol{\omega} \times \boldsymbol{u}_p] \qquad (4.50)$$

$$\boldsymbol{F}_{\mathrm{D}} = C_{\mathrm{D}}(\boldsymbol{u} - \boldsymbol{u}_{\mathrm{p}}) \tag{4.51}$$

式中，$\boldsymbol{\omega}$ 为旋转速度；$\boldsymbol{r}$ 为位置向量；C_{D} 为曳力系数。本书中，由于水滴颗粒很小，可假定水滴颗粒为无变形，即视水滴颗粒为刚性球体，因此 C_{D} 可由如下过程确定。

定义颗粒雷诺数：

$$Re_{\mathrm{p}} = \frac{\varrho \, d_{\mathrm{p}} \mid \boldsymbol{u}_{\mathrm{p}} - \boldsymbol{u} \mid}{\mu} \tag{4.52}$$

式中，d_{p} 为液滴颗粒直径。在不同区域，颗粒雷诺数 Re_{p} 不同，曳力系数 C_{D} 有不同的表示，分别讨论如下：

在黏性区，$Re_{\mathrm{p}} < 0.1$，应遵循斯托克斯定律：

$$C_{\mathrm{D}} = 24/Re_{\mathrm{p}} \tag{4.53}$$

在转掠区，$0.1 < Re_{\mathrm{p}} < 1\,000$，应遵循 Schiller Naumann 经验关系：

$$C_{\mathrm{D}} = \max\left(\frac{24}{Re_{\mathrm{p}}(1 + 0.15Re_{\mathrm{p}}^{0.687})}, 0.44\right) \tag{4.54}$$

在惯性区，$1\,000 \leqslant Re_{\mathrm{p}}$：

$$C_{\mathrm{D}} = 0.44 \tag{4.55}$$

（2）离散相传热方程。

水滴颗粒与连续相之间的热传递方程为

$$m_{\mathrm{p}} C_{\mathrm{w}} \frac{\mathrm{d}T_{\mathrm{p}}}{\mathrm{d}t} = \pi d_{\mathrm{p}} \lambda Nu(T - T_{\mathrm{p}}) + \frac{\mathrm{d}m_{\mathrm{p}}}{\mathrm{d}t} h_{\mathrm{fg}} \tag{4.56}$$

式中，C_{w} 为液相的定压比热容；T_{p} 为液滴的温度；λ 为连续相的热传导率；Nu 为努塞尔数；$\frac{\mathrm{d}m_{\mathrm{p}}}{\mathrm{d}t}$ 为液滴蒸发速率；h_{fg} 为液相蒸发潜热。努塞尔数（Nu）给出如下：

$$Nu = 2 + 0.6Re^{0.5}\left(\mu \frac{C_{\mathrm{p}}}{\lambda}\right)^{\frac{1}{3}} \tag{4.57}$$

对于式（4.56），等号右边两项分别表示液滴颗粒与气相的对流换热量和蒸发潜热量，而第二项中的蒸发速率 $\frac{\mathrm{d}m_{\mathrm{p}}}{\mathrm{d}t}$ 则表明蒸发过程中伴随有传质过程。

（3）离散相质量传输方程。

水滴在压气机内蒸发过程中，其蒸发强度受温度和压力影响，按蒸发强弱不同可以分为两种情况，即沸腾态的强制对流蒸发与未饱和态的自然对流蒸发。饱和蒸汽压力通常由安托万（Antoine）方程确定，本书采用文献[245]给出的安托万方程形式，其表达式为

$$\lg p_{\mathrm{sat}} = A - \frac{B}{T + C - 273.15} \tag{4.58}$$

式中，系数 A、B、C 可由相关文献获得。

根据液相温度是否高于沸点，蒸发模型采用不同的质量传输关系。当水滴温度高于沸点时，其蒸发速率由强制对流换热决定：

$$\frac{\mathrm{d}m_{\mathrm{p}}}{\mathrm{d}t} = -\frac{\pi d_{\mathrm{p}} \lambda Nu(T - T_{\mathrm{p}})}{h_{\mathrm{fg}}} \tag{4.59}$$

当水滴温度低于沸点时，其蒸发速率由下式确定：

$$\frac{\mathrm{d}m_p}{\mathrm{d}t} = \pi d_p \rho_v D_v Sh \frac{M_v}{M} \log\left(\frac{1-f_p}{1-f}\right) \quad (4.60)$$

式中，ρ_v 为蒸汽密度；D_v 为蒸汽扩散系数；M_v 和 M 分别为水蒸气与混合气体的摩尔质量；f_p 和 f 分别为液态水与气态水的摩尔分数；Sh 为舍伍德数，其计算公式为

$$Sh = 2 + 0.6 Re^{0.5} \left(\frac{\mu}{\rho_v D_v}\right)^{\frac{1}{3}} \quad (4.61)$$

2. 液滴二次破碎模型

本书的研究不关注雾化模型或者一次破碎模拟，只考察流场中大水滴在气动力作用下的二次破碎。可用于求解气动力导致的二次破碎的模型有多种，比如 TAB（Taylor Analogy Breakup）及其发展模型、Reitz 和 Diwakar 破碎模型、Schmehl 破碎模型、Pilch 和 Erdman 破碎模型、Hsiang 和 Faeth 破碎模型。

在二次破碎研究中有两个重要的无量纲参数，分别是 We（韦伯数）和 On（奥内佐格数），表达式分别为

$$We = \frac{\rho V_{slip}^2 d_p}{\sigma} \quad (4.62)$$

$$On = \frac{\mu}{\sqrt{\rho_P \sigma d_p}} \quad (4.63)$$

气流中的液滴颗粒在其韦伯数达到 1 时开始发生严重变形，若韦伯数大于某个临界值，液滴破碎就会发生。根据文献[250]，随颗粒韦伯数变化，破碎形态也发生变化，见表 4.1。

表 4.1　不同韦伯数对应破碎形态

破碎形态	韦伯数范围
振荡破碎（Vibrational Breakup）	$We < 12$
袋状破碎（Bag Breakup）	$12 < We < 50$
袋状－蕊状破碎（Bag-and-stamen Breakup）	$50 < We < 100$
条带状破碎（Sheet Stripping Breakup）	$100 < We < 350$
崩溃状破碎（Catastrophic Breakup）	$350 < We$

本书选择由 TAB（Taylor Analogy Breakup）模型发展而来的 CAB（Cascade Atomization and Breakup）破碎模型。TAB 模型是计算液滴破碎的经典方法，适用于液滴颗粒韦伯数不大于 100 的情形，该模型考虑液滴的黏性，并在微分方程中体现。TAB 模型只对振荡和变形做预测，而且所预测的振荡模态对应基频率对应的振荡模态，而实际上可能存在多种振荡模态。大液滴变形后阻力系数也会发生变化，可以对液滴阻力系数进行校正，使之适应变形后的大液滴。模型对破碎后的液滴尺寸的预测是基于实际的试验测量数据。

TAB 破碎模型由 O'Rourke 与 Amsden 提出，该模型基于 Taylor 类比，假定液滴变形可以描述为一维、强迫、阻尼谐振，类似于弹簧－质量系统。在 TAB 模型中，液滴变形表达为无量纲变形 $y = 2\left(\frac{x}{r}\right)$，其中 x 是变形后的液滴赤道相对于无变形位置的偏移，r 是液滴的半径（图 4.5）。假定液滴黏性作为阻尼力，表面张力作为恢复力，气动曳力作为系统所受外力，则液滴变形运动方程可表示为

$$\ddot{y} = \frac{5\mu_p}{\rho_p r^2}\dot{y} + \frac{8\sigma}{\rho_p r^3}y + \frac{2\rho_g V_{slip}^2}{3\rho_p r^2} \tag{4.64}$$

对式(4.64)进行积分,得到关于时间的颗粒变形方程

$$y(t) = We_C + e^{-(t/t_D)}\left[(y_0 - We_C)\cos\omega t + \frac{1}{\omega}\left(\dot{y}_0 + \frac{y_0 - We_C}{\omega t_D}\right)\sin\omega t\right] \tag{4.65}$$

式中,

$$t_D = \frac{2\rho_p r^2}{C_d\mu_p},\quad \omega^2 = \frac{C_k\sigma}{\rho_p r_{p,Parent}},\quad We_C = We\,\frac{C_f}{C_k C_b},\quad y_0 = y(0),\quad \dot{y}_0 = \dot{y}(0)$$

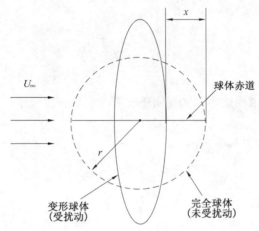

图 4.5　TAB 模型中颗粒变形示意图

只有当液滴颗粒的无量纲变形量 y 超过 1 时,破碎才能发生,此时液滴赤道已经偏离平衡位置超过球形液滴半径的一半,变形足够大。基于父液滴与子液滴能量守恒,可以确定子液滴的尺寸。破碎产生的子液滴尺寸由下式确定:

$$\frac{r_{p,Parent}}{r_{p,Child}} = \left[1 + 0.4K + \frac{\rho_p r_{p,Parent}^3}{\sigma}\dot{y}_0^2\left(\frac{6K - 5}{120}\right)\right] \tag{4.66}$$

破碎发生时,父液滴赤道运动速度垂直于其轨迹的分量为 $V_N = C_V C_b r\dot{y}$,此值也作为子液滴的法向速度分量,破碎角度由下式确定:

$$\tan\frac{\theta}{2} = \frac{V_N}{V_{slip}} \tag{4.67}$$

TAB 模型中的各常数项值见表 4.2。

表 4.2　TAB 破碎模型常数值

常数项	值	名称
C_b	0.5	临界振幅系数
C_d	5.0	阻尼系数
C_f	$\frac{1}{3}$	外力系数
C_k	8.0	恢复力系数
C_V	1.0	新液滴速度因子
K	$\frac{10}{3}$	能量比因子

CAB 模型由 TAB 模型发展而来,采用相同的液滴变形机理,但破碎过程关系不同。CAB 模型中假定子液滴生成率$\dfrac{\mathrm{d}n(t)}{\mathrm{d}t}$正比于子液滴数:

$$\frac{\mathrm{d}n(t)}{\mathrm{d}t} = 3K_{\mathrm{br}}n(t) \tag{4.68}$$

子液滴与父液滴的尺寸比值关系由下式表达:

$$\frac{r_{\mathrm{p,Child}}}{r_{\mathrm{p,Parent}}} = \mathrm{e}^{-K_{\mathrm{br}}t} \tag{4.69}$$

式中,K_{br}是破碎常数,定义如下:

$$K_{\mathrm{br}} = \begin{cases} k_1\omega, & 5 < We < 80 \\ k_2\omega\sqrt{We}, & 80 < We < 350 \\ k_3\omega We^{\frac{3}{4}}, & 350 < We \end{cases} \tag{4.70}$$

父液滴破碎后,子液滴继承父液滴轨迹垂直方向的速度分量:

$$V_{\mathrm{N}} = At \tag{4.71}$$

式中,A是常数,由能量平衡确定,

$$A^2 = 3\left(1 - \frac{r_{\mathrm{Child}}}{r_{\mathrm{Parent}}} + \frac{5C_{\mathrm{D}}We}{72}\right)\frac{\omega^2}{y^2} \tag{4.72}$$

于是,子液滴的速度可由下式确定:

$$\boldsymbol{V}_{\mathrm{p,new}} = \boldsymbol{V}_{\mathrm{p,old}} + \boldsymbol{V}_{\mathrm{N}} \tag{4.73}$$

TAB 模型中假定y_0和y_0在喷射时值为零,这导致破碎时间太短,从而导致对喷水参数的预测不准确,为了克服该缺点,Tanner 提出把液滴初始变形率设置为式(4.64)的最大负根:

$$y(0) = \left[1 - We_{\mathrm{C}}(1 - \cos \omega t_{\mathrm{bu}})\right]\frac{\omega}{\sin \omega t_{\mathrm{bu}}} \tag{4.74}$$

当$y_0 = 0$,可求得

$$t_{\mathrm{bu}} = C\sqrt{\frac{\rho_{\mathrm{p}}}{\rho}}\frac{d_{\mathrm{p,0}}}{V_{\mathrm{p,0}}} \tag{4.75}$$

式中,$C = 5.5$。设置y_0为负值后,可以延长大液滴存在时间,延迟首次破碎,获得更为准确的喷射破碎模拟结果。

表 4.3 CAB 破碎模型常数值

常数项	值	名称
K_1	0.05	袋状破碎因子
K_2	0.05	剥离破碎因子
K_3	0.05	突变破碎因子

4.3　湍流模型验证

本节选择 NASA rotor 37 作为研究对象,对$k-\varepsilon$模型进行检验。该压气机是低展弦比跨声速压气机转子,由 NASA Lewis Research Center 的 Reid 和 Moore 于 20 世纪 70 年代末设计,并进行大量试验。该孤立转子常被用作典型计算案例,校核算法。设计参数见表 4.4。

表 4.4　NASA rotor 37 总体设计参数

叶片数	36
进口轮毂比	0.7
展弦比	1.19
进口上端壁半径 /mm	254
叶展 /mm	76.2
叶顶相对进口马赫数	1.48
叶根相对进口马赫数	1.13
设计顶部间隙 /mm	0.356
设计质量流量 /(kg · s^{-1})	20.19
设计转速 /(r · min^{-1})	17 188.7
叶尖速度 /(m · s^{-1})	454.136
参考温度 /K	288.15
参考压力 /Pa	101 325
总压比	2.106
绝热效率	0.877

计算域采用多块结构化网格,进口和出口块采用 H 形网格,通道内采用先进 J 形网格,叶片周围布置 20 层 O 形网格,叶片顶部间隙在展向布置 15 层网格,网格单元总数为 620 000。NASA rotor 37 计算域网格如图 4.6 所示。

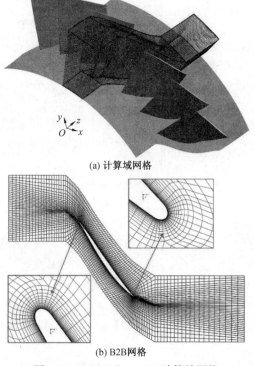

(a) 计算域网格

(b) B2B网格

图 4.6　NASA Rotor 37 计算域网格

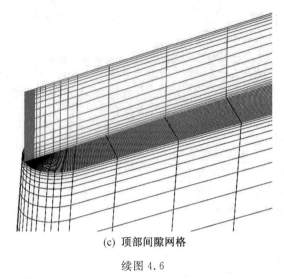

(c) 顶部间隙网格

续图 4.6

图 4.7 是采用 $k-\varepsilon$ 湍流模型得到的数值结果与试验数据的比较,图中比较参数分别为总压比、总温比和效率,另外还标出了各参数的设计值。由图 4.6 可见,数值模拟结果在流量较大、压比较低时预测较准确,与试验数据符合很好;当流量减少、压比升高之后,数值结果与试验数据差距变大,但趋势是准确的。总体而言,考虑到 NASA rotor 37 是跨声速高压比转子,精确预测难度较大,需要较密网格和更好的湍流模型,所需计算资源也相应更高,因此,采用 $k-\varepsilon$ 湍流模型得到的数值模拟结果是可接受的,对于本书的两相流动是很好的选择。

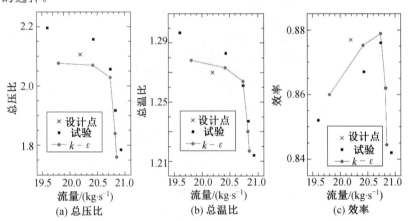

图 4.7 NASA Rotor 37 数值模拟与试验结果比较

4.4 本章小结

本章介绍了压气机湿压缩热力学过程的特点,以及湿压缩过程功和湿压缩效率与干压缩的不同之处。

压气机湿压缩过程是复杂的两相流动,运动水滴蒸发过程中与气流发生热量、质量和

92

动量交换。为了准确模拟湿压缩过程,需要选择合适的两相流模型、水滴受力和蒸发模型、液滴二次破碎模型。在湿压缩数值模拟中,水滴蒸发会引起温度场显著变化,蒸发潜热计算非常重要,本书采用五系数变定压比热容公式,能够准确计算所需温度范围下的定压比热容,既可得到准确的蒸发潜热值,又可对高温流场换热进行准确计算。

　　本书的湍流模型采用应用广泛、鲁棒性好的标准 $k-\varepsilon$ 模型时,在壁面使用 Scalable 壁面函数,可适用于任意精度网格。该湍流模型对于本书计算量较大的两相流动是很好的选择,既可满足精度需要,又有很好的适应性。

第5章 压气机内水滴运动规律研究

在压气机湿压缩研究中,水滴在气流中的运动、撞击叶片的行为是非常值得关注的,由于水滴颗粒大小不同,其运动轨迹也不同,较大的水滴会发生较大的径向迁移,会撞击到叶片表面或端壁,水滴撞壁后可能发生破碎、形成水膜等多种行为,可以说,水滴的运动规律和撞壁行为会影响水滴在流场中的分布特征,对压气机湿压缩过程产生很大影响。显然,为了能够更好地利用湿压缩技术,有必要对压气机两相流中水滴运动的具体情况进行深入研究。

本章对水滴在气动力作用下的二次破碎、水滴撞击叶片后的形态、水膜的运动等进行了分析,并对已有试验中观察到的现象做了分析。由于湿压缩过程涉及各种形态水分的复杂运动形态,难以实施真实而全面的数值模拟,本章提出简化的数值模拟方法忽略如水膜形成和运动等复杂行为,只考虑这些水分存在对流场可能的宏观影响,并对跨声速转子湿压缩问题进行了相应研究。

水滴在多级压气机内的径向迁移可能影响压气机湿压缩过程,本章对这一问题进行了研究和分析。另外,离心压气机内水滴的运动可能比轴流压气机更特殊,受到的离心力更大,本章基于 Krain 高速离心叶轮对此进行了研究。

5.1 水滴运动与撞壁行为分析

5.1.1 气动力二次破碎

在压气机通道内,如果水滴与气流之间存在较大滑移速度,水滴就会产生变形,甚至发生二次破碎。存在于气流中的水滴,在韦伯数等于 1 时开始发生变形,如果变形足够严重,液滴韦伯数高于临界值,就会发生破碎现象。根据韦伯数定义,图 5.1 中给出了韦伯数等于 1 时,水滴直径与滑移速度的关系(假定空气温度为 30 ℃,密度 $\rho = 1.165 \ \mathrm{kg/m^3}$;水温度为 25 ℃,表面张力 $\sigma = 0.072 \ \mathrm{N/m}$)。对于微米级的极小水滴,要产生变形需要很高的滑移速度,而微小水滴跟随气流的性能非常好,滑移速度很小,因此,二次破碎几乎可以忽略。随着水滴直径增大,跟随气流的能力越来越差,相对气流的滑移速度也越来越大,非常容易产生变形。压气机内气流速度较大,较大的水滴容易因滑移速度较高而产生气动破碎,使水滴获得较小的更加稳定的尺寸。图 5.2 中是文献[254,255]提供的水滴气动变形照片,在他们的试验中,向跨声速叶栅喷水,叶片的吸力面是气流加速区,导致水滴与气流之间产生较大滑移速度,使得水滴发生严重变形,气动破碎发生的可能性在吸力面明显增大。可以看出,压气机叶片吸力面侧的较大速度梯度区是容易发生水滴气动二次破碎的位置。在他们的叶栅喷水试验中,还观察到在叶栅尾缘带状水膜发生脱落,并因

Rayleigh－Taylor不稳定在叶片尾迹流中发生二次破碎(图5.3)。因此,压气机叶片尾缘的水膜脱落之后在尾迹流中的气动破碎也是压气机喷水二次破碎的重要区域。

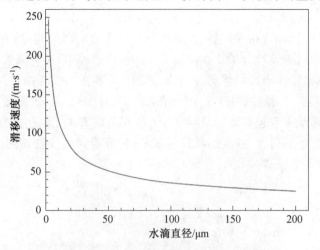

图5.1　水滴颗粒达到$We = 1$所需要的滑移速度

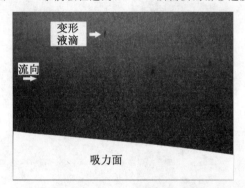

图5.2　跨声速叶栅喷水试验中吸力面的水滴变形

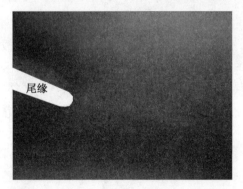

图5.3　水膜从叶栅尾缘脱落、气动破碎

　　本书研究的叶片尾迹流中的水滴较大,很大一部分要超过$30\ \mu\mathrm{m}$,需要选择合适的二次破碎模型来考虑滑移速度对这些水滴的影响。所选模型为CAB模型,该模型由TAB模型发展而来,鲁棒性好,常用来模拟液体喷水中的二次破碎。

5.1.2 液滴撞击叶片的行为分析

在直喷式汽油机和高速、高压中小型直喷式柴油机燃烧室喷油雾化燃烧问题中涉及的喷水撞壁研究较多,理论相对成熟,本节将基于这方面的部分理论,对压气机内运动的水滴的撞击叶片的行为进行分析。在水滴/壁面作用过程中,影响因素很多,既包括液滴自身的特性,也包括叶片表面的情况,示意图如图 5.4 所示。参与撞击的液滴参数包括颗粒尺寸 d_I,撞击速度 v_I,颗粒温度 T_I,撞击角度 α,液体黏性 μ_p,表面张力 σ,液体密度 ρ_p 等。叶片表面的影响参数包括壁面温度 T_B,表面粗糙度 R_B,可能存在的液膜的厚度 δ,等等。如果液滴撞击壁面后发生喷溅、反弹等现象,新液滴具有一些相应的新参数,如新液滴尺寸 d_R 和质量 m_R,反弹速度 v_R,反弹角度 β,等等。

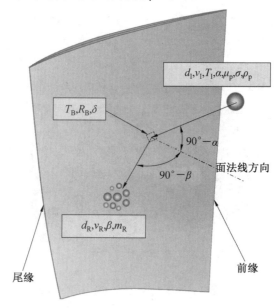

图 5.4　水滴/叶片撞击示意图

在喷油撞壁过程中,根据液滴撞击参数不同,直接撞击壁面或撞击壁面液膜可能发生沉积、喷溅、反弹或液滴的瞬时蒸发。Bai 和 Gossman 给出了干壁和湿壁条件下,喷水撞壁发生不同形态的详细描述,以及相应的各形态之间的转换条件。文献[256,258]指出,壁面温度 T_B 和 We($We = \dfrac{\rho_p v_I^2 d_I}{\sigma}$)是判断喷水撞壁发生形态的主要准则。

对于压气机内的水滴撞壁行为,叶片壁面可以看作是湿壁,而且其温度相对较低,在喷水冷却条件下会更低,其表面水分不会发生瞬间蒸发。压气机内的水滴/叶片撞击形态可以分为如下几类:

① 黏附:$We \leqslant 1$,液滴以近乎保持球形黏附于壁面。

② 反弹:$1 < We \leqslant 5$,液滴撞壁后反弹离开壁面。

③ 铺展:$5 < We \leqslant We_S$,液滴在壁面铺展开来形成液膜。

④ 喷溅:$We_S < We$,液滴撞壁发生破碎,产生多个更小液滴,部分水分留在壁面。

这里，We_S 是破碎临界韦伯数，由下式定义：

$$We_S = A_W La^{-0.18} \tag{5.1}$$

式中，A_W 为与壁面粗糙度有关的经验系数，这里取其值为 1 320，用于本节的分析；La 为拉普拉斯数，定义如下：

$$La = \frac{\varrho_p \sigma D_p}{\mu_1^2} \tag{5.2}$$

根据以上理论，列出表 5.1，利用该表中所示的形式给出在较宽范围内的液滴尺寸和法向速度分量的液滴撞壁的四种形态分布，可以用来大致判断分析压气机内液滴撞壁后的形态。另外，根据以上理论，作出图 5.5，可以清楚看出液滴撞壁各形态的分界线和各自区域。通过结合表 5.1 和图 5.5，可以清晰判断分析压气机内液滴撞壁的基本情况。

由表 5.1 可以看出，随着液滴直径增大，临界韦伯数 We_S 逐渐下降。只有直径很小、速度极低的液滴的韦伯数小于 1，撞击到壁面才能黏附其上。而在压气机内运动的水滴的速度一般较高，而且非常小的水滴能够很好地跟随气流，撞击到叶片的机会极少。由此可以判断，水滴在压气机内几乎不会有撞壁黏附现象发生，研究时可以忽略这种形态。由表中结果可见，液滴撞壁反弹现象的发生也要求撞击速度很低。由于压气机内水滴的速度一般较高，可以认为水滴撞壁后发生反弹现象的概率极低，研究时也可以忽略撞壁反弹形态。在压气机内，由于水滴运动速度一般较高，即使是法向速度也很少低于 30 m/s，因此铺展和喷溅可能是两种最主要的水滴撞壁形态。对于较大的水滴（直径 20 μm 以上），撞击叶片时常常具有较高的法向速度，喷溅现象非常普遍，甚至不可避免。

在文献[254,255]中，通过跨声速叶栅喷水试验观察到的主要现象包括叶片前缘强烈的水滴撞击喷溅和叶片其他部位有不连续水膜形成并在尾缘脱落破碎。试验中喷水量取为 2%，喷水平均直径 D_{32} 为 45 μm。试验摄影照片（图 5.6）显示，只有前缘附近很小区域没有水膜，其他位置覆盖带状水膜，水膜分布并不连续。摄影显示，不连续水膜处在运动中，并且从尾缘脱落。水滴撞击前缘产生的喷溅非常剧烈，产生大量微细水滴云雾（图 5.7）。该试验中水滴的撞壁喷溅和铺展形成水膜等现象可以通过表 5.1 很好地进行解释及预测。在叶片前缘，水滴的速度方向与气流方向更为一致，使得水滴撞击到前缘时的法向速度很大，从而非常容易达到破碎临界韦伯数，导致喷溅现象非常剧烈。即使是微米级的水滴撞击到前缘也会发生喷溅现象。在叶片前缘下游的其他位置，与壁面发生碰撞的水滴，由于其尺寸和撞击速度不同，喷溅和铺展现象同时发生，但喷溅现象不及前缘附近强烈。由于前缘下游叶片表面的面积更大，水滴发生碰撞的机会更多，不但产生很多更小水滴反弹进入气流，还有很多水分流在叶片表面形成了水膜。水膜在气动力的作用下慢慢向尾缘移动，并脱落、破碎，形成大水滴进入尾迹流，在气动力作用下发生气动破碎，进一步形成更小、更稳定的水滴。

表 5.1 不同直径与法向速度液滴的撞壁形态

D_p /μm	液滴法向速度分量/(m·s⁻¹)							We_s
	300	200	100	50	30	15	5	
	韦伯数							
1	1 250	525	139	39	12.5	3	0.3	577
2	2 500	1 111	278	69	25.0	6	0.7	509
5	6 250	2 778	674	174	62.5	16	1.7	431
8	10 000	4 444	1 111	278	100	25	2.8	396
10	12 500	5 556	1 389	347	125	31	3.5	381
15	18 750	8 333	2 083	521	187	47	5.2	354
20	25 000	11 111	2 778	694	250	62	6.9	336
30	37 500	16 667	4 167	1 042	375	94	10	313
50	62 500	27 778	6 944	1 736	625	156	17	285
80	100 000	44 444	11 111	2 778	1 000	250	28	262
100	125 000	55 556	13 889	3 472	1 250	312	35	252
150	187 500	83 333	20 833	5 208	1 875	469	52	234
200	250 000	111 111	27 778	6 944	2 500	625	69	222
250	312 500	138 888	34 722	8 681	3 125	781	867	213
300	375 000	166 667	41 167	10 417	3 750	937	104	206

注：表中各颜色代表的液滴撞壁形态如下。

黏附，$We\leq1$　　　　反弹，$1<We\leq5$

铺展，$5<We\leq We_s$　　　　喷溅，$We_s<We$

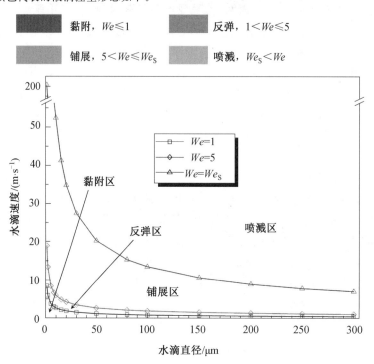

图 5.5 液滴撞壁形态分布与液滴尺寸和法向速度的关系

98

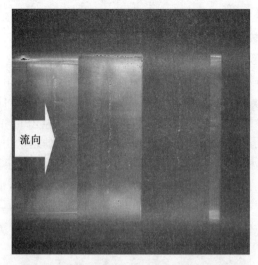

图 5.6 试验跨声速叶栅吸力面形成水膜

图 5.7 水滴撞击叶栅前缘发生剧烈喷溅

5.1.3 水膜在动叶表面的运动分析

前面提到水膜在跨声速叶栅表面的运动,但由于水膜在动叶表面的运动更具有代表性,这里的分析针对动叶表面的水膜。图 5.8 为动叶表面水膜单元受力示意图。在动叶片表面运动的水膜受力包括惯性力(离心力和科氏力)、与运动方向相反的叶片表面阻力、气动力。由于水分在压气机内受到的离心力较强,而水膜在叶片表面停留时间相对于主流中水滴的滞留时间要长得多,因此水膜沿叶片向端壁的径向迁移较严重。一般认为,水分受到的叶片表面阻力和气流气动力的大小受水分形态影响较大,比如水滴、细流等不连续态和连续水膜受到的叶片表面阻力和气动力就不相同。而叶片弯曲和扭曲形式与程度对水膜受到的摩擦力可能也有较大影响,从而使得不同形状叶片表面水膜的运动速度和方向大为不同。图 5.9 给出文献[254]中跨声速叶栅喷水试验中水膜形成和破碎的过程,水滴在叶片表面沉积后形成水膜,并在气动力的作用下向尾缘移动,然后从尾缘脱落并发生气动破碎,生成大量较大水滴。文献[261]研究指出,喷水量较大时,由于水滴在动叶片表面沉积,会形成水膜,水膜的大部分会因离心力移动到上端壁,其余水膜会在叶片尾缘脱落,并在尾迹区破碎,形成较大水滴(直径大于 20 μm)。Williams 和 Young 发展了一种由 Kirillov 和 Yablonik 提出的理论研究方法,该方法中考虑任意形状动叶片表面水分运动情况,对水滴(主要针对航空发动机吸入的较大水滴)在叶轮机械动叶片表面沉积之后形成的水膜的运动进行计算。在他们的研究中,水膜的运动由惯性力(离心力和科氏力)和与水膜运动方向相反的表面阻力决定,并且认为气动力在模拟假想层流水膜过程中不重要。但作者也指出,如果水分以离散的水滴或者细流形态,也就是以不连续水分形式存在时,其所受到的气动力可能很重要。他们的研究结果显示,如果压气机进气喷水中水 / 空气比达到 10%,水滴直径达到 100 μm,沉积水分的绝大部分就会达到上端壁。

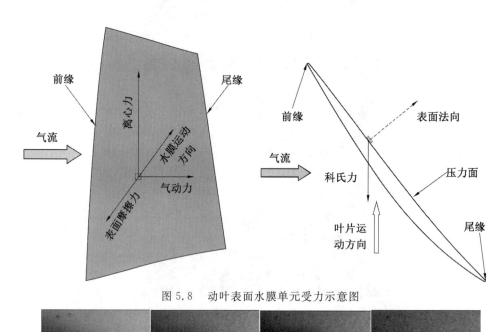

图 5.8　动叶表面水膜单元受力示意图

图 5.9　叶栅尾缘带状水膜的形成、脱落及破碎

5.2　跨声速压气机内水滴撞壁研究

5.2.1　压气机模型与边界条件

本节选择 NASA rotor 37 作为研究对象。在压气机进口给定总温和总压,其值为试验中的数据。壁面边界为绝热、无滑移。在出口,给定静压。计算点为设计工况点。

假设喷水水滴初始直径服从 Rosin－Rammler(RR) 规律,该规律广泛应用于燃料粉碎和液体喷水的颗粒直径分布。根据该规律,大于某个直径值的颗粒的质量分数 R 可以由下式计算得到:

$$R = \exp\left[-\left(\frac{d}{d_e}\right)^{\gamma}\right] \tag{5.3}$$

式中,d 是液滴直径;d_e 是细度指数(或喷水平均直径),其值为 R 值等于 $\dfrac{1}{e}$ 时的直径 d 的值;γ 是粒径分散指数。

在喷水问题中,γ 的典型取值范围为 $1.5 \sim 3.0$。在本书研究中,雾化水滴分布的 γ 值取为 2.0。图 5.10 中所示为 $\gamma = 2.0$,$d_e = 10$ μm 时的颗粒直径分布情况。

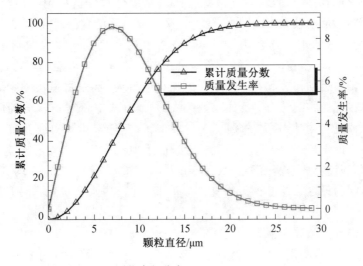

图 5.10　颗粒直径分布($\gamma = 2.0$,$d_e = 10$ μm)

5.2.2　喷水撞壁模拟方法

在本书针对 NASA rotor 37 所进行的数值研究中发现,当喷水平均直径分别为 2 μm 和 10 μm 时,动叶对水滴的捕捉率分别达到 4% 和 36%,这表明在压气机内由于流速较高,较大水滴撞击到叶片的概率非常高,在进行研究时必须对该现象进行一定考虑。但是,到目前为止,还没有普遍得到认可的理论可以对进气喷水压气机内的水滴撞击现象进行分析和研究,也就不能准确判断水滴撞击叶片时破碎或形成离散或连续态水膜何时、如何发生。在本书喷水湿压缩数值研究中,对水滴－叶片作用机理问题进行了简化和假设,提出两种极端的情形分别进行研究。在第一种情形中,假设所有撞击到叶片表面的水滴都被叶片捕获,然后从叶片尾缘上半部以较大水滴的形式释放,并且假定所释放水滴质量按照一定规律沿径向分布。这种假设情形所基于的撞击现象是,较大水滴在压气机动叶通道内会撞击到叶片表面,由于撞击水滴发生喷溅和铺展现象,这些水分中很大一部分将形成不连续水膜的新形态,同时由于动叶旋转产生的强大离心力以及气动剪切力作用,水膜将移向叶片的上半部后方,其中一部分会被甩到上端壁(假定可以被除掉),其余在叶片尾缘脱落、破碎,形成较大水滴,由尾迹流夹带再次进入气流中。从单次喷水角度来看,喷入水滴经极短时间到达叶片位置,在叶片表面沉积并形成水膜的水分的滞留时间要远大于主流中水滴运行时间;从连续喷水角度来看,水膜的形成、脱落现象与主流中水滴的运动同时、同步进行。在第二种情形中,假设所有撞击到叶片表面的水滴都会喷溅破碎产生更小的水滴,新水滴的尺寸由原水滴撞击壁面的入射角度决定。这种假设情形所基于的现象是,在压气机动叶通道内,较大水滴撞击到叶片表面的靠前缘位置时,会有强烈的破碎现象发生,即使是在叶片其他位置,仍有大量撞击水滴能够达到喷溅发生的条件,从而产生破碎,喷溅破碎后生成的水滴数量与撞击角度和撞击法向速度有很大关系。

1. 叶片尾缘释放被捕捉水分模拟方法

当水滴沉积于叶片表面时会形成不连续细流或水膜,在较强的离心力和气动剪切力作用下,沉积水分会沿叶高向斜后方移动(图 5.7),部分水分被甩到上端壁,其余水分会在尾缘脱落、破碎,形成较大水滴,进入尾迹流中。在本书的数值研究中,假定沉积的水分总量中,到达上端壁的水分比例为 40%(并且认为被除掉),从尾缘脱落的水分比例为 60%。实际情况中,水膜在叶片尾缘脱落时沿径向的质量分布可能是不均匀的,如果考虑到撞击水分的轴向运动初速和在叶片表面的加速度方向,推测水膜在尾缘沿径向的质量分布有可能更接近抛物线分布。在本书研究中,对尾缘上半部脱落水分的质量分布假定了三种分布规律进行对比分析,分别是均匀分布、线性分布和抛物线分布,如图 5.11 所示。在尾缘上半部设置 11 个释放点释放大水滴,近似模拟叶片表面不连续水分在尾缘的脱落。模拟中,假设释放水滴直径服从 Rosin-Rammler 分布,喷水平均直径为 30 μm;水滴速度和温度的设定综合考虑尾迹流状态和邻近主流中水滴状态,分别设为 50 m/s 和 300 K。

2. 水滴撞击叶片破碎模拟方法

在实际情况中,水滴撞击叶片表面发生破碎后新生成水滴的尺寸和速度分布的影响因素较多且较复杂,比如撞击角度、撞击速度、表面张力、液滴尺寸、叶片材料和粗糙度等。由前面的分析得知,水滴在叶片前缘的撞击喷溅最为剧烈,破碎产生的新水滴数量多、直径小,前缘之后撞击水滴的法向速度相对较小,破碎较缓和。根据这种现象,利用一个简单假设实现对撞击破碎现象的近似模拟,假设单个水滴撞击叶片后,根据撞击角度不同,破碎后生成相应数量的多个具有相同直径的新水滴,它们反弹时动量有一定损失,具有相同的法向和切向动量恢复系数(均设为 0.5)。水滴撞击前后的直径关系如下:

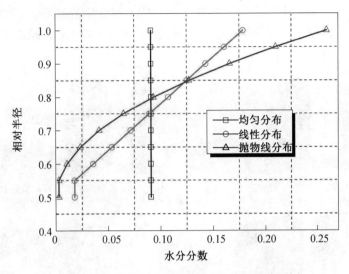

图 5.11　尾缘上半部脱落水分径向质量分布

$$\frac{d_{\text{new}}}{d_{\text{old}}} = \begin{cases} \dfrac{1}{3.0}, & 75^\circ \leqslant \alpha_{\text{impact}} \\[2ex] \dfrac{1}{2.5}, & 60^\circ \leqslant \alpha_{\text{impact}} < 75^\circ \\[2ex] \dfrac{1}{2.0}, & 45^\circ \leqslant \alpha_{\text{impact}} < 60^\circ \\[2ex] \dfrac{1}{1.5}, & 20^\circ \leqslant \alpha_{\text{impact}} < 45^\circ \\[2ex] 1, & \alpha_{\text{impact}} < 20^\circ \end{cases} \tag{5.4}$$

5.2.3　NASA rotor 37 湿压缩研究结果与分析

NASA rotor 37 跨声速压气机进气喷水条件列于表 5.2。

表 5.2　NASA rotor 37 进气喷水条件

喷水量 /(g·s^{-1})	5.6,16.8（分别对应干压缩流量 1%,3%）
喷射速度 /(m·s^{-1})	100
喷水温度 /K	288.15
喷水平均直径 /μm	2.10

1. 水滴运动轨迹与二次破碎分析

图 5.12 给出了模拟沉积水分形成的不连续水膜自尾缘脱落情形的水滴运动过程结果,该工况条件为喷水量 1%(5.6 g/s),喷水平均直径 10 μm,尾缘大水滴流量按径向抛物线分布。在图 5.12(a)中,尾缘处的大水滴群代表脱落水膜,大水滴喷水平均直径为 30 μm,由尾缘以较低速度 50 m/s 释放。较大水滴从尾缘释放后,在高速气流中处于不稳定状态,与气流间存在较大的滑移速度,因此当它们刚由尾缘脱落便在气动力作用下迅速发生破碎,并在很短的距离内完成破碎过程,使得新水滴获得较小的相对稳定的尺寸

（图 5.12(b)～(d)）。而由图 5.12(c)～(e) 可见，主流中的水滴虽然同时以相同速度由进口喷入，但小水滴的运动速度比大水滴明显要快。这表明小水滴能够更好地跟随气流。

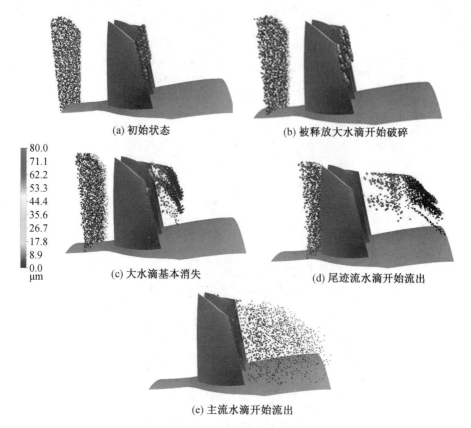

(a) 初始状态　　　　　　(b) 被释放大水滴开始破碎

(c) 大水滴基本消失　　　　(d) 尾迹流水滴开始流出

(e) 主流水滴开始流出

图 5.12　水膜（抛物线）脱落模拟水滴轨迹（喷水平均直径 10 μm，1%）（彩图见附录）

　　图 5.13 给出了模拟水滴撞击叶片表面破碎情形的水滴运动过程结果，该工况条件为喷水量 1%(5.6 g/s)，喷水平均直径 10 μm。在图 5.13(c) 中，水滴群中部分大水滴撞击到叶片表面（主要是压力面），发生了破碎现象。水滴在动叶前缘附近撞击时，法向速度较高，撞击较剧烈，可产生更多小水滴。该算例也表明小水滴能够更好地跟随气流。由于水滴在压气机内滞留时间很短，且流场温度相对较低，水滴的蒸发并不强烈。

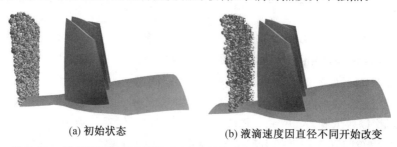

(a) 初始状态　　　　　　(b) 液滴速度因直径不同开始改变

图 5.13　撞壁喷溅模拟水滴轨迹（喷水平均直径 10 μm，1%）（彩图见附录）

(c) 水滴撞击到叶片上发生破碎　　　　(d) 小水滴运动速度明显较快

(e) 大水滴运动滞后

续图 5.13

2. NASA rotor 37 湿压缩流场分析

表 5.3 给出了干压缩和湿压缩各工况下数值模拟得到的总体性能参数。与干压缩工况相比,喷水后流量增加,出口气流温度降低,总压比升高(除喷水平均直径 10 μm,3% 的工况)。表中数据还显示,喷水平均直径为 2 μm 时,比压缩功和叶顶泄漏有所下降,表明小水滴喷水对压气机性能提升效果比较明显。当喷水平均直径为 10 μm 时,结果表明比压缩功和叶顶泄漏不一定能下降。而在模拟水膜脱落的工况中,喷水量的增加并没有使湿压缩效果更好(3% 与 1% 相比较),这个结果值得注意。在对水膜脱落工况模拟中,均匀分布假设得到的结果与线性和抛物线分布假设得到的结果有一定差别,而后两者的结果更加接近,这表明水膜在叶片表面的运动和质量分布对湿压缩流场的影响很重要。需要对沉积叶片表面的水分分布进行更深入研究,才能更好地预测湿压缩流场的真实情形。

表 5.3　干压缩和湿压缩压气机性能比较

工况		进气量 /(kg·s⁻¹)	出口气流温度 /K	总压比	比压缩功 /(kJ·kg⁻¹)	叶顶泄漏 /%
干压缩		0.561	318.87	2.091	79.353	0.895 7
10 μm,1%	液膜,均匀	0.570	315.27	2.096	79.177	0.896 3
	液膜,线性	0.567	315.66	2.093	79.415	0.897 9
	液膜,抛物线	0.567	315.73	2.093	79.409	0.897 2
	喷溅	0.566	315.67	2.092	79.251	0.895 2
10 μm,3%	液膜,抛物线	0.569	311.33	2.084	79.627	0.894 8
2 μm,1%	液膜,抛物线	0.575	305.57	2.099	78.157	0.886 3
	喷溅	0.575	305.29	2.099	78.128	0.885 7

由于 NASA rotor 37 是孤立压气机转子,高速、高压比,进气条件为大气条件,内部流场的温度相对较低,因此水滴的蒸发较弱,气流与液滴之间的传热和传质不强烈,模拟结果也证实了这一点。图 5.14 给出了干压缩和各湿压缩情况下流场中温度低于 300 K 的区域。图中还显示了流场中温度在 250 K 左右的两个较冷区域的位置,一个位于前缘吸

力面侧,呈从根部到叶顶的狭窄条形,另一个位于吸力面中部靠前的下半叶片,呈较大的包块状。由图可见,模拟结果都显示,流场中低温区域比较大,水滴在这些区域的蒸发率非常低,而且水滴在高速气流携带下在压气机内滞留时间非常短暂,另外,喷入水滴的温度要比低温区的温度高,水滴流经这些区域时不是被加热,而是被稍稍降温,这些因素都限制了水滴的蒸发量。由图可见,喷水量 1‰、喷水平均直径 10 μm 的湿压缩工况(图 5.14(b)、(c))的温度分布与干压缩工况(图 5.14(a))非常接近。而当喷水量 1‰、喷水平均直径 2 μm(图5.14(d)、(e))时,温度较低区域稍微扩大,这时水滴蒸发量因颗粒较小而蒸发更多。当湿压缩工况的喷水条件相同,但对水滴撞壁采取不同模拟方式时,得到的温度场分布非常相似。这是因为所研究的跨声速单转子压气机在大气进气条件下,流场气流温度相对较低,使得水滴蒸发非常微弱。

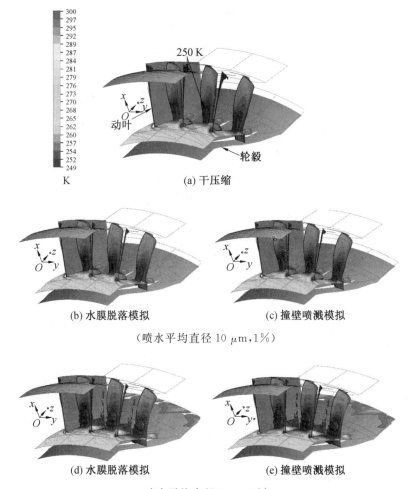

(a) 干压缩

(b) 水膜脱落模拟   (c) 撞壁喷溅模拟

(喷水平均直径 10 μm,1‰)

(d) 水膜脱落模拟   (e) 撞壁喷溅模拟

(喷水平均直径 2 μm,1‰)

图 5.14　流场中的低温区域(彩图见附录)

喷入压气机的水分是否会因非常低的温度引发结冰现象是一个值得讨论的问题。文献[255]喷水试验的对象是跨声速压气机叶栅,其温度场应该存在于本书研究的压气机温度场比较接近的低温区域。试验中清楚发现吸力面侧的水滴因气流加速发生严重变形,而吸力面侧又是流场的低温区。这个现象表明,压气机内水滴结冰的问题可能不存在。试验中观察到的水膜的形成和脱落过程也表明,水膜没有可能结冰。关于压气机内流场的低温区会不会发生结冰现象的问题,可以从两个方面来考虑,首先是水滴在流道内的运动速度较快,其次是实际的水滴结冰过程并非平衡过程,水滴存在一定过冷度,一般不会在到达冰点时立即结冰,而可能在远低于冰点的某个温度下且有晶核形成的情况下开始结冰并释放出相应的结晶潜热。从这两个方面综合考虑,水滴的短暂滞留时间和水滴的温度弛豫使得结冰过程不太可能发生。

图 5.15 给出了干压缩和湿压缩各工况 5%、50% 和 95% 叶高的 B2B 截面温度等值线分布。图中,5%、50% 和 95% 叶高的 B2B 截面中的黑线分别表示温度为 285 K、302.6 K 和 320 K 的位置,这几处的马赫数大约为 1。由等值线分布可见,喷水平均直径为 10 μm 时的湿压缩流场(图 5.15(b)、(c))的温度分布与干压缩(图 5.15(a))比较接近,大水滴蒸发相对较弱,并未引起流场温度的较大变化。喷水平均直径为 2 μm(图 5.15(d)、(e))时可观察到,各截面上黑色粗线的位置与干压缩相比发生改变;特别是 95% 叶高的 B2B 截面温度变化更为明显,通道中部的温度较干压缩时下降较多。干压缩流场中温度较高的区域喷水后会有较大温降,比如干压缩时在 95% 叶高的 B2B 截面,激波后的气流温度较高,可以观察到对应的湿压缩工况中,这些位置的温度下降最大。在本例压气机喷水研究中,干压缩流场温度较低,导致水滴蒸发率较低,因此蒸发冷却对温度场的改变不够显著。另外,这也导致不同的水滴撞壁处理方式的计算结果可能差别很小。计算结果证实了这一点,尽管喷水平均直径为 10 μm 时有大约 36% 的水滴会撞击到叶片表面,但水膜脱落和撞壁破碎两种模拟的结果差别不明显,只有水滴直径和喷水量对湿压缩效果有显著影响。

图 5.16 是干压缩和湿压缩各工况 5%、50% 和 95% 叶高的 B2B 截面马赫数等值线分布。图中,黑色粗线表示马赫数为 1 的位置。由等值线分布可见,喷水平均直径为 10 μm 时的湿压缩流场(图 5.16(b)、(c))的马赫数分布与干压缩(图 5.16(a))非常接近,特别是 5% 叶高截面尤其如此。对叶高 95% 的 B2B 截面,喷水平均直径为 10 μm 时,通道中部的马赫数略高于干压缩工况。喷水平均直径为 2 μm(图 5.16(d)、(e))时明显可见,各截面上黑色粗线的位置与干压缩时不同,而 95% 叶高 B2B 面的马赫数显示,通道中部马赫数比喷水平均直径为 10 μm 时进一步提高。由相同喷水情况马赫数等值线分布可见,水膜脱落模拟和水滴撞壁喷溅得到的结果非常接近,主要原因是撞击到叶片的水滴相对较少,对不同的处理方式并不敏感。

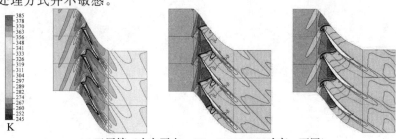

(a) 干压缩(由左至右:5%、50%、95%叶高。下同)

图 5.15　B2B 截面温度等值线分布(由左至右粗线:285 K、302.6 K、320 K)(彩图见附录)

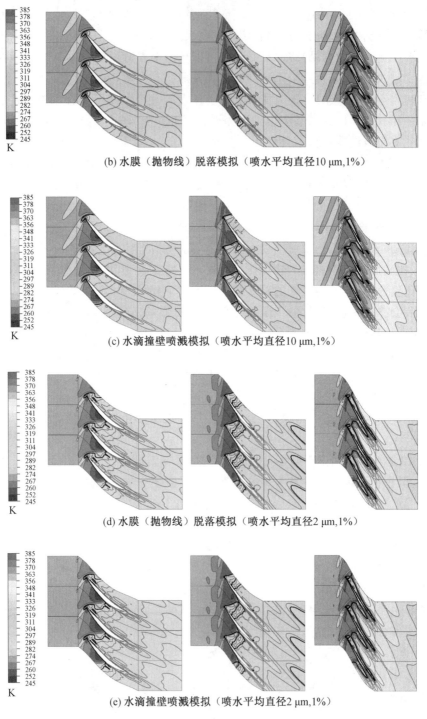

(b) 水膜（抛物线）脱落模拟（喷水平均直径10 μm,1%）

(c) 水滴撞壁喷溅模拟（喷水平均直径10 μm,1%）

(d) 水膜（抛物线）脱落模拟（喷水平均直径2 μm,1%）

(e) 水滴撞壁喷溅模拟（喷水平均直径2 μm,1%）

续图 5.15

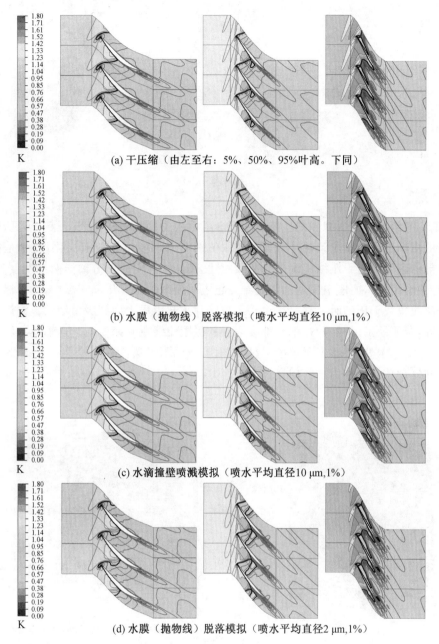

(a) 干压缩（由左至右：5%、50%、95%叶高。下同）

(b) 水膜（抛物线）脱落模拟（喷水平均直径10 μm,1%）

(c) 水滴撞壁喷溅模拟（喷水平均直径10 μm,1%）

(d) 水膜（抛物线）脱落模拟（喷水平均直径2 μm,1%）

图 5.16　B2B 面马赫数等值线分布(粗线：$Ma = 1$)(彩图见附录)

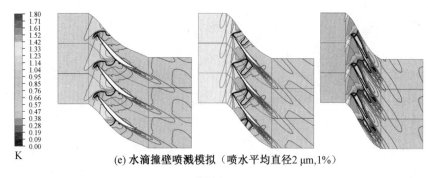

(e) 水滴撞壁喷溅模拟（喷水平均直径2 μm,1%）

续图 5.16

图 5.17 给出了干压缩和湿压缩各工况动叶片吸力面的极限流线拓扑。可见,喷水冷却引起的流场参数变化导致叶片表面的极限流线分布也发生了相应变化,特别是在叶片靠近顶部的区域。与干压缩工况的分离线相比,湿压缩工况时该分离线两端发生弯曲,上部延伸到叶片顶部,而图中标示的螺旋结点也上移到顶部。湿压缩工况中,始于标示的鞍点的分离线也较干压缩时上移。这也预示着叶片顶部由压力面到吸力面的泄漏涡强度减弱。另外,湿压缩工况时,叶片下半部吸力面的极限流线也有两处与干压缩不太明显的差别(图中方框标示处)。本书研究中,湿压缩对流场的下半通道影响较小,这是因为水滴在离心力和气动剪切力作用下移向通道上方。

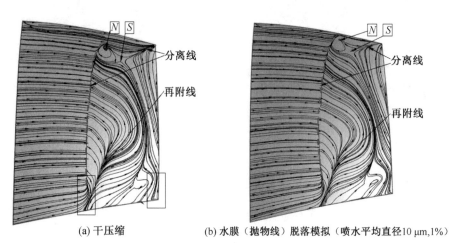

(a) 干压缩 　　　　(b) 水膜（抛物线）脱落模拟（喷水平均直径10 μm,1%）

图 5.17　干压缩和湿压缩叶片吸力面极限流线分布(N 为结点,S 为鞍点)

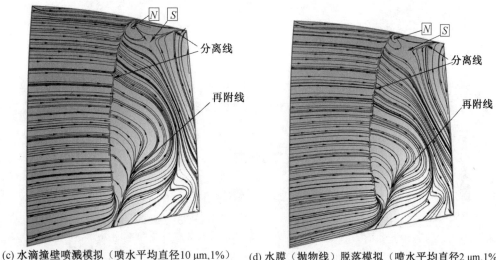

(c) 水滴撞壁喷溅模拟（喷水平均直径10 μm,1%）　　(d) 水膜（抛物线）脱落模拟（喷水平均直径2 μm,1%）

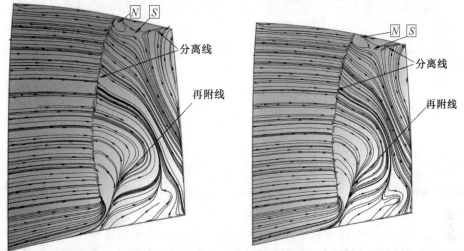

(e) 水滴撞壁喷溅模拟（喷水平均直径2 μm,1%）　　(f) 水膜（抛物线）脱落模拟（喷水平均直径10 μm,3%）

续图 5.17

5.2.4　水滴在尾迹流中运动与破碎分析

　　水滴撞击到动叶或静叶表面形成水膜后,从叶片尾缘脱落、破碎,由于动叶片存在高速旋转,脱落水膜在动叶尾迹流的气动破碎情况可能与静叶尾迹流的破碎情况不同。这里通过设计数值试验,对两种尾迹流中的水滴破碎进行比较和分析。动叶流场仍选择NASA rotor 37 的设计条件作为边界条件进行模拟,而静叶流场则选择不旋转的 NASA rotor 37。为了保证动叶和静叶尾缘后的流场参数（主要是相对速度）近似一致,静叶进口给定流量值与动计算得到的值相同,并把动叶收敛流场的进口相对速度方向结果取出后赋值到静叶进口,静叶进口总温分布也由动叶收敛结果提供,出口给定静压值与动叶相同。图 5.18 是动叶与静叶通道 75% 叶高 B2B 截面马赫数分布的比较,可见在尾缘后二者大致相近,可以用来作为对比,研究水滴在动叶和静叶尾缘的运动和破碎。

111

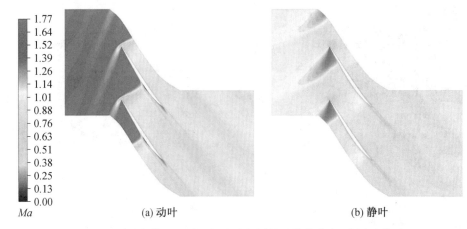

图 5.18　动叶与静叶下游流场大致相同的马赫数分布(彩图见附录)

　　释放大水滴的位置仍然如前面的研究,只在叶片尾缘的上半部,水滴的初始直径为 $45\ \mu m$,初始速度为 $30\ m/s$,方向近似为沿叶片切向。图 5.19 给出了动叶和静叶通道大水滴从叶片尾缘脱落后的运动轨迹和破碎情况,可见两种情况的结果截然不同。大水滴从动叶尾缘脱落后,在气动力作用下发生了比较剧烈的破碎,几乎所有破碎都在尾缘后附近,破碎后的水滴直径小于 $20\ \mu m$,大部分水滴直径不到 $15\ \mu m$,而水滴轨迹也偏离了气流尾迹,滞后于气流尾迹。同样,大水滴从静叶尾缘脱落后,在气动力作用下也发生了剧烈破碎,几乎所有破碎都在尾缘后附近,但大部分水滴直径在 $30\ \mu m$ 左右,水滴轨迹与气流尾迹比较一致。

　　对大水滴在动叶和静叶尾迹内运动和破碎情况的分析,可以借助图 5.20 所示动叶尾迹水滴和气流的速度三角形。水膜或者水滴在动叶尾缘脱落的瞬间,周向速度 $U_{pc1} = \omega r$ 与气流 U_c 相同,相对速度 U_{pw1} 远小于气流 U_w,水滴绝对速度 U_{pa1} 与气流 U_a 方向相差较大。水膜或者水滴在脱落之后,由于气动阻力作用,周向速度迅速降低,而相对速度迅速提高,这个过程大水滴发生剧烈破碎,短暂时间 t 后,水滴的相对速度和绝对速度方向将与气流接近,两相之间存在一定滑移速度,但不足以使水滴再发生严重变形和破碎。而静叶尾缘水滴的脱落,在水滴受气动力加速过程中发生剧烈破碎,但不像动叶情况中存在与

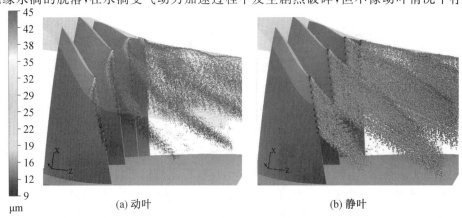

图 5.19　动叶与静叶尾缘释放大水滴轨迹与尺寸变化(彩图见附录)

气流之间的横向速度分量导致较大横向力,产生的新水滴也相对较大,运动轨迹与尾迹大致相同,没有严重偏移。作为对比,图 5.21 给出了 2 μm 的小水滴从动叶尾缘释放的轨迹,可见小水滴跟随气流运动状况良好,其运动轨迹与尾缘的涡流相吻合。

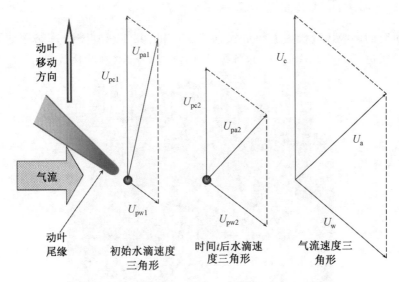

图 5.20　动叶尾缘释放水滴速度三角形变化

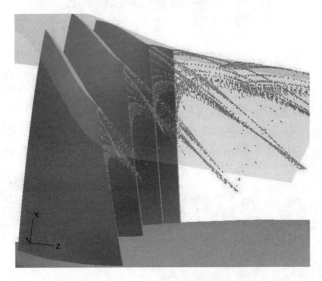

图 5.21　动叶尾缘小水滴轨迹

113

5.3 多级轴流压气机内水滴径向运动研究

5.3.1 多级压气机模型与边界条件

本书研究的多级压气机为五级低速轴流压气机，共 11 列叶片，其结构如图 5.22 所示。该压气机进气导叶叶片数为 54，各级动叶片数均为 43，静叶片数均为 60。

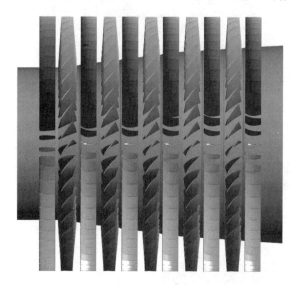

图 5.22　带进气导叶五级低速轴流压气机结构

五级低速轴流压气机各叶片通道采用多块结构化网格，根据叶片形状及通道进出口延长情况，在进口和出口块及通道内选择 H 形或 J 形网格，叶片周围布置 8 层 O 形网格，叶片顶部间隙在展向布置 6 层网格，网格单元总数 1 543 288。图 5.23 给出五级低速轴流压气机的计算网格，表 5.4 中给出各级的网格数。

图 5.23　五级低速轴流压气机计算网格

表 5.4　五级低速轴流压气机各级网格数

级数	导叶	第一级	第二级	第三级	第四级	第五级
级网格数	158 976	275 480	280 008	274 416	277 774	276 664
网格总数	1 543 318					

在压气机进口给定总温和总压,其值分别为 303.15 K 和 95 700 Pa。壁面边界为绝热、无滑移。在出口可给定静压或流量条件。额定转速 5 561 r/min,额定流量 40 kg/s,压比 2.05。

5.3.2　水滴在多级压气机内破碎与径向迁移

本节研究了气动破碎和撞击破碎对水滴在五级低速轴流压气机内的径向迁移的影响。

在压气机进口给定总温 303.15 K、总压 95 700 Pa,出口流量 40 kg/s;转速 5 561 r/min;壁面边界为绝热、无滑移。水滴由进口中径处沿轴向以速度 50 m/s 喷射,水滴直径分别为 3 μm、5 μm、10 μm、20 μm、30 μm、50 μm 和 100 μm 共七组。做两个算例,分别为只用 CAB 二次破碎模型考虑气动破碎和考虑气动破碎与撞壁破碎两种破碎方式。若水滴到达端壁则被捕捉,结束轨迹跟踪,水滴撞击叶片表面的法向和切向反弹系数均为 0.5。

图 5.24 中给出了考虑不同破碎方式时水滴在五级低速轴流压气机流道内的破碎与径向迁移情况。可见,水滴越小,径向迁移越弱,一直到压气机出口都不会有大的迁移量;较大水滴的径向迁移量则沿流向逐渐增大。

直径小于 30 μm 的水滴气动二次破碎很弱,可以忽略,表明这些水滴与气流之间的速度滑移还不足以使水滴发生气动破碎。直径 50 μm 和 100 μm 两组水滴气动破碎较为剧烈,表明两相之间的速度滑移较大,水滴发生很大的变形,不能维持稳定,发生二次破碎。50 μm 和 100 μm 两组水滴气动破碎产生的水滴直径范围分别为 19 ~ 49 μm 和 20 ~ 78 μm。

同时考虑气动破碎和撞壁破碎显然使得压气机出口水滴直径更小。考虑水滴撞壁破碎时,水滴在多级压气机流道内在与叶片发生碰撞后不断发生破碎,最终使得压气机出口水滴直径较小。只有直径 3 μm 组别的水滴可以较好地跟随气流,受撞壁破碎影响很小。各直径组别的水滴在不断撞壁破碎到达压气机出口时,最大的水滴直径大约为 30 μm,这表明,若考虑撞壁破碎,大于 30 μm 的水滴不断破碎后最终将变小,大水滴在压气机末几级将不存在。

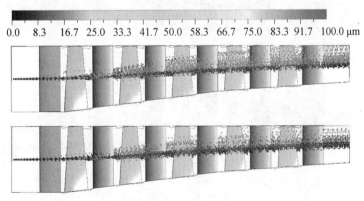

0.0　8.3　16.7　25.0　33.3　41.7　50.0　58.3　66.7　75.0　83.3　91.7　100.0 μm

(a) 各组水滴整体轨迹(上,气动破碎;下,气动和撞击破碎)

图 5.24　由进口 50% 叶高喷入水滴的运动轨迹(彩图见附录)

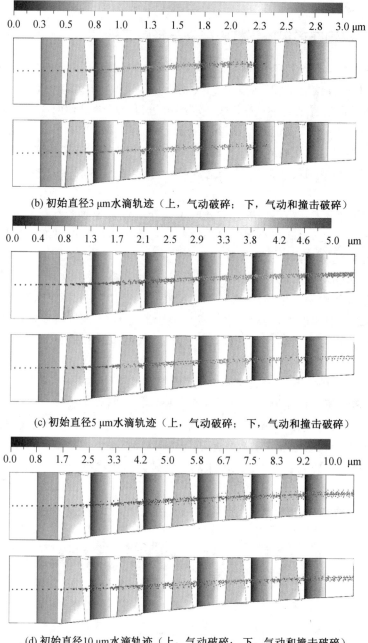

(b) 初始直径3 μm水滴轨迹（上，气动破碎；下，气动和撞击破碎）

(c) 初始直径5 μm水滴轨迹（上，气动破碎；下，气动和撞击破碎）

(d) 初始直径10 μm水滴轨迹（上，气动破碎；下，气动和撞击破碎）

续图 5.24

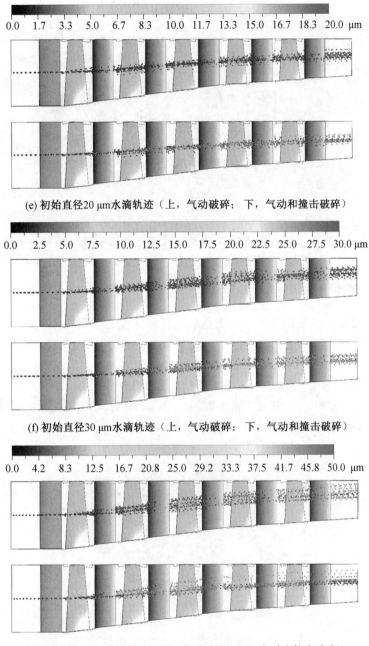

(e) 初始直径20 μm水滴轨迹（上，气动破碎；下，气动和撞击破碎）

(f) 初始直径30 μm水滴轨迹（上，气动破碎；下，气动和撞击破碎）

(g) 初始直径50 μm水滴轨迹（上，气动破碎；下，气动和撞击破碎）

续图 5.24

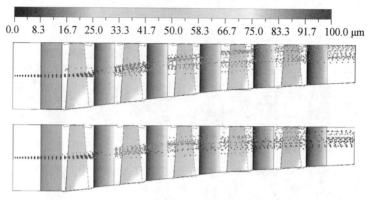

(h)初始直径100 μm水滴轨迹（上，气动破碎；下，气动和撞击破碎）

续图 5.24

5.4　离心压气机内水滴运动研究

5.4.1　离心压气机结构与网格拓扑

本节研究的离心压气机是由德国航空航天研究试验院(DFVLR)Krain设计的高亚声速离心压气机叶轮。该叶轮后掠角达30°,前缘间隙为0.5 mm,尾缘间隙为0.3 mm,24个叶片。设计压比为4.7,叶尖顶部速度为470 m/s,转速为22 363 r/min,设计流量为4 kg/s,对应的出口压力为2 659 78 Pa。进气压力为1 atm(101 325 Pa),温度为20 ℃。叶轮结构如图 5.25 所示,计算域网格如图 5.26 所示,在叶片周围布置10层O形网格,顶部间隙展向布置10层网格,网格单元总数为608 340,节点总数为651 115。

图 5.25　Krain 高亚声速离心压气机叶轮结构

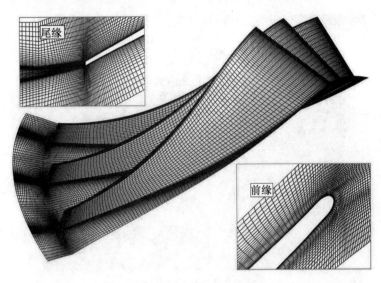

图 5.26　离心压气机计算域网格

5.4.2　离心压气机内水滴运动轨迹

本节对水滴在 Krain 高亚声速离心压气机内的轨迹进行研究。计算中,水滴由进口轴向喷入,喷射速度为 50 m/s,喷水量为 1%(相对于设计流量),水滴喷水平均直径为 10 μm,温度为 300 K。采用前述撞壁破碎模型考虑水滴撞击到叶片发生的破碎,水滴的法向和切向反弹系数均为 0.5。若水滴到达端壁则被捕捉,结束轨迹。

图 5.27 和图 5.28 中给出了水滴轨迹,分别展示水滴在通道内向压力面侧的横向迁移情况和沿叶高的径向迁移情况。可见,由于 Krain 高亚声速离心压气机转速高,水滴向压力面侧的聚集现象及在强离心力作用下的径向迁移现象都非常显著。大部分水滴将向叶轮的压力面侧聚集,大量水滴会被甩到端壁,只有较小水滴(小于 5 μm)才能较好地跟随气流顺利通过流道向下游运动。水滴由压力面脱落,使得尾缘后的水滴分布不均匀,呈现集中分布现象。

虽然计算中假定水滴在端壁被捕获,但可以预测,如果向高速离心叶轮内喷水,仅有很少水滴可以跟随气流,大部分水滴会聚集到叶片的压力面,形成细流或其他形式水分,并在较强离心力作用下甩到端壁,若叶轮存在顶部间隙,水分还会被压力面到吸力面的泄漏流吹到吸力面侧,并发生脱落和破碎。总之,高速离心压气机内的水滴分布会非常不均匀,这会对流场造成严重影响,因此,喷水时需要较细的雾滴颗粒,才能保证水分分布不会对流场造成不利影响。

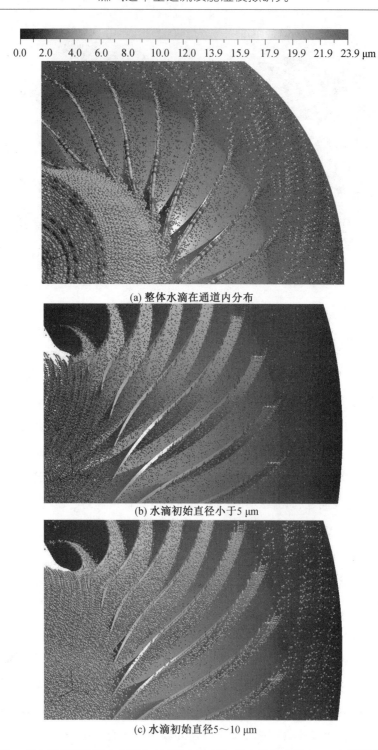

0.0 2.0 4.0 6.0 8.0 10.0 12.0 13.9 15.9 17.9 19.9 21.9 23.9 μm

(a) 整体水滴在通道内分布

(b) 水滴初始直径小于5 μm

(c) 水滴初始直径5～10 μm

图 5.27　离心压气机通道内水滴分布（喷水量 1％，喷水平均直径 10 μm）（彩图见附录）

(d) 水滴初始直径大于10 μm

续图 5.27

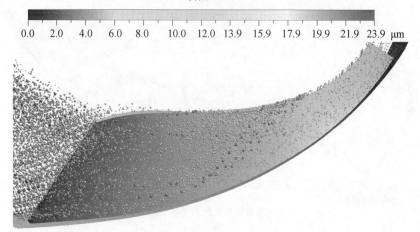

(a) 水滴径向迁移整体情况

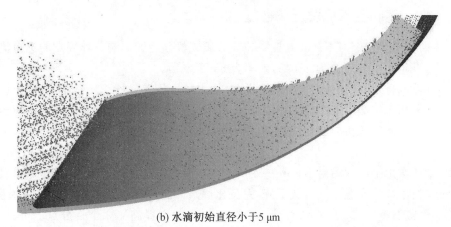

(b) 水滴初始直径小于5 μm

图 5.28　离心压气机通道内水滴径向迁移（喷水量 1%，喷水平均直径 10 μm）（彩图见附录）

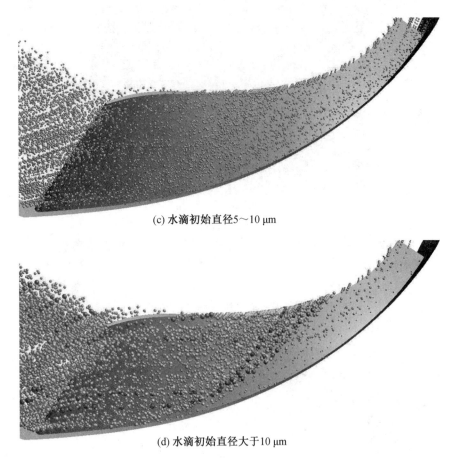

(c) 水滴初始直径5~10 μm

(d) 水滴初始直径大于10 μm

续图 5.28

5.4.3 离心压气机湿压缩性能

本节研究了湿压缩对 Krain 高亚声速离心压气机性能的影响。计算点的进口流量为设计流量 4 kg/s,试验压比为 4.048,效率为 85.2%。

水滴由进口沿轴向以速度 50 m/s 喷入,喷水量分别为 1%、2%、3%(相对于设计流量)。喷水平均直径为 5 μm,温度为 300 K。采用前述撞壁破碎模型考虑水滴撞击到叶片发生的破碎,水滴的法向和切向反弹系数均为 0.5;若水滴到达端壁则被捕捉,结束轨迹。

图 5.29 给出了湿压缩对 Krain 高亚声速离心压气机性能的影响。可见,随着喷水量增加,压气机出口气流温度呈直线下降,总压比逐渐升高,效率也有很大提高,喷水量 3% 可使出口气流温度下降 21.0 K,总压比升高 8.0%,效率提高 4.3 个百分点。可见,湿压缩对离心压气机的性能提高非常明显。

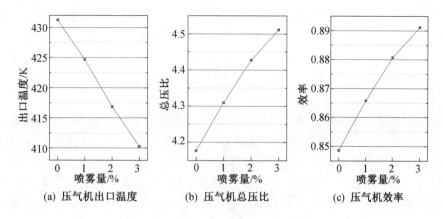

图 5.29　离心压气机进气喷水性能变化

5.5　本章小结

本章分析了压气机内水滴与气流间的速度滑移对二次破碎的影响。若气流中的水滴韦伯数高于临界值,就会发生破碎。较小水滴能够很好地跟随气流,相间速度滑移相对较小,难以使水滴发生较大变形,二次破碎影响小;而大水滴跟随气流能力差,相间速度滑移较大,非常容易使水滴发生变形,甚至发生强烈二次破碎。在高速压气机内,大水滴的气动力二次破碎会较强,对湿压缩产生较大影响,研究中需要加以考虑。

本章基于喷油撞壁理论,对压气机内水滴撞击叶片行为进行类似分析,根据撞击韦伯数不同将水滴撞击叶片后的行为分为黏附、反弹、铺展和喷溅等形态。根据压气机内气流的速度分布特点,水滴撞击叶片后主要发生铺展和喷溅两种现象。将该方法用于分析文献中跨声速静叶栅的喷水试验中观察到的现象,发现可以对不同撞击部位的不同现象进行很好的解释,表明该理论对于湿压缩中的水滴撞击叶片同样适用,可以用来对压气机内水滴的撞击行为进行分析。还对水膜在叶片表面的受力与运动情况进行了分析,水膜形态不同可能运动也不同,比如连续水膜与不连续细流,其受力不同会导致运动轨迹不同。

对 NASA rotor 37 进行进气喷水数值研究发现,喷水平均直径为 $10~\mu m$ 时,撞击到动叶片的水滴数已达 36%,这表明在研究高速压气机湿压缩时有必要考虑水滴撞击现象。但目前还没有普遍得到认可的方法可对压气机内水滴撞击叶片后破碎、形成离散或连续态水膜行为进行全面分析。本书对水滴 — 叶片作用机理问题进行了简化和假设,提出两种极端的情形分别进行研究,即:假设水滴撞击叶片后被捕获,并从叶片尾缘上半部以较大水滴形式释放,释放水滴质量沿径向按一定规律分布,这一方法可近似模拟叶片表面形成的水膜在尾缘破碎现象,忽略水滴撞壁破碎并反弹回流场;假设水滴撞击叶片后破碎产生更小的水滴,这一方法可近似模拟水滴撞壁破碎,忽略水膜形成。因 NASA rotor 37 流场温度较低,水滴蒸发很弱,且喷水量相对不高,两种方法得到的结果差别不大。

在动叶或静叶表面形成的水膜从尾缘脱落、破碎时,动叶的高速旋转使得脱落水膜在尾迹流破碎情况与静叶不同,通过设计数值试验对两种尾迹流中的水滴破碎进行对比。动叶尾缘脱落的大水滴气动力二次破碎剧烈,破碎后水滴直径小于 $20~\mu m$,水滴轨迹偏离气流尾迹。静叶尾缘脱落的大水滴在气动力作用下也发生强烈破碎,但大部分水滴直径在 $30~\mu m$ 左右,水滴轨迹与气流尾迹比较一致。水滴在动叶尾缘脱落时,在气动阻力作用下,周向速度降低,沿流向被加速,这个过程很迅速,导致大水滴破碎现象剧烈。水滴在静叶尾缘脱落时,在气动力加速过程中发生剧烈破碎,但不存在类似动叶内的横向速度差,新水滴相对较大,运动轨迹没有大的偏移。

本章还研究了五级低速轴流压气机内气动破碎和撞壁破碎对水滴破碎与径向迁移的影响。结果显示,一直到压气机出口小水滴都不会有大的迁移量,较大水滴径向迁移量则沿流向逐渐增大。水滴直径小于 $30~\mu m$ 时,与气流间的速度滑移不足以使水滴发生较多的气动破碎。当水滴直径较大时,如 $50~\mu m$ 和 $100~\mu m$ 两组水滴,相间速度滑移较大,气动破碎较为剧烈。若同时考虑气动破碎和撞壁破碎,水滴在多级压气机内会不断撞击叶片并发生破碎,最终使得压气机出口水滴直径较小,大水滴在压气机末几级将不存在。

离心压气机内运动水滴受到的离心力影响可能比轴流压气机更强,本章基于 Krain 高亚声速离心叶轮的研究证实了这一点。水滴向压力面侧的聚集现象及在强离心力作用下的径向迁移现象都非常显著,大量水滴会被甩到端壁,只有较小水滴(小于 $5~\mu m$)才能较好地跟随气流向下游运动。离心压气机内的水滴分布非常不均匀,会对流场造成更大影响,喷水时需要较细的雾滴颗粒。以水滴喷水平均直径 $5~\mu m$ 向 Krain 叶轮喷水,随喷水量增加,压气机出口气流温度呈直线下降,总压比和效率逐渐升高,湿压缩对离心压气机性能提高非常明显。

第6章 多级压气机湿压缩性能研究

向压气机喷射水雾等冷却液使水雾与气流发生直接接触并快速掺混,雾滴的蒸发过程可吸收大量热量,对气流进行很好的冷却,使压气机压缩过程的气流温度维持在相对较低的水平。这种所谓压气机湿压缩技术,既可以使压缩过程中气流温度随水滴不断蒸发而连续冷却,又没有使气流热量流失,能够显著减少压缩耗功,增加燃气透平功率输出,提高装置效率。

由于水滴在多级压气机内滞留时间相对较长,可使压气机获得更高的湿压缩收益。本章将对多级压气机不同转速下干、湿压缩的排气温度、压比、效率、比压缩功等特性进行对比分析。通过改变喷水量和喷水粒径等对湿压缩性能影响很大的参数,分析进气喷水对压气机性能的影响。喷入水滴对压缩气流不间断的蒸发冷却,使得湿压缩压气机相比干压缩具有其独特性,即功率分配呈现"前减后增"的特点,本章将对这一现象进行详细剖析。

6.1 多级压气机模型与水滴的运动

6.1.1 多级压气机模型

本章研究的多级压气机是第3章用到的五级低速轴流压气机(简称五级压气机)。

边界条件设置为压气机进口给定总温 303.15 K,总压 95 700 Pa;压气机出口可以给定静压或流量条件;壁面条件为绝热、无滑移。压气机额定转速为 5 561 r/min,额定流量为 40 kg/s,压比为 2.05。

6.1.2 水滴在多级压气机内运动

压气机工作状态:转速为 5 561 r/min,流量为 40 kg/s。进口喷水条件:喷水平均直径 10 μm,喷水量为 1%,喷射速度 10 m/s,水滴温度 300 K。采用 CAB 二次破碎模型考虑水滴在气流中可能发生的气动破碎(尽管此算例中气动破碎极微弱),采用第5章的撞壁破碎模型考虑水滴以不同角度撞击壁面后发生破碎产生的小水滴尺寸。

图 6.1 中给出水滴在五级压气机通道内的轨迹和尺寸变化。根据第5章对不同直径水滴在低速多级压气机通道内的离心运动分析可知,小于 20 μm 的水滴径向运动不显著,本算例计算结果也显示了这一趋势(图 6.1(a))。由于水滴运动具有惯性,在随气流折转过程中会明显偏离气流方向(图 6.1(b))。由图 6.1(c)第三级静叶通道内水滴的偏转可见,水滴运动轨迹会明显偏向叶片压力面,只有具有微米级直径的水滴才能较好地跟随气流在吸力面折转,大部分水滴将从叶片前半部开始逐渐偏离吸力面,直径越大,偏离也越

大。在叶片后部,可见压力面侧水滴非常密集,而吸力面侧水滴较为稀疏,大部分水滴都偏离吸力面较大。可以预见,如果喷水水滴更大,绝大部分会打到叶片的压力面上,而仅有较少量水滴会打到吸力面的前缘,不会打到吸力面的其他位置。动叶内水滴偏转与静叶有相同规律。

由于所研究的五级压气机压比较低,设计工况点仅有 2.05,压缩终了温度相对较低,而压气机长度也仅有 0.8 m 左右,高速水滴在较短距离内滞留时间相对较短,所以水滴在不高的流场温度下蒸发相对较慢,蒸发量也比较小。由图 6.1 可见,压气机进口水滴喷水平均直径为 10 μm,由于本书研究中假设水滴撞击叶片发生破碎,大部分水滴至出口位置时直径下降到了 5 μm 左右。

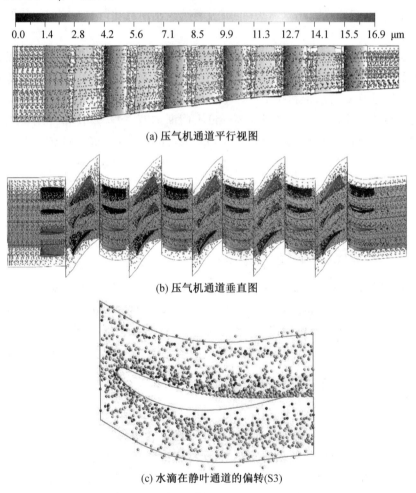

(a) 压气机通道平行视图

(b) 压气机通道垂直图

(c) 水滴在静叶通道的偏转(S3)

图 6.1　五级压气机通道内水滴轨迹和粒径分布(彩图见附录)

6.2　多级压气机湿压缩与干压缩特性比较

本节对多级压气机各转速($n=(0.6\sim1.0)n_0$,$n_0=5\ 561\ \text{r/min}$,额定转速)下湿压缩和干压缩的特性,如压气机出口气流温度、总压比、效率和压缩耗功进行了对比研究和分析。本节研究中,所有湿压缩工况的喷水条件保持相同,即压气机进气喷水条件为:喷水平均直径为 $10\ \mu\text{m}$,喷水量为 1%(相对于每个计算工况的进口空气流量),喷射速度为 $10\ \text{m/s}$,水滴初始温度为 300 K。CAB 二次破碎模型在本书计算中保持开启,考虑水滴在气流中可能发生的气动破碎;用第 5 章的水滴撞壁破碎模型考虑水滴以不同角度撞击壁面后发生破碎产生的小水滴尺寸。

图 6.2 为不同转速下,压气机干、湿压缩工况出口气流温度随进口流量的变化曲线。对比干、湿压缩各等转速线可见,在相同的流量条件下,水滴蒸发使气流压缩过程降温,湿压缩工况的出口气流温度都低于干压缩工况。压气机流量越小,湿压缩工况出口气流温度下降量越大;而在流量趋向堵塞值时,干、湿压缩工况的出口气流温度差值将会减小。在 $1.0n_0$ 转速下,喷水量 1% 使流量 40 kg/s 时出口气流温度由 373 K 下降到 357 K,下降幅度为 16 K;在趋向湿压缩失速点流量 34 kg/s 时出口气流温度由 387 K 下降到 368 K,下降幅度为 19 K;在趋向干压缩堵塞点流量 42.3 kg/s 时出口气流温度由 347 K 下降到 340 K,下降幅度为 7 K。在 $0.9n_0$、$0.8n_0$、$0.7n_0$ 和 $0.6n_0$ 转速下,对应湿压缩最小流量点,出口气流温度分别比同流量的干压缩工况下降 18 K、16 K、16 K 和 16 K。

图 6.3 为不同转速下,压气机干、湿压缩工况总压比随进口流量的变化曲线。对比干、湿压缩各等转速线可见,每个转速下湿压缩工况特性线都在干压缩上方,由于湿压缩过程水滴蒸发对气流有冷却作用,在相同的进口流量时,湿压缩工况的总压比都高于干压缩工况。从另一个角度来说,在相同压比下,湿压缩能够使压气机获得更多的进口流量。由数值模拟结果(或者可以称为压气机数值试验)可见,在各转速线下,压气机湿压缩工况的最小流量值可能要大于干压缩工况的最小流量值,也就是湿压缩使得压气机失速点流量提高,至少从压气机数值试验工作稳定性角度来看是这种情况。可见,在干压缩压气机流量低于某个值后,如果再进行喷水湿压缩并且维持该进口流量,则会使压气机进入失速状态。所以,虽然湿压缩可使压气机在相同流量条件下获得比干压缩更高的压比,但也使得压气机稳定工作流量范围缩小。另外,由图 6.3 可见,湿压缩也使得各转速下压气机的堵塞流量有所提高。在 $1.0n_0$ 转速、40 kg/s 工况点,湿压缩使得压比由 1.99 提高到 2.04;在 $0.9n_0$ 转速、36 kg/s 工况点,湿压缩使得压比由 1.72 提高到 1.77;在 $0.8n_0$ 转速、32 kg/s 工况点,湿压缩使得压比由 1.52 提高到 1.56;在 $0.7n_0$ 转速、28 kg/s 工况点,湿压缩使得压比由 1.36 提高到 1.39;在 $0.6n_0$ 转速、24 kg/s 工况点,湿压缩使得压比由 1.24 提高到1.26。另外,在图 6.3 中还根据计算结果作了干、湿压缩的等效率线,对应效率值分别为 75%、80% 和 85.5%。可见,湿压缩可以使压气机在更宽的流量范围内以较高的效率工作。

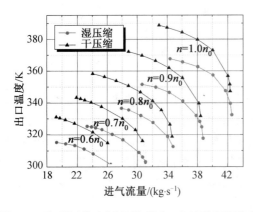
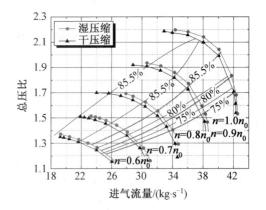

图 6.2　干、湿压缩对多级压气机出口气流温度的影响　　图 6.3　干、湿压缩对多级压气机特性的影响

　　图 6.4 为不同转速下,压气机干、湿压缩工况效率随进口流量的变化曲线。对比干、湿压缩各等转速线可见,各转速下湿压缩的效率曲线都位于干压缩上方,在相同的进口流量时,湿压缩工况的效率较干压缩工况大幅提高。在 $1.0n_0$ 转速、40 kg/s 工况点,湿压缩使得压气机效率由 83.7% 提高到 86.3%,提高了 2.6%。在 $1.0n_0$、$0.9n_0$、$0.8n_0$、$0.7n_0$ 和 $0.6n_0$ 转速下,压气机干、湿压缩对应的最高效率分别为 85.3%、87.6%、86.1%、88.5%、86.4%、89.1%、86.7%、89.5%、86.9%、90.0%,湿压缩效率分别提高了 2.3%、2.4%、2.7%、2.8%、3.1%。

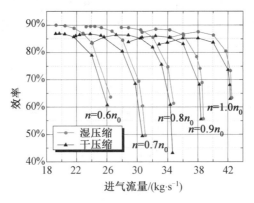

图 6.4　干、湿压缩对多级压气机效率的影响

　　图 6.5 为不同转速下,压气机干、湿压缩工况比压缩功随进口流量的变化曲线。可见,在相同进口流量条件下,由于湿压缩工况的压比要高于干压缩工况,所以湿压缩的比压缩功较干压缩高。由于图 6.5 中的曲线关系不足以说明干、湿压缩工况比压缩功的真正关系,于是在图 6.6 中给出比压缩功与压比的关系曲线来对干、湿比压缩功做比较。由图6.6 可见,在相同压比条件下,湿比压缩功要少于干压缩,即使以低于出口流量的进口空气流量来衡量,湿压缩耗功也要比相同压比的干压缩工况略低。另外,在相同比压缩功条件下,湿压缩可以获得比干压缩更高的压比。在 $n=1.0n_0$ 转速条件下,压比同为 2.19 时,干压缩消耗的比压缩功为 92.0 kJ/kg,湿压缩消耗的比压缩功为 88.1 kJ/kg,而两个工况点的进口流量分别为 32.9 kg/s 和 36.0 kg/s。可见,在相同压比条件下,湿压缩消耗

的比压缩功更少、流量更大,因而可以使燃气透平输出功率大大增加。

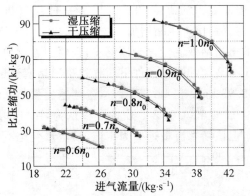

图 6.5　干、湿压缩对多级压气机比压缩功影响

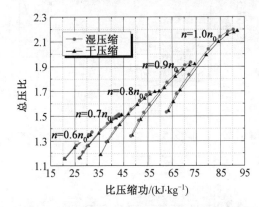

图 6.6　多级压气机干、湿压缩压比与比压缩功的关系

6.3　喷水量对压气机性能的影响

本节研究了多级压气机在 $n=1.0n_0$ 转速下,不同喷水量对湿压缩性能,如压气机出口气流温度、总压比、效率和比压缩功等的影响。压气机湿压缩工况进口喷水条件为:喷水平均直径为 10 μm,喷射速度为 10 m/s,水滴初始温度为 300 K,喷水量分别为 1%、2% 和 3%(相对于每个计算工况的进口空气流量)。

图 6.7 为不同喷水量条件下,干、湿压缩工况压气机出口气流温度随出口流量的变化曲线。可见,喷水量越多,压气机出口气流温度下降得越多。当压气机进口流量为 40 kg/s 时,喷水量 1%、2% 和 3% 可分别使压气机出口气流温度下降 16 K、31 K 和 42 K。当压气机进口流量为 36 kg/s 时,喷水量 1%、2% 和 3% 可分别使压气机出口气流温度下降19 K、37 K 和 50 K。

图 6.8 为不同喷水量条件下,干、湿压缩工况压气机总压比随出口流量的变化曲线。可见,在压气机出口流量相同时,喷水量越多,压气机总压比越大。但喷水量从 2% 增加到 3% 时,总压比增加量很小。当压气机进口流量为 40 kg/s 时,喷水量 1%、2% 和 3% 可分别使压气机出口流量增加 0.65%、1.38% 和 1.88%,总压比较干压缩分别增加0.050、

0.084和0.098,也就是总压比分别比干压缩增加2.50%、4.24%和4.93%。当压气机进口流量为 36 kg/s 时,喷水量1%、2% 和3% 可分别使压气机出口流量增加0.72%、1.53%和2.01%,总压比分别比干压缩增加1.21%、2.03%和2.07%。从图中还可以观察到,喷水可使压气机的出口堵塞流量比干压缩多,但喷水量增加并未使堵塞流量随之明显变化,也就是喷水量1%、2% 和3% 条件下压气机出口堵塞流量值变化不大,堵塞流量值分别为 42.77 kg/s、42.93 kg/s 和42.87 kg/s,各堵塞流量与三值的平均值 42.86 kg/s 的偏差分别为 0.20%、0.17% 和0.02%。由此可以认为,压气机湿压缩工况的出口堵塞流量值大于干压缩工况,但该堵塞流量近似为定值,喷水量变化不会使其显著改变。

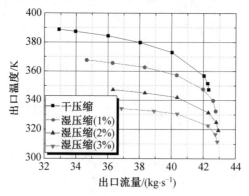

图 6.7   不同喷水量对压气机出口气流温度的影响

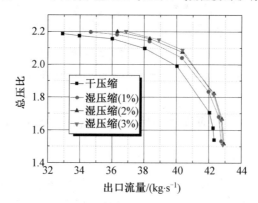

图 6.8   不同喷水量对压气机总压比的影响

从图6.8还可以发现这样一种现象:对于所研究的五级压气机,在$1.0n_0$转速条件下,干压缩和湿压缩所能达到的最高压比(也就是近数值失速点压比)比较接近,喷水量变化不会显著影响这一压比值(该值约为 2.2)。干压缩和喷水量分别为 1%、2% 和3% 的湿压缩工况所能达到的最高压比分别为2.187、2.198、2.200 和2.201 3,各压比与它们的平均值 2.196 的相对偏差分别为 0.43%、0.06%、0.15% 和0.21%。这个结果表明,干压缩和湿压缩工况的数值失速点对应的最高压比相差很小,即使喷水量较大,也仅能使湿压缩压气机的最高压比产生微小提高。虽然干、湿压缩所能达到的最高压比可能是极为接近的,但喷水量增加可以显著增加最高压比时的压气机出口流量,四个工况下对应的近失速点出口流量分别为32.9 kg/s、34.7 kg/s、36.3 kg/s 和36.9 kg/s,湿压缩工况比干压缩工况流量分别增加 5.47％、10.33％ 和 12.16％。

图 6.9 为不同喷水量条件下,干、湿压缩工况压气机效率随出口流量的变化曲线。可见,喷水量越大,相同出口流量下的效率提升越多,湿压缩可以使压气机工作在较高效率范围内。当压气机进口流量为 40 kg/s 时,喷水量 1％、2％ 和 3％ 可分别使压气机效率较干压缩分别提高 2.68％、4.40％ 和 5.28％。当压气机进口流量为 36 kg/s 时,喷水量 1％、2％ 和 3％ 可分别使压气机效率分别比干压缩提高 1.53％、2.63％ 和 3.68％。压气机干压缩和各喷水量湿压缩(喷水量由小到大)工况最高效率值分别为 85.3％、87.6％、88.7％ 和 89.3％。

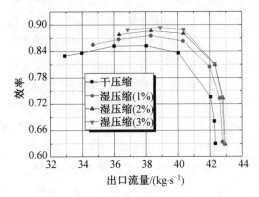

图 6.9　不同喷水量对压气机效率的影响

图 6.10 为不同喷水量条件下,压气机干、湿压缩工况比压缩功随出口流量的变化曲线。可见,在相同流量时,消耗比压缩功较干压缩高,这是因为在相同流量下湿压缩的压比较高,消耗了更多的比压缩功。图 6.11 给出压气机压比与比压缩功的关系曲线,可见,在相同比压缩功条件下,湿压缩可以获得比干压缩更高的压比。也就是说,在相同压比条件下,湿压缩耗功要低于干压缩,湿压缩要比干压缩"省力"。喷水量越大,相同压比条件下消耗的比压缩功越少,但耗功减少速率随喷水量的增加而变慢。

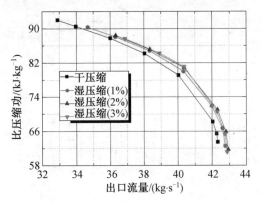

图 6.10　不同喷水量对比压缩功的影响

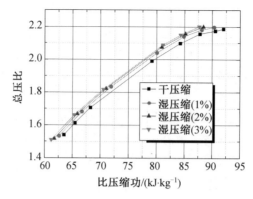

图 6.11　不同喷水量下压比与比压缩功的关系

6.4　湿压缩流场流线分析

本节选择 6.3 节中多级压气机额定转速下某些干、湿压缩工况点,对其叶片表面极限流线进行分析,研究湿压缩对压气机叶片表面分离情况的影响。

通过仔细观察各计算工况流场发现,除近堵塞流量的工况点,压气机干、湿压缩工况的叶片压力面极限流线没有发生分离,形态和分布相似,受喷水影响较小,因此本节主要针对叶片的吸力面极限流线进行分析,考察湿压缩对压气机叶片表面分离状况的影响。图 6.12～6.14 分别给出压气机进口流量为 40 kg/s、38 kg/s 和 36 kg/s 工况时干、湿压缩各级叶片吸力面极限流线拓扑,图 6.15 给出进口流量为 34 kg/s 工况时干压缩各级叶片吸力面极限流线拓扑,图 6.16 给出压气机干、湿压缩堵塞流量工况时各级叶片表面极限流线拓扑。

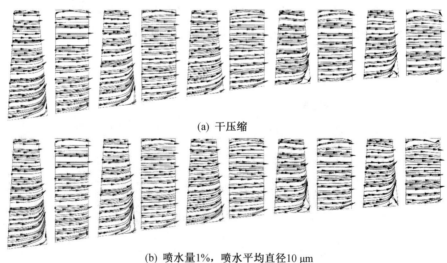

(a) 干压缩

(b) 喷水量1%,喷水平均直径10 μm

图 6.12　压气机进口流量为 40 kg/s 工况时干、湿压缩吸力面极限流线

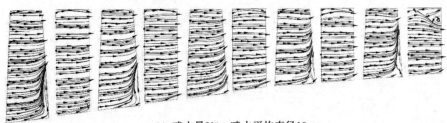

(c) 喷水量3%，喷水平均直径10 μm

续图 6.12

由图 6.12 中各级叶片吸力面流线可见，当压气机进口流量为 40 kg/s 时，干压缩工况的叶片吸力面没有发生大的分离，表明流场流动状况较好。与干压缩相比，当湿压缩工况喷水量为 1% 时，叶片吸力面流线分布没有发生明显变化。但当喷水量为 3% 时，湿压缩工况叶片吸力面流线发生了显著变化，最明显的是末级静叶片的吸力面上部发生了较严重的分离，而且各级动叶下部靠近尾缘的流线显示沿叶高方向的串流更加明显。由 6.3 节的结果分析可知，湿压缩使得压气机压比升高，出口流量增加，压气机负荷增大，特别是在喷水量为 3% 时，湿压缩工况的压比较干压缩提高 4.93%。压比的大幅提高导致压气机内流场逆压梯度增大，叶片表面的流线发生了相应变化，最终在局部发生了流动分离。

由图 6.13 中各级叶片吸力面流线形态可见，当压气机进口流量减小为 38 kg/s 时，干压缩工况的压比较 40 kg/s 工况增加，使得流线分布也发生相应变化，局部分离稍有增强，但仍没有发生严重分离。当喷水量为 1% 时，末级静叶片吸力面流线变化较明显，上端后部的分离区扩大，各级动叶下部靠近尾缘的串流稍有增强。当喷水量为 3% 时，末级静叶上部的分离变得严重，各级动叶片吸力面流线因径向串流继续加强，流动分离也非常明显。

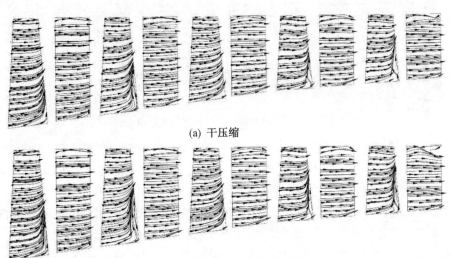

(a) 干压缩

(b) 喷水量1%，喷水平均直径10 μm

图 6.13　压气机进口流量为 38 kg/s 工况时干、湿压缩吸力面极限流线

133

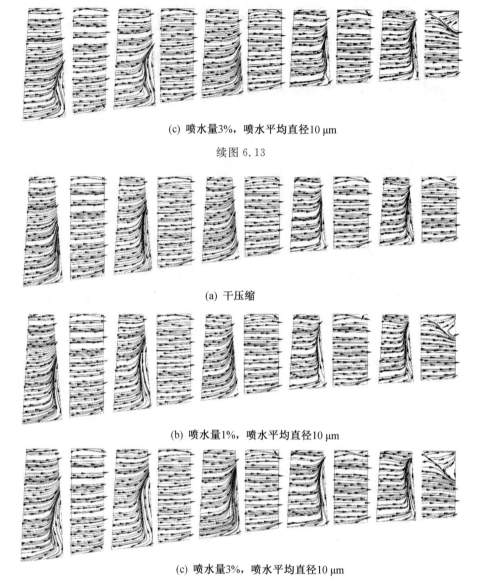

(c) 喷水量3%，喷水平均直径10 μm

续图 6.13

(a) 干压缩

(b) 喷水量1%，喷水平均直径10 μm

(c) 喷水量3%，喷水平均直径10 μm

图 6.14　压气机进口流量为 36 kg/s 工况时干、湿压缩吸力面极限流线

由图 6.14 可见，当压气机流量减小到 36 kg/s 时，干压缩的压比较高，导致动叶吸力面流线在尾缘沿叶高的串流非常强烈，但相对来说叶片表面分离不严重。末级静叶吸力面分离仍能保持很弱。该进口流量下，喷水量为 1% 和 3% 的湿压缩工况的末级静叶吸力面上部的流线分离非常严重，各级动叶尾缘径向串流强烈，流动分离较大。

对图 6.12 ~ 6.14 中不同进口流量的干、湿压缩工况叶片表面流线拓扑的分析表明，在相同进口流量下，湿压缩工况的流动分离比干压缩工况更加强烈，因为相同进口流量时湿压缩工况的压比要比干压缩工况高，同时湿压缩工况的出口流量也比干压缩大。

由图 6.15 可见,当压气机干压缩流量减小到 34 kg/s 时,较高的压比导致各级叶片吸力面的流线分离相对严重。通过对比可以发现,36 kg/s、喷水量 1% 的湿压缩工况与 34 kg/s 的干压缩工况的末两级叶片吸力面的流线分布非常相似,由前面结果知两个工况的压比分别为 2.175 和 2.182,相差很小。而 36 kg/s、喷水量 1% 的湿压缩工况前面级的分离比 34 kg/s 的干压缩工况要较弱,其前面级流线分布更接近于 36 kg/s 的干压缩工况。湿压缩工况叶片表面流线分布情况表明,水滴在压气机的前面级内的累积蒸发量还较少,对这些级的流场影响较弱,而末几级的累积蒸发量最大,冷却效果的累积效应显著,这导致湿压缩压气机前面级的压力场和速度场更接近相同流量的干压缩工况的前面级,而末几级的压力场和速度场更接近于与湿压缩压比接近的干压缩工况的后面级。

图 6.16 中,干压缩堵塞工况流量为 42.3 kg/s;湿压缩(喷水量 1%)堵塞工况进口流量为 42.5 kg/s,出口流量为 42.8 kg/s。由图可见,压气机的干、湿压缩堵塞工况叶片表面流线非常相似。这表明,压气机干、湿压缩堵塞工况点的流场非常接近。

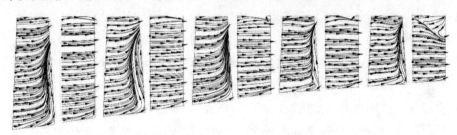

图 6.15　压气机进口流量为 34 kg/s 工况时干压缩吸力面极限流线

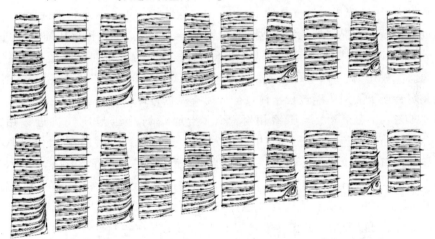

(a) 吸力面极限流线(上,干压缩;下,湿压缩。喷水量1%,喷水平均直径10 μm)

图 6.16　压气机干、湿压缩堵塞流量工况时叶片表面极限流线

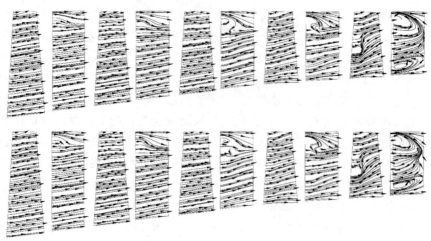

(b)压力面极限流线（上，干压缩；下，湿压缩。喷水量1%，喷水平均直径10 μm）

续图 6.16

6.5 湿压缩压气机负荷分配分析

在多级压气机进气喷水湿压缩过程中,水滴的蒸发是一个渐进过程,这使得压气机前面级水滴总蒸发量较少,气流受到冷却的累积效应较弱,则这些级的工作状态将更接近与湿压缩有相同进口流量的干压缩工况的前面级;而压气机后面级的水滴蒸发冷却的累积效应达到最大,压比较相同进气量的干压缩升高,这些级的工作状态将更接近于与湿压缩压比相近的干压缩工况的末几级。这就导致同干压缩相比,压气机湿压缩工作过程将处于负荷分配"前减后增"的状态。可以将湿压缩过程这一特征更加一般化,即只要压气机内有液滴蒸发存在,就会同时存在或轻或重的整体或局部的负荷"前减后增"。本节将对压气机额定转速下的湿压缩过程整体负荷分配特点进行详细分析。

图 6.17 给出三个干、湿压缩相对总压(当地平均总压与压气机进口给定总压95 700 Pa 的比值)沿流向的变化,图中各点为各列叶片通道的进口和出口位置平均值,即从进口导叶进口至第五级静叶出口。图中的湿压缩工况进口流量 36 kg/s、喷水量 1%,干压缩工况进口流量分别为 36 kg/s 和 34 kg/s,它们分别与湿压缩工况的进口流量和压比大致相同。结果显示,湿压缩工况在前面级压力低于干压缩工况(34 kg/s 和36 kg/s)。为了可以清楚观察湿压缩工况与干压缩工况在各断面的压力相对大小情况,在图 6.18 中给出各断面位置湿压缩工况平均总压力与对应干压缩各处平均总压力的差值。可以发现,湿压缩工况的总压在前面级低于干压缩工况,具体表现为第二级出口总压仍略低于 36 kg/s 干压缩工况对应位置的总压,前四级总压都低于 34 kg/s 干压缩工况对应位置的总压,最大幅度超过 1 kPa。结果分析表明,多级压气机在进行喷水湿压缩时,虽然其总压比高于相同进口流量的干压缩,但在前面级的总压要低于干压缩工况;若与相同压比的干压缩工况比较,湿压缩工况前面级总压将会一直低于干压缩工况,直到压气机的末级才能赶上干压缩。

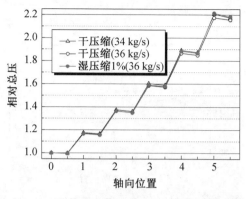

图 6.17   压气机干、湿压缩相对总压沿流向变化

图 6.18 为进口流量 36 kg/s 的干、湿压缩两个工况的轴向总压差值的变化。可以推测,湿压缩前面级总压低于干压缩的主要原因应该是喷入水滴带来了一定的总压损失。为了考察压气机内气流携带喷入水滴所产生的总压损失,特设计一个惰性水滴颗粒负载流算例。在算例中,假定喷入水滴与气流之间只发生动量交换,不考虑相变及两相之间的传热。为了能够与湿压缩流场更近似,算例中采用与湿压缩计算中相同的水滴气动破碎和撞击破碎模型,水滴撞壁反弹条件设置也与湿压缩计算相同。计算工况进气流量为 36 kg/s,边界条件与干压缩相同,压气机进口给定总压、总温,出口给定流量条件。

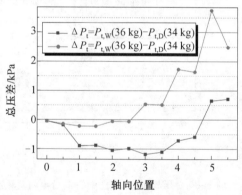

图 6.18   压气机干、湿压缩总压差值沿流向变化

图 6.19 中给出了水滴负载流算例与干压缩工况在各断面位置压力的差值,表示水滴对流场总压的影响,并与干、湿压缩工况在各断面位置压力的差值做对比。由图中结果可见,由于要携带水滴颗粒,气流的沿程总压产生了一定的损失。水滴颗粒导致的总压损失包括气流携带水滴付出的代价和水滴撞击叶片表面后损失的部分能量,另外,水滴撞击到端壁被捕捉使得水滴动能全部损失。有水滴负载时出口总压比干压缩工况下降 2 946 Pa,相当于干压缩出口总压的 1.4%,虽然在考虑水滴蒸发的情况下总压损失要小于这个比例,但这也表明水滴使气流产生了一定的总压损失,这使得湿压缩的效力受到一定损耗。

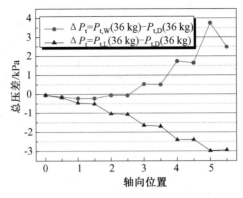

图 6.19 压气机干、湿压缩总压差值沿流向变化

图 6.20 中给出压气机进口流量 34 kg/s、36 kg/s 的干、湿压缩工况沿流向各断面位置的平均总温变化。可见,在整个压缩过程,两个干压缩工况对应位置之间的总温差距都变化很小,在第五级出口两工况之间温差仅有 2.7 K。由于水滴的蒸发冷却作用,压气机湿压缩工况(36 kg/s,喷水分别 1% 和 3%)气流温降非常明显,温降累积量沿流向越来越大,在压气机出口总温比两个干压缩工况分别降低 20 K 左右和 45 K 左右。

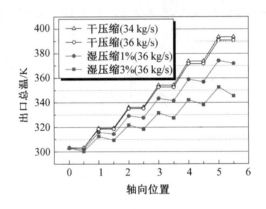

图 6.20 压气机干、湿压缩总温沿流向变化

图 6.21 中给出进口流量 34 kg/s、36 kg/s 的干、湿压缩工况在流向各断面位置的平均轴向速度的比较。由于轴向速度与体积流量成正比,可以通过研究轴向速度沿流向的变化来考察湿压缩的体积流量沿流向变化的特点,并对比分析其与干压缩的不同。之所以选择这两个流量的干、湿压缩进行比较,是由于流量 34 kg/s 的干压缩压比较高,已经接近干压缩最高压比,而进口流量 36 kg/s 的湿压缩的压比将随喷水量的增加逐渐升高,在喷水量为 3% 时压比已经接近湿压缩所能达到最高压比,可以流量 34 kg/s、36 kg/s 的干压缩工况作为基准,研究湿压缩工况的体积流量的变化趋势,分析湿压缩的工作特点。

在转速不变的条件下,如果轴向速度小,对应的体积流量就小,同样,如果轴向速度增大,则对应体积流量也同比例增大。由图 6.21 可见,湿压缩工况前面级(第二级静叶之前,图中用粗点线标明其位置)的轴向速度与相同进口流量(36 kg/s)的干压缩比较接近。这是因为此时喷入水滴的总蒸发量还较少,对气流冷却程度较低(图 6.20),体积流

138

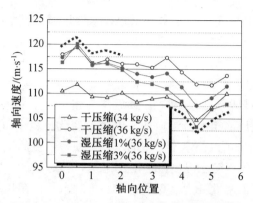

图 6.21　压气机干、湿压缩轴向速度沿流向变化

量尚未发生较大变化,从而使得轴向速度与相同进气量的干压缩工况较为接近。随着水滴总蒸发量增加,气流受冷却的累积效应越来越显著,相比相同进气量的干压缩,湿压缩的体积流量下降更为快速,气流轴向流速也相比较低。喷水量越多,体积流量下降越多,同样,轴向速度的下降也越快。由图可见,喷水量 1% 的湿压缩工况的末两级轴向速度比流量 36 kg/s 的干压缩低,但要高于流量 34 kg/s 的干压缩(与湿压缩压比接近)。当喷水量达到 3% 时,湿压缩工况的末两级轴向速度(图中用粗点线标明其位置)更加接近流量为 34 kg/s 的干压缩,并在末级低于干压缩工况,两个工况的体积流量较为接近,但湿压缩工况压比更高一些,已经接近最高压比。由以上分析可知,进气喷水的湿压缩压气机前面级的体积流量与同流量的干压缩很相近,而随着压比的升高,后面级的体积流量要比同流量干压缩下降更快,到末几级下降量达到最大,这时的体积流量将趋向与湿压缩压比相同的干压缩工况,但由于湿压缩工况温度较低,其体积流量要高于同压比的干压缩。随着喷水量增加,湿压缩工况前面级体积流量仍与同进气质量流量的干压缩相近,但末几级的体积流量将继续降低,逐渐趋向湿压缩所能达到的最高压比。简单来说,以体积流量衡量,湿压缩压气机的工作特点是前面级更接近低压比的干压缩工况,而后面级将更接近高压比的干压缩工况,在进口流量较大、喷水量足够大的条件下,湿压缩压气机的前面级体积流量将接近堵塞点,而末几级的体积流量将接近失速点。体积流量可以反映多级压气机的工作状态、流场情况,也可反映压气机的负荷分配。以上对湿压缩体积流量沿流向变化的特点表明,多级轴流压气机的湿压缩工况的负荷分配与干压缩工况相比会呈现"前减后增"的特点,特别是与具有相同压比的干压缩工况相比较,湿压缩更能突显这一特点。

本书研究的五级轴流压气机压比较低,速度较低,流量范围较大,可以对较宽的喷水条件进行研究和分析。而工业燃气透平的多级轴流压气机一般具有很高的设计压比,特性线非常陡,流量变化范围很窄,多级轴流压气机的工作范围较窄。尤其在高转速的条件下,压气机流量的微小改变都会使压升比发生很大的变化。而湿压缩能够显著改变多级压气机的压比或者流量,比如在保持进口流量不变的条件下,湿压缩使得压气机的压比提升,这可能会导致多级压气机的末几级进入失速状态。多级轴流压气机特性线的特点之一就是设计压比越高,特性线就越陡峭,而现代燃气透平往往具有较高的设计压比,所以在使用湿压缩技术时需要特别注意选择压气机的工作条件和喷水条件。

图 6.22 给出了进口流量 34 kg/s、36 kg/s 干、湿压缩工况中压气机各级动叶的负荷分配（或功率分配）情况。由图可见，两干压缩工况对应动叶负荷比例较为接近，而湿压缩工况的功率分配相比干压缩工况（分别与湿压缩进气量相同或压比相同），前面级动叶负荷比例降低，后面级动叶负荷比例提高，而且喷水量越大，这种状况越显著。这个结果与上面分析的湿压缩过程负荷分配"前减后增"相一致。图 6.23 给出了进口流量 34 kg/s、36 kg/s 干、湿压缩工况沿流向的气流密度变化。由图可见，压气机湿压缩过程水滴蒸发对气流的冷却作用以及蒸发产生的水蒸气使得气流的密度相比干压缩工况显著增加。流量 34 kg/s 的干压缩工况出口密度比流量 36 kg/s 干压缩工况仅提高 0.6%，而喷水 1% 和 3% 使得气流密度分别提高了 6.0% 和 14.7%。湿压缩对提高压气机出口气流密度的效果非常明显，这对于提高燃气透平的功率密度非常重要。

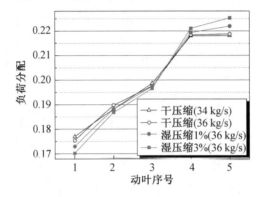

图 6.22　压气机干、湿压缩各级动叶片负荷分配

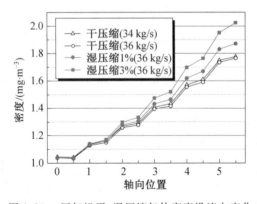

图 6.23　压气机干、湿压缩气体密度沿流向变化

图 6.24 给出了压气机进口流量 34 kg/s、36 kg/s 干、湿压缩工况前两级 50% 叶高 B2B 截面的轴向速度分布云图。由图 6.24(a)、(b) 可见，进口流量 36 kg/s 的干压缩和湿压缩（喷水量 3%）的轴向速度场在第二级静叶之前非常接近；由图 6.24(c) 可见，进口流量 34 kg/s 的干压缩的前两级轴向流速明显低于湿压缩，说明湿压缩的体积流量更大。图 6.25 给出了压气机进口流量 34 kg/s、36 kg/s 干、湿压缩工况第一级动叶的出口截面轴向速度分布云图。可见，相同流量的干、湿压缩工况动叶出口截面的轴向速度分布很相似，而进口流量为 34 kg/s 的干压缩工况在该截面的轴向速度要比进口流量 36 kg/s 干、

湿压缩工况略低,表明其体积流量也低一些。

0　15　30　45　60　75　90　105　120　135　150　165　180 μm

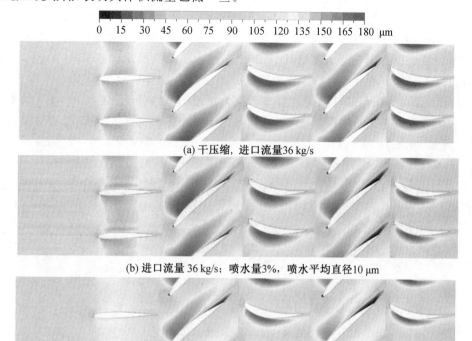

(a) 干压缩,进口流量36 kg/s

(b) 进口流量 36 kg/s;喷水量3%,喷水平均直径10 μm

(c) 干压缩,进口流量34 kg/s

图 6.24　压气机前两级 50% 叶高 B2B 截面轴向速度分布云图(彩图见附录)

0　12　23　35　47　58　70　82　93　105　117　128　140 μm

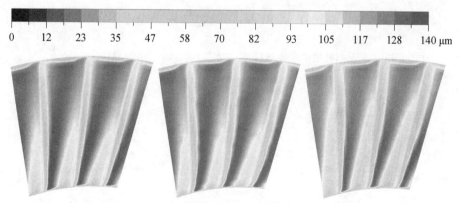

(a) 干压缩,进口流量 36 kg/s　(b) 进口流量36 kg/s;喷水量3%,　(c) 干压缩,进口流量 34 kg/s
喷水平均直径10 μm

图 6.25　压气机第一级动叶出口轴向速度分布云图(彩图见附录)

　　图 6.26 给出了压气机进口流量 34 kg/s、36 kg/s 干、湿压缩工况末两级 50% 叶高 B2B 截面的轴向速度分布云图。由图 6.26(b)、(c) 可见,两个轴向速度场的分布接近,都要比图 6.26(a) 中的轴向速度更低,说明后者的体积流量较大。由多级压气机的特点可知,后者的压比也要明显低于前两者。图 6.27 给出了压气机进口流量 34 kg/s、36 kg/s 干、湿压缩工况末级动叶的出口面轴向速度分布云图。由图可见,湿压缩与流量 34 kg/s 的干压缩工况在该截面的轴向速度分布要更为接近,并且略低于流量 36 kg/s 的干压缩工况,表明湿压缩工况的体积流量与 34 kg/s 的干压缩体积流量更接近,二者体积流量都要低于流量 36 kg/s 的干压缩工况。这与三个工况的压比对应关系相一致。

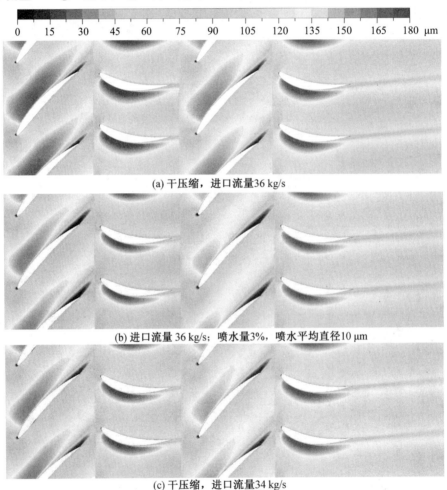

(a) 干压缩,进口流量36 kg/s

(b) 进口流量 36 kg/s;喷水量3%,喷水平均直径10 μm

(c) 干压缩,进口流量34 kg/s

图 6.26　压气机末两级 50% 叶高 B2B 截面轴向速度分布云图(彩图见附录)

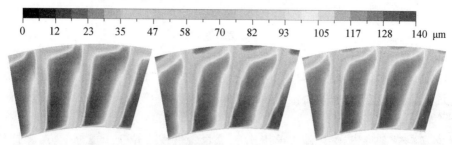

(a) 干压缩，进口流量 36 kg/s　(b) 进口流量 36 kg/s；喷水3%，(c) 干压缩，进口流量 34 kg/s
　　　　　　　　　　　　喷水平均直径10 μm

图 6.27　压气机第五级动叶出口轴向速度分布云图（彩图见附录）

6.6　水滴尺寸对湿压缩效果的影响

本节研究了多级压气机在额定转速下，不同喷水平均直径对湿压缩性能的影响。在研究中，压气机进口条件给定与前面各节相同的总温、总压，出口给定恒定的平均静压（干压缩时流量值为 40 kg/s 的出口静压）。湿压缩工况进口喷水条件为：喷水平均直径包括 5 μm、10 μm、15 μm，喷射速度 10 m/s，水滴初始温度 300 K，喷水量分别为 1%、2% 和 3%（相对于干压缩工况的进气空气流量 40 kg/s）。CAB 二次破碎模型保持开启，考虑水滴在气流中可能发生的气动破碎；用水滴撞壁破碎模型考虑水滴以不同角度撞击壁面后发生破碎产生的小水滴尺寸。

图 6.28 为多级压气机在不同的喷水直径条件下，出口流量、出口气流温度、效率和比压缩功随喷水量的变化曲线。可见，在喷水量一定的条件下，水滴喷水平均直径越小，压气机出口流量越大，喷水平均直径 5 μm、喷水量 1% 工况的出口流量已经超过喷水平均直径15 μm、喷水量 3% 的工况；喷水直径越小，压气机出口气流温度下降得越多，但出口气流温度受喷水量影响更大；较小的喷水直径可使压气机获得更高的效率；水滴喷水平均直径越小，可使压气机温降越大，压气机比压缩功就越少。由于在本章所有算例中，压气机的出口都给定相同的平均静压，而进口总压恒定，所以压气机的总压比不会有很大变化，可认为保持恒定（约 2.044）。由上述分析可得出，在总压比不变的情况下，随喷水量增加、喷水直径减小，压气机出口流量增加，出口气流温度大幅下降，效率明显提高，比压缩功下降，较小的喷水平均直径对压气机性能提升更为明显。

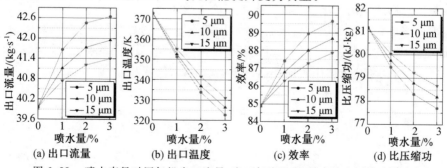

(a) 出口流量　　　(b) 出口温度　　　(c) 效率　　　(d) 比压缩功

图 6.28　喷水直径对压气机出口流量、出口气流温度、效率及比压缩功影响

6.7　本章小结

本章研究了多级轴流压气机的进气喷水湿压缩的特性,并与干压缩特性进行对比分析;研究了喷水量和喷水直径对湿压缩性能的影响;对湿压缩压气机工作过程负荷的"前减后增"特点进行了分析。

在各等转速条件下,湿压缩工况压比－流量特性线都位于干压缩上方,保持相同的进口流量时,湿压缩可获得比干压缩更高的总压比。或者说,在同一压比下,湿压缩能够使压气机获得更多的进口流量。但湿压缩可能使得压气机的最小流量值大于干压缩工况最小流量值,即湿压缩使压气机失速点流量提高。另外,湿压缩也使压气机的堵塞流量有所提高。湿压缩可以使压气机在更宽的流量范围内以较高的效率工作。相同进口流量条件下,湿压缩工况出口气流温度因水滴蒸发降温作用而大大低于干压缩工况,流量越小,湿压缩工况出口气流温度下降越多;而在流量趋向堵塞值时,干、湿压缩工况出口气流温度差别将会减小。各转速下湿压缩的效率－流量曲线都位于干压缩上方,湿压缩使得压气机效率较干压缩工况大幅提高。在相同压比条件下,湿压缩可有效降低比压缩功,也可以说,湿压缩可使压气机以相同比压缩功获得比干压缩更高的压比,这样,湿压缩既可以减少比压缩功,又可以增加压气机流量,因而可使燃气透平输出功率大大增加。

多级压气机喷水量越多,出口气流温度下降越多,压气机总压比提升越多。喷水还使得压气机的出口堵塞流量比干压缩有所增加,但喷水量继续增加并未使堵塞流量有明显变化,可认为同干压缩特性相同,压气机湿压缩工况的出口堵塞流量值近似为定值。在给定转速下,干、湿压缩所能达到的最高压比(也就是近数值失速点的压比)接近,不受喷水量显著影响,但喷水量增加可以增加最高压比时的压气机出口流量。喷水量越大,相同压比下消耗的比压缩功越少,相同出口流量下的效率提升越多,湿压缩可以使压气机工作在较高效率范围内。在压比不变的条件下,随喷水量增加、喷水直径减小,温度受冷却程度越高,压气机出口流量增加越多,比压缩功下降越多,效率提高越明显。

湿压缩压气机前面级的体积流量与同流量的干压缩相近,末几级的体积流量却趋向与湿压缩压比相同的干压缩工况。随着喷水量增加,湿压缩工况前面级的体积流量仍与相同进气的干压缩相近,但末几级的体积流量将逐渐趋向湿压缩所能达到的最高压比的体积流量值。以体积流量衡量,湿压缩压气机的前面级更接近低压比的干压缩工况,而后面级更接近高压比的干压缩工况。在进口流量较大、喷水量足够大的条件下,湿压缩压气机的前面级体积流量将接近堵塞点,而末几级的体积流量将接近失速点。多级轴流压气机湿压缩工况的负荷分配与干压缩工况相比呈现"前减后增"的特点,前面级动叶负荷比例下降,后面级动叶负荷比例提高,而且喷水量越大越明显。

第7章　燃气透平全通流模拟及喷水数值模拟

　　工业燃气透平或航空发动机装置作为一个有机整体,一般都是庞大而复杂的,其内部通流异常复杂,包含大量物理现象:压气机和涡轮作为高速旋转部件,其内部流动具有高雷诺数和高马赫数的特点,动、静叶片表面的附面层流动、叶顶间隙的泄漏流动非常复杂;在燃烧室中发生燃烧化学反应,该过程中反应物和生成物种类繁多,复杂的中间反应过程的机理及中间产物更加难以掌握,这里的流体流动以多组分分离流和自由湍流为主要特点。另外,压气机常常带有抽气装置用于优化流动和后面涡轮的冷却;涡轮进气温度较高,进气导叶和部分级需要有复杂的内部冷却结构来组织冷却气流。而现代新型燃气透平的燃烧室为了能够对燃烧进行很好的组织,其结构往往也是非常复杂的。可想而知,要对如此复杂的燃气透平整机进行数值研究,首先要有强大的超级计算能力,并且要对模型进行预先的详细分析,对流动细节和现象考虑足够全面,才能得到较为合理的模拟结果。

　　很显然,对于小型研究团队来说,缺少足够的经费和整合力量进行复杂的现代燃气透平的整机数值模拟,而且对于仅进行基本的燃气透平性能预测来说又无须如此庞大的计算。为了能够研究喷水对于整台燃气透平性能及其部件性能的影响以及对于污染排放的影响,在本书研究中选择一台小型的涡喷发动机作为研究对象。该小型单轴涡喷发动机结构简单,压气机级数少,仅有三级,而且没有抽气结构;涡轮也仅有一级,而且没有气模冷却等复杂内部冷却结构;燃烧室采用短直环形,没有回流结构。这样一台小型燃气透平非常适合进行一些基本的发动机性能预测和现象演示的数值计算,显然也非常适合作为本书研究的对象,通过对其进行未喷水与喷水的数值模拟,对比分析喷水对其性能的影响。

7.1　燃气透平整机数值研究的进展

　　目前,CFD(计算流体力学)在燃气透平设计方面的应用通常仅限于对压气机、燃烧室或涡轮的单个独立部件进行模拟,而且对单个部件模拟时也常常对模型进行适当简化,比如对压气机不考虑抽气,对涡轮不考虑内部复杂的冷却结构(单独研究涡轮冷却技术的除外),对燃烧室复杂的二次气流掺混孔、隙进行适当简化。在燃气透平设计中,各个部件之间互相影响,相互匹配,如果把它们简单地视为孤立部件,就会在燃气透平设计中产生偏差,需要不断地进行调整,耗费大量资源。因此,在燃气透平研究和设计中,能够把所有通流部件作为一个有机集成的系统是非常有必要的。要想对整台燃气透平内部流动进行CFD数值模拟并获得良好模拟效果,其基本要求就是应用此物理模型能够合理地对各部件不同特点的流动进行计算,并且能够对各部件之间的耦合作用进行有效模拟。

　　目前,随着高性能计算机技术和先进数值计算技术的不断发展,对燃气透平进行整机的高保真、全物理和全系统的三维数值模拟的研究逐渐成为可能,并且将成为未来燃气透平设计的发展趋势,而这对于一直追求缩短燃气透平研发周期和降低研发成本的燃气透平行业来说无疑是一次意义极大的技术革命。目前,在大型燃气透平(特别是航空发动机)全系统的 CFD 研究方面,斯坦福大学湍流综合模拟中心(CITS)和 NASA 格伦研究中心(NASA GRC)分别做了大量深入的研究,并取得了初步的成功,为将来更加成熟的应用研究奠定了基础。

7.1.1　斯坦福大学湍流综合模拟中心航空发动机 CFD 整机研究

1996 年,美国能源部提出"加速战略计算创新"(ASCI)计划,目的是开发先进数值计算和模拟能力,用计算机模拟仿真来取代地下核试验,对新式核武器设计进行计算机模拟,以及模拟老化对已有和新设计核武器的影响。为满足这种模拟试验可靠性要求,提出一系列相关合作计划,而"学术界战略联盟计划"(ASAP)所属五所大学研究中心的任务是开发与核武器模拟相似的模拟仿真能力。加州理工学院"材料动态响应模拟中心(CSDRF)"的目标是构建一个问题解决环境(虚拟试验设备),对受到冲击波压缩的材料的动态响应进行三维并行计算。芝加哥大学"天体物理学热核闪耀中心(CATF)"着力开发高性能多物理科学的模拟程序"FLASH",用来研究致密星如中子星和白矮星的表面,以及白矮星的内部热核燃烧过程。犹他大学"意外火灾与爆炸模拟中心(CSAFE)"致力于多学科复杂物理现象模拟的前沿研究,包括各种反应流动、材料特性、多材料耦合作用,以及原子级别的化学反应和高能材料爆炸等。伊利诺伊斯大学"先进火箭模拟中心(CSAR)"的目标是对固体推进剂火箭全系统进行综合模拟。斯坦福大学"湍流综合模拟中心"的目的是开发高性能计算技术,利用大规模并行计算对航空发动机内部流动和燃烧过程进行整机多物理的数值模拟。

美国主要航空发动机制造商都是 CITS 项目的参与者,并为该项目提供相关的燃气透平几何结构、试验数据、经验参数,对各自独立拥有的流动模拟程序的评估,以及提供技术人员等,航空发动机制造商们都寄希望于这项超级模拟技术能够给航空业带来航空发动机研发的突破。CITS 项目预期目标是在 2007 年之前实现对整机的初步模拟,目前这一目标已基本实现。基于这项技术,发动机设计者就可能利用模拟结果检验复杂的非设计工况,这对发动机性能和可靠性极为重要。因而,这项技术可以大大减少试验阶段所需的时间和费用,从而增强美国航空发动机工业的竞争力。通过该项目发展先进计算技术,为航空发动机设计以及其他相关行业提供先进计算方法。CITS 所进行的燃气透平整体数值模拟研究的对象是 P&W 6000 涡扇发动机(图 7.1),该发动机是轴流双转子涡扇发动机,通流结构包括一级风扇、四级低压压气机、六级高压压气机、环形燃烧室、一级高压透平和三级低压透平,以及其他相关附属通流结构。

对燃气透平不同部件采用不同的、各自独立的求解方法和求解器,这样可以保证对各具不同特点和功能的部件进行最优求解。整机模拟采用 LES-RANS 混合求解器方式,各求解器数值方法和模型不同,各自分离但同时运行,并通过交界面交换数据,这样就可以方便地处理工程应用问题中的复杂的多程序/多物理过程,使求解更高效、更准确。具体来说,就是对叶轮部件(压气机和涡轮)采用结构化多块网格、可压缩 RANS 求解器

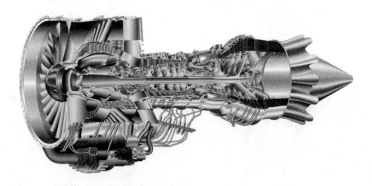

图 7.1 P&W 6000 涡扇发动机剖视图

SUmb,对燃烧室采用非结构化、低马赫数 LES 求解器 CDP。开发了基于脚本语言 Python 的独立的耦合器模块 CHIMPS,各求解器只与耦合器进行通信和信息交换,而耦合器执行所有的搜索与插值任务,这种处理方法可以使耦合过程更加容易实现。

图 7.2 是 P&W 6000 涡扇发动机整机数值模拟的结果展示,图中的云图是某径向位置的轴向速度分布。在该模拟中,对包括风扇、低 / 高压压气机、燃烧室和高 / 低压涡轮的涡扇发动机整体进行数值模拟。但所模拟的发动机建模并非整周,只是选择各部件周向 20°的扇形区域,在燃烧室部分只包含一个燃油喷嘴,而叶轮部分则对叶片数进行适当调整。通常来说,叶轮部件的各级叶片数都是不同的,也就是它们在周向都不是周期性的,这样可以避免工作时因共振而产生不稳定性。这样一来,只有对整周叶轮部件进行模拟才算是严格意义上的精确非定常模拟。而为了能够节省计算资源和计算时间,通常做相应假设,对叶片数进行调整,获得扇形区域的周期性,进行周期性的非定常计算。整机模拟开始时,采用各部件的独立计算结果作为初始值。

发动机的压气机进口边界条件给定总温、总压和流动方向,而压气机的出口给定静压作为界面条件,这意味着该静压值要由下游燃烧室求解器 CDP 通过计算燃烧室流场来提供。燃烧室的进口接收上游流动的速度矢量,把 RANS 流场数据转换为 LES 所需数据,所需燃料质量流量为相应涡扇发动机巡航条件数据。在不可压求解器 CDP 中压力无实质物理意义,其提供给其他求解器的压力是恒定的。因此,在燃烧室出口设定一个区域,用体积力来考虑涡轮上游影响,也就是解决固定压力的问题。CDP 求解器从涡轮求解器 SUmb 接收流动速度矢量,为了使燃烧室区域边界影响最小,其真实出口设在下游较远处,并应用对流出流边界条件。涡轮进口处从燃烧室出口获取总压、总温和流动方向作为边界条件。在涡轮出口,给定静压作为边界条件。

对叶轮部件所做的网格有两套,分别是粗网格和细网格。整个压缩系统包括风扇和低 / 高压压气机的细网格和粗网格分别为 5 700 万和 800 万,高 / 低压涡轮部分的细网格和粗网格分别为 1 500 万和 300 万,燃烧室网格数为 300 万。按每个通道进行 30 个时间步估算,整机的一整周模拟大约需要 20 000 个时间步。当风扇和压气机、涡轮采用粗网格时,进行整机模拟时,700 个处理器在 24 h 内可运行 1 500 个时间步,其中风扇和压气机模拟在 480 个处理器上运行,燃烧室模拟在 80 个处理器上运行,涡轮模拟在 140 个处理器上运行。而当整机模拟采用细网格时,要在相同时间内计算相同的时间步数大约需要 4 000

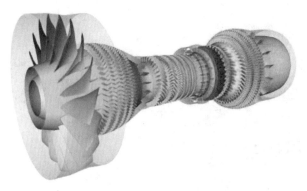

图 7.2　P&W 6000 涡扇发动机整机建模结构与数值模拟结果(彩图见附录)

个处理器。如果进行整机的全周模拟,一整周模拟所需时间大约为 14 天。

7.1.2　NASA GRC 航空发动机 CFD 整机研究

NASA GRC 多年来一直在努力开发一项计算模拟技术 NPSS（Numerical Propulsion System Simulation），旨在缩短航空航天产品的研发周期,减少研发费用和人力成本。NPSS 将能够对推进系统的运行进行详细分析,解决多学科过程和发动机各部件之间互相耦合的影响,而这些过程通常只能经由大规模的试验才能观察到。NPSS 的最终目的是要建立"数值试验台",让设计人员不必通过耗时很长的大量实际试验就能够对各种设计方案进行评估和选择。因此,NPSS 能够大大减少飞机发动机设计和测试过程中的工作量和费用。

以往飞机发动机设计工作开始时都要先进行简单的气动热力学循环分析,对整台发动机进行研究。发动机各部件(风扇、压气机、涡轮等)的工作特性通过特性曲线来代替,而特性曲线是基于已有试验测量的数据得到的。随着设计过程的进展,发动机各独立部件的设计需要各部件设计团队进一步深化、模拟和试验测试。然后用这些结果来校核调整部件特性曲线,改进整台发动机的循环分析。之后,各部件的设计还需要进一步深化、完善,直到部件和发动机的性能都满足设计目标。各部件设计团队需要依赖先进的数值技术来了解部件间的耦合作用,使设计达到最佳性能。流线曲率法仍然广泛用于叶轮机械的设计和分析,该方法可以计算叶轮部件各展向流面的流线和流动参数。

随着计算机处理器运行速度的改进和高速计算机的普及应用,更先进的二维和三维数值计算能够大量用于发动机孤立部件的设计。设计过程中已经能够进行多级叶轮部件流场的数值模拟。尽管对孤立部件的数值模拟已经较为先进,并能够得到部件工作点的详细性能数据,但这些模拟未能系统考虑发动机各部件之间的耦合作用,而发动机的总体性能需要依赖各部件之间在一系列要求的工作条件下能够有效地协同工作。然而,有的部件会对与邻近部件的耦合作用非常敏感,比如,压气机的性能对进气和出流条件比较敏感,需要稳定的进出口条件,如果流动条件突变,可能会导致压气机进口超声速。因此,部件之间并非简单孤立,而是相互紧密影响,设计过程中需要把发动机作为各部件的系统集成加以考虑,通过把对孤立部件的模拟拓展到对整台发动机的模拟,建立整台涡扇发动机全三维模拟平台。高保真整机模拟能够比单个部件特性曲线提供更多的部件之间耦合的详细信息。

　　NASA GRC整机数值模拟研究的对象是GE90-94B高旁通涡扇发动机(图7.3),该发动机用于B777。发动机风扇直径120 in(英寸,1 in=2.54 cm),包含22个复合宽展弦叶片。该型发动机风扇出口导叶有多种形式的叶片弯度,研究中只选择了标准型。低压压气机有三级共7列叶片,高压压气机有十级共21列叶片。燃烧室为双钟环形设计,在整个周向环面布置有30对燃油喷嘴。考虑到发动机几何结构的周期性,在数值模拟中只选取周向24°扇面,包括2对燃油喷嘴。在模拟中,把两级高压透平共4叶列,中介机匣、六级低压透平共12叶列作为单个部件模拟对象。模拟状态选择为海平面起飞状态,速度为 $Ma=0.25$。选择该状态点进行模拟主要是因为飞机在起飞状态时发动机内流场的温度和应力达到最高,这也是发动机设计的传热设计点,而此时涡轮的冷却流动边界条件对模拟来说是非常重要的信息。

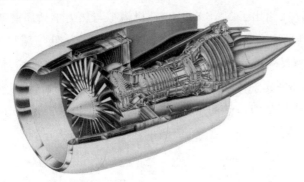

图 7.3　GE90-94B高旁通涡扇发动机剖视图

　　在涡扇发动机整机模拟中,将NPSS热力学循环模拟系统软件及附属工具包的一维计算过程,与高保真三维CFD软件的模拟过程相耦合。NPSS是基于各部件、面向目标的发动机循环模拟器,用于实现循环设计,进行稳态和非稳态非设计工况的性能预测。NPSS模型包括43个单元,分别代表一次和二次引气流动、轴和控制系统组件,模型的输入数据来自GE公司的GE 90-94B发动机起飞工况的循环模型,这些数据也用来验证和校核NPSS循环模型。高保真整机模拟由三维CFD模型组成,包括风扇、低压压气机、高压压气机、燃烧室、整个涡轮部件(包括高压和低压涡轮)。燃烧室部分的流动用NCC燃烧模拟求解器进行模拟,叶轮部件模型用APNASA求解器进行模拟。所有叶轮部件模拟结果都与GE 90部件试验数据进行了对比。NCC求解器在求解N-S方程时使用显式四阶Runge-Kutta格式,湍流封闭采用标准 $k-\varepsilon$ 模型,近壁面区采用高雷诺数壁面函数,或者针对涡旋流动采用非线性 $k-\varepsilon$。APNASA求解器采用显式四阶Runge-Kutta格式,采用当地时间步进和隐式残差光滑加速收敛,湍流封闭采用 $k-\varepsilon$ 湍流模型,通过壁面函数模拟近壁湍流剪切应力,而无须对整个边界层进行湍流求解。

　　在对整台涡扇发动机的模拟过程中,利用NPSS热力学循环模拟系统软件与高保真整机模型相耦合而实现,而整机模型则是由各部件的三维 CFD 模型相互耦合实现。首先通过对各孤立部件进行三维数值模拟并得到收敛解,在此基础上,利用叶轮机械一维平均线程序对模拟结果进行周向平均处理,自动生成压气机和涡轮部件的部分特性曲线("mini-maps"),再通过"mini-maps"把三维部件模型的工作特性整合到循环模型中,也就是在循环模型中由"mini-maps"来代表各部件的完整工作特性。运行 NPSS 循环模型,得到平衡、稳定的循环收敛解,可得到整机模拟中所需的各部件的边界条件,并把它们赋给各部件,进而执行整机三维模拟。在这种整机模拟中,各部件间的耦合是松散的,互相之间通过进出口界面与相邻部件进行沿径向分布的数据交换,也就是说由 APNASA 程序的模拟结果经周向平均生成下游部件的入口边界条件,而由 NCC 模拟结果经周向平均生成下游高压涡轮的进口边界条件。在叶轮部件的模拟中,可以通过源项模拟压气机机匣抽气及涡轮冷却气流流动,而密封泄漏模拟也可以通过源项或在壁面条件附加质量增加或减少实现。图 7.4 给出了 NASA GRC 整机模拟与热力学循环模型相耦合的过程,可以看到,首先是一维平均线程序利用孤立的叶轮部件(风扇、低压压气机、高压压气机、整个涡轮)的数值模拟结果自动生成"mini-maps",然后在热力学循环模型(零维)中用"mini-maps"代替部件完整特性并得到收敛解,为耦合的整机三维数值模拟提供各部件的边界条件。图中最下部即是整机三维模拟得到的 GE 90—94B 发动机的轴对称面的绝对马赫数图。

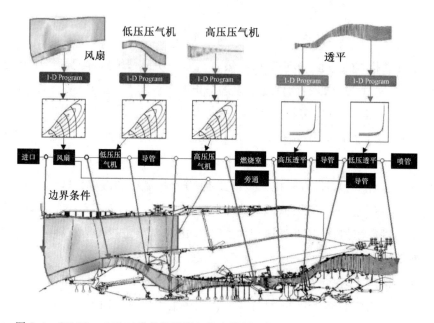

图 7.4　GE 90—94B 三维整机模拟与热力学循环模拟的耦合过程(彩图见附录)

7.2　发动机整机几何建模与边界条件

7.2.1　小型发动机结构与网格拓扑

工业燃气透平和航空发动机一般都是庞大而复杂的,包括低／高压压气机(压气机常常带有抽气装置)和高／低压涡轮(涡轮进气温度较高,需要复杂的冷却结构)等旋转部件,以及为优化燃烧而结构设计复杂的燃烧室。因此,要对结构和流动复杂且部件之间强烈耦合的燃气透平进行整机数值研究,需要强大的计算能力和合适的计算模型,而且要进行预先的详细分析和全面考虑,才能得到合理的模拟结果。本书选择法国 MICRO TURBO(MT) 公司研制的 TRI 60－2 小型单轴涡喷发动机作为研究对象,该小型涡喷发动机结构简单,压气机级数少,仅有三级,而且没有抽气结构;涡轮仅有一级,没有内部复杂冷却流和气模冷却结构;燃烧室采用短直环形,结构非常简单,整台发动机结构紧凑简洁。很显然,选择一台小型的结构简单的涡喷发动机作为研究和分析的对象要相对容易得多,也比较适合进行流场初步研究和定性分析,以及进行一些现象演示和性能预测的相关研究分析。本书研究的小型涡喷发动机模型几何结构如图 7.5 所示,进气整流罩和进气道内的支撑板、发动机尾喷管均不包含在所研究通流结构内,所研究的整个通流结构只包括三级压气机、压气机后扩压段和燃烧室(包括内腔固体壳体结构)、一级涡轮。

图 7.5　小型涡喷发动机模型几何结构

在本书中,因所做的模拟都是稳态模拟,所以模型中采用周期性边界条件,压气机和涡轮部分只需要单个通道,燃烧室部分只需要整周的 $\frac{1}{12}$,也就是计算域中只包含一个燃油喷嘴。在压气机和涡轮部分,采用多块结构化网格对计算域进行离散,压气机和涡轮网格单元数分别为 579 348 和 210 618。在建模中考虑了压气机和涡轮的叶顶间隙,间隙大小均取为定值 0.5 mm,作网格时沿展向布置 10 个网格单元。对于燃烧室部分(包括压气机后的导流叶片区域和燃烧室内层固体壳体),由于其结构相对复杂,作网格时采取了以六面体网格为核心的非结构化网格拓扑策略,也就是在计算区域边界采用四面体网格,内部核心区域采用六面体网格,在这两种网格之间采用棱锥网格连接。在这种网格拓扑方式中,由于在几何体核心区用六面体网格代替四面体网格,网格单元数大大减少,从而可以减少所需计算机存储内存,加速计算收敛,而计算精度则仍可保持与原来相当。燃烧室区域的流体和固体计算域所包含的混合网格单元总数为 665 612,这其中六面体网格单元总体积占燃烧室区域总体积的 62%,四面体网格占总体积的 34%,棱锥网格占总体积的 4%。这样,本书所研究的小型涡喷发动机整机模型的单通道计算域包含的总体网格单元数为 1 455 578。各部件网格数见表7.1。图7.6(a)是整体网格,图7.6(b)展示了压气机和涡轮叶片网格,图7.6(c)展示了燃烧室计算域的六面体网格。

表 7.1　涡喷发动机各部件网格数

部件	压气机						燃烧室	涡轮	
叶列	一级动叶	一级静叶	二级动叶	二级静叶	三级动叶	三级静叶	燃烧室	静叶	动叶
叶片数	23	49	27	47	31	49	12 (喷嘴数)	31	43
网格数	112 472	89 832	97 852	93 240	92 768	93 184	665 612 (107 160,固体)	92 448	118 170
网格总数 1 455 578									

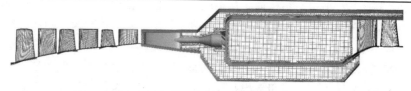

(a) 小型涡喷发动机模型整体网格

(b) 压气机(左)和涡轮(右)叶片网格

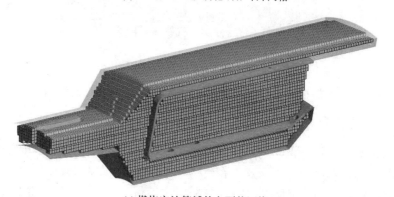

(c) 燃烧室计算域的六面体网格

图 7.6　小型涡喷发动机网格拓扑

7.2.2　发动机计算工况与边界条件

根据文献[279]，在海平面标准大气条件下(温度 $T=15\ ℃$，压力 $p=101\ 325\ Pa$，马赫数 $Ma=0$)，TRI 60－2 发动机主要性能参数为：转速 $n=28\ 000\ r/min$，推力 $F=3\ 736\ N$，耗油率 $SFC=0.13\ kg/(N \cdot h)$，涡轮排气温度 $T_4=870\ ℃$，气流量 $\dot{m}=5.943\ kg/s$；部件参数为：压气机增压比和效率分别为 $\pi_c=3.75$ 和 $\eta_c=0.76$，涡轮落压比和效率分别为 $\pi_T=1.82$ 和 $\eta_T=0.84$。在海平面飞行条件下(温度 $T=15\ ℃$，压力 $p=101\ 325\ Pa$，马赫数 $Ma=0.9$)，TRI 60－2 发动机主要性能参数为：转速 $n=28\ 000\ r/min$，推力 $F=2\ 831\ N$，耗油率 $SFC=0.163\ kg/(N \cdot h)$，涡轮排气温度 $T_4=830\ ℃$，气流量 $\dot{m}=8.512\ kg/s$。

本书模拟的涡喷发动机工作环境为海平面飞行条件，温度 $T=15\ ℃$，压力 $p=101\ 325\ Pa$，马赫数 $Ma=0.85$，发动机转速设置为最高转速 $29\ 500\ r/min$。由于所研究的发动机整机通流结构不包括进气整流罩和进气道内的支撑板、发动机尾喷管，而且燃烧室结构与实际结构存在一定差异，所以本研究中的涡喷发动机与实际的 TRI 60－2 的工作状态点和性能参数有差别，相当于其改型，但这并不影响这种改型发动机用于研究燃气透平进气喷水对发动机性能影响的趋势分析的效果。

在斯坦福大学 CITS 整机研究过程中，首先做的就是实现整机的定常数值模拟，在处理动叶和静叶交界面、燃烧室与两侧上下游的高压压气机和高压涡轮部件的交界面的数据耦合均采用混合面近似法，也就是把流场在界面的数据进行周向平均，使各部件的数据交换按径向变化。NASA GRC 的整机数值研究中，部件之间的界面数据交换也是采用这种方式。一方面，混合面近似法可以实现快速稳态模拟，对于很多工业问题来说，这种方式的模拟精度已经足够用，所以混合面近似法在工业问题模拟中经常用到；另一方面，混合面近似法稳态模拟的结果往往用来为更精确的非稳态模拟提供计算初始化数据，可以改善非稳态模拟过程中的计算稳定性和加快收敛。本书的工作目的是初步研究发动机进口喷水对燃气透平部件性能和整体性能、发动机污染排放的影响，只进行影响的定性数值研究和分析。因此，本节所有的计算都是定常计算，在处理各部件交界面时也是采用混合面近似法。

在整机模拟中，压气机的进口边界条件给定气流总压和总温，为根据相对发动机的来流速度 $Ma=0.85$ 求得的总参数；涡轮出口边界条件给定平均静压。喷水位置在压气机的进口处，水雾直径分布服从 Rosin－Rammler 分布(RR 分布)，沿流向均匀喷入，给定喷水的流量、水温和速度。燃油喷射的设置与喷水类似，直接给定喷油量、油温和喷射速度，油滴直径同样服从 RR 分布，只不过喷油面为一小圆面，油雾喷射后形成一个锥角为 90°的雾锥。发动机整机模拟边界条件设置见表 7.2。需要注意的是，在所有模拟中，喷油率是相对于各计算工况的进口空气流量值，这样设置的目的是为了保证单位空气流量的给油量不变，也就是基本保证单位质量空气的加热量为定值；喷水量是相对于涡喷发动机进口无喷水时的干状态进气量 $7.46\ kg/s$ 的值，这样设置的目的是保证喷水量的参考基准值为同一个空气流量值，可以对一系列喷水计算进行系统的比较分析。在本书的整机数值研究中，包括两个蒸发相变过程和一个燃烧化学反应过程，分别是进气喷入的水滴颗粒在通流过程中的蒸发和燃烧室喷油嘴喷入的油滴颗粒的蒸发相变过程，燃烧室内油滴蒸发产生的油气的燃烧化学反应过程。

表 7.2　涡喷发动机整机模拟边界条件设置

发动机转速	发动机转速 /(r·min⁻¹)	29 500
压气机 进气条件	总压 /Pa	152 575
	总温 /K	341
	气流方向	轴向
涡轮 排气条件	平均静压 /Pa	162 120
燃油 喷射条件	喷油率 （相对于各计算工况的气流量）	1.71%
	油滴喷水平均直径 /μm	20
	喷油速度 /(m·s⁻¹)	50
	初始油温 /K	313
压气机 进口喷水条件	喷水量 （相对于干态工况时的气流量 7.46 kg/s）	0，0.5%，1%， 1.5%，2%，2.5%
	喷水平均直径 /μm	5，10，20，30
	喷水速度 /(m·s⁻¹)	50
	初始水温 /K	313

实际问题中,水滴喷射进入压气机后,较小水滴会在压气机内完全蒸发掉;但一些较大水滴可能进入燃烧室区域最后完成蒸发;还有一些水滴会撞击到叶片表面或者端壁,发生破碎、反弹、沉积等现象。水滴在运动过程中受到气动力的作用,其中的大水滴在滑移速度足够大时可能发生二次破碎;假设水滴撞击到叶片表面也将发生破碎,产生更小的水滴颗粒并反弹,破碎产生小水滴数量仅由撞击角度决定,小水滴反弹角度和速度由反弹系数决定,假定法向和切向反弹系数均为 0.5,以此简单考虑撞击导致的动量损失;如果水滴撞击到上端壁(或下端壁,但可能性很低),则将被捕捉,运动终止。实际上,如果进气中存在较大量的大水滴,比如淋雨的情况,大水滴将受到压气机动叶旋转产生的较强离心力作用,在上端壁会聚集大量水分,形成水膜,并向下游运动,最终将进入燃烧室区域,完全蒸发掉。本书的研究中之所以假设撞击到端壁的水滴将被捕捉,是因为大量水滴在端壁形成水膜后其运动将相对不确定,实际或可能严重滞后于主流区水滴的运动,导致模拟的时均结果产生较大误差;而这些水分进入燃烧室的实际蒸发情况将更复杂,如果有膜状或片状水存在,可能导致局部温度过低,影响燃烧效果,反而可能造成喷水使燃气透平性能下降。

7.3　燃烧基础理论与湍流燃烧模型

在燃气透平燃烧室中,流动过程非常复杂,其特征包括两相、传热传质、化学反应、多组分等。燃烧反应过程中的化学反应机理复杂,还包含大量中间反应过程与中间产物,而且因反应条件的不同而致最终产物种类和组成不同。燃烧室内燃料在空气中的燃烧过程通常是湍流燃烧,化学反应过程与高雷诺数湍流流动之间存在强烈影响,化学反应速率和反应放热过程受湍流影响,又反向影响湍流流动。

7.3.1 化学反应系统

碳氢燃料与氧的燃烧化合过程十分复杂,反应中包含几种至几十种化学组分、几个至几百个基元反应。受计算条件和燃烧模型限制,如要考虑所有复杂链反应过程,求解所有中间产物和最终产物在空间的分布,是极为困难的。为满足工程计算需要,Spalding 等通过简化实际反应过程,得到简单化学反应系统(Simple Chemical Reaction System,SCRS),可对燃烧速率和热力学参数做近似计算,避开复杂反应机理。在反应中,把化学反应简化为单步不可逆反应,忽略各中间过程及中间产物。虽然 SCRS 假设与实际情况差别较大,但它可大大减少计算量,因此仍在工程问题求解中得到广泛应用。当然,在使用中可针对具体情况,去掉部分假设,提高计算精度。由于在简单化学反应系统中并没有考虑一氧化碳(CO)的生成,无法满足人们通过燃烧化学反应模拟来研究强化燃烧、节约能源、防止污染等方面越来越高的要求,而复杂反应计算模型因其计算量大不便于工程应用,所以,为满足实际工程问题求解需要,常常需要对复杂反应计算模型进行简化,目前常采用两步反应系统和四步反应系统。

1. 两步反应系统

碳氢燃料燃烧时,如果考虑不完全燃烧产生一氧化碳(CO),可以采用两步反应系统:

$$C_xH_y + \left(\frac{x}{2} + \frac{y}{4}\right)(O_2 + nN_2) \longrightarrow xCO + \frac{y}{2}H_2O + \left(\frac{x}{2} + \frac{y}{4}\right)nN_2 \tag{7.1}$$

$$xCO + \frac{x}{2}(O_2 + nN_2) \longrightarrow xCO_2 + \frac{x}{2}nN_2 \tag{7.2}$$

2. 四步反应系统

如果考虑到碳氢燃料的基本特点和中间产物氧化对燃烧反应的影响,把复杂反应简化成四步化学反应:

$$C_xH_y \longrightarrow C_xH_{y-2} + H_2 \tag{7.3}$$

$$C_xH_{y-2} + \frac{x}{2}O_2 \longrightarrow xCO + \frac{y-2}{2}H_2 \tag{7.4}$$

$$CO + \frac{1}{2}O_2 \longrightarrow CO_2 \tag{7.5}$$

$$H_2 + \frac{1}{2}O_2 \longrightarrow H_2O \tag{7.6}$$

在本书的研究中,燃油 Jet-A(化学式可以用 $C_{12}H_{23}$ 表示)的燃烧过程采用两步反应机理,既可以对燃烧过程一氧化碳(CO)的生成加以考虑,又可以相对节省计算资源,有助于进行较大量的计算算例。Jet-A 燃料两步反应机理具体过程如下:

$$C_{12}H_{23} + 11.75O_2 \longrightarrow 12CO + 11.5H_2O \tag{7.7}$$

$$CO + 0.5O_2 \longrightarrow CO_2 \tag{7.8}$$

7.3.2 化学反应速率

在湍流燃烧中,涡旋运动呈不规则状态,各涡旋大小不同,其中的组分也不相同。不同涡旋在气流中混合、渗透,大涡旋不断崩溃转化为小涡旋,最后达到最小涡旋(最小涡旋尺寸常用 Kolmogorov 尺度来衡量)。此时分子间碰撞才容易发生,化学反应过程才能大量进行。湍流结构对燃烧过程影响很大,且很复杂;而燃烧对湍流也有影响,如反应放热使气流温度升高,速度发生变化,进而可能使湍流强度增强,湍流结构受到影响。因此,湍流燃烧化学反应速率与湍流流动以及化学动力学有关。

在层流燃烧中,某种组分的产生率(或消失率)是由分子间化学反应决定的。分子间化学反应速率常用化学动力学中阿伦尼乌斯(Arrhenius)定律来表示,燃料与氧气的化学反应速率为

$$R_{fu} = \rho \frac{dm_{fu}}{dt} = A_0 \rho^2 m_{fu} m_{ox} \exp\left(-\frac{E}{RT}\right) \left[kg/(m^3 \cdot s)\right] \tag{7.9}$$

式中,A_0 为前置因子;E 为活化能;T 为静温;ρ 为混合气密度;m_{fu} 和 m_{ox} 分别为燃料和氧气的质量分数。

为使基本方程封闭,必须求出平均化学反应速率,即

$$\overline{R_{fu}} = A_0 \rho^2 m_{fu} m_{ox} \exp\left(-\frac{E}{RT}\right) \tag{7.10}$$

对式(7.10)进行雷诺平均,将产生脉动值二阶相关项(如 $\overline{m'_{fu} m'_{ox}}$、$\overline{T'^2}$、$\overline{m'_{ox} T'}$ 等)和三阶以及更高阶相关项。直接模拟这些相关项,计算量太大,而且高阶相关项计算尚未得到完全解决,为使方程封闭,提出简化模型,即湍流燃烧模型。

7.3.3　湍流燃烧模型

工业燃烧问题以湍流燃烧过程居多,而化学反应与湍流之间相互影响机理尚未完全清楚。要对湍流燃烧问题进行模拟研究,必须提出适于复杂反应的湍流燃烧模型。目前已经发展了多种湍流燃烧模型来对燃烧室内复杂燃烧过程进行有效数值模拟。许多商业CFD软件,包括 CFX、Fluent、STAR-CD、CFDRC、PHOENICS 等,都包含能够对燃烧过程做较合理模拟的模块,并且能够及时推出新的燃烧模型。其中,CFX 软件针对不同的化学反应过程和模拟需要提供的燃烧模型有:涡团耗散模型(Eddy Dissipation Model,EDM)、有限速率化学反应模型(Finite Rate Chemistry Model,FRCM)、混合涡团耗散/有限速率化学反应模型(Combined ED/FRC Model,混合 ED/FRC Model),以及层流小火焰模型(Laminar Flamelet Model,LFM)等。有限速率化学反应模型(FRCM)允许通过流动中不同组分间分子层面的相互作用来估算化学反应速率。当与反应物混合速度比化学反应速度慢时,这个模型可以和涡团耗散模型(EDM)结合起来应用。层流小火焰模型(LFM)对很大数量的组分只求解两相传输方程,它仅提供较小相和一些基本信息,因为各相之间的湍流波动,它还能模拟在大规模耗散和剪切应力下的局部消失现象。

本书中研究的燃烧室喷水燃烧属于扩散火焰燃烧(也称非预混燃烧),而且该燃烧室属于短直环形结构,燃烧反应过程较快速,这也意味着在燃烧过程中,化学反应速率相比于反应物混合速率要快得多。处理这类快速燃烧问题时,涡团耗散模型是最常用的燃烧模型之一。同时,为了考虑压气机进口喷水后可能导致燃烧室内不同位置燃烧反应强度不同,从而影响生成物浓度在各处的分布,需要结合 FRCM。这样,经综合考虑,本研究

采用混合 ED/FRC Model 来计算反应过程的有效化学反应速率。

混合涡团耗散/有限速率化学反应模型：

对燃烧室内的燃烧反应系统中的每种化学组分 i 的质量分数 Y_i，其守恒方程采用如下形式：

$$\frac{\partial}{\partial t}(\rho Y_i) + \nabla \cdot (\rho \boldsymbol{u} Y_i) = \nabla \cdot (\Gamma_{I_{\mathrm{eff}}} \nabla Y_i) + S_i \tag{7.11}$$

式中，$\Gamma_{I_{\mathrm{eff}}}$ 是组分 i 在混合物中的有效扩散系数；S_i 是由包含反应物 i 的化学反应产生的源项。

1976 年，Magnussen 提出涡团耗散模型，其基本思想是，当气流涡团因耗散而变小时，反应物以分子水平混合，反应才容易发生并迅速完成。所以该模型的化学反应速率在很大程度上受到湍流的影响，整体化学反应速率由湍流混合控制，而且化学反应速率取决于涡团中包含燃料、氧化剂和产物浓度值最小的一个。

$$R_{\mathrm{fu}} = -\bar{\rho}\varepsilon/k \min\left[A\bar{m}_{\mathrm{fu}}, \frac{A\bar{m}_{\mathrm{ox}}}{f_{\mathrm{s}}}, \frac{B\bar{m}_{\mathrm{pr}}}{1+f_{\mathrm{s}}} \right] \tag{7.12}$$

式中，$A=4$；$B=0.5$；f_{s} 为化学恰当比。

涡团耗散模型的特点是意义比较明确，化学反应速率取决于湍流脉动衰变速率 $\frac{\varepsilon}{k}$，并能自动选择成分来控制速率，因此该模型既能用于预混火焰，也能用于扩散火焰。在工业上的燃烧问题中，很多时候燃烧都是比较快速的，也就是化学反应速率相比于反应物混合速率要快得多。处理这类问题时，涡团耗散模型（EDM）非常适合，因此也应用较多。

当化学反应速率与反应物混合速率相比较慢时，化学动力学反应时间就显得很重要，EDM 对基元反应过程中的化学反应速率预测不足。这时可以采用混合涡团耗散/有限速率化学反应模型来实现对这种反应情况的预测。混合 ED/FRC Model 同时考虑了化学反应动力学与湍流混合速率对燃烧室化学反应速率的影响。基于化学反应动力学的化学反应速率使用阿伦尼乌斯公式描述，则反应 r 的前向速率常数 $k_{\mathrm{f},r}$ 用阿伦尼乌斯公式表示为

$$k_{\mathrm{f},r} = A_r T^{\beta_r} \mathrm{e}^{\frac{E_r}{RT}} \tag{7.13}$$

其中，A_r、β_r、E_r 和 R 分别为指数前因子、温度指数、反应活化能和通用气体常数。

在点火初期，温度和化学动力学是燃烧过程的主要影响因素，因而可以用阿伦尼乌斯公式表述。而随后燃烧过程中，湍流混合起主导作用，这时燃烧速率可用涡团耗散模型来模拟。计算时对阿伦尼乌斯速率和涡团耗散化学反应速率都进行计算，净化学反应速率取其中较小的一个，即反应 r 中物质组分 i 的产生速率 $R_{i,r}$ 由下面两个表达式中较小的一个给出：

$$R_{i,r} = v'_{i,r} M_{w,i} AB\rho \, \frac{\varepsilon}{k} \, \min_R \left(\frac{Y_R}{v'_{R,r} M_{w,R}} \right) \tag{7.14}$$

$$R_{i,r} = v'_{i,r} M_{w,i} A\rho \, \frac{\varepsilon}{k} \, \frac{\sum_P Y_P}{\sum_j^N v''_{j,r} M_{w,j}} \tag{7.15}$$

式中，Y_R 为特定反应物 R 的质量分数；Y_P 为生成物组分 P 的质量分数；A 为经验常数，取

值为 4.0;B 为经验常数,取值为 0.5。

7.4 辐射传热模型

在工业燃烧设备中,辐射传热是最为重要的换热方式。在工业常见温度范围内,空气、氢气、氧气、氮气等属于分子结构对称的双原子气体,无发射和吸收辐射的能力,可认为是热辐射透明体。而二氧化碳、水蒸气、甲烷等三原子或多原子以及结构不对称双原子气体(一氧化碳)等却具有相当强的辐射能力。由于燃油、燃气的燃烧产物中包含一定浓度的二氧化碳、水蒸气、甲烷以及一氧化碳气体,所以此时辐射传热需要加以考虑。燃烧火焰热辐射与介质温度及介质辐射吸收、散射能力有关,而介质这些能力又与辐射波长有关。另外,燃烧空间中任意一点对空间中其他任一点都有辐射传热,燃烧装置的壁面通常对辐射具有反射作用。因此,辐射传热求解非常复杂。辐射传播方程表示的是单色入射辐射强度为 I_λ 在 s 方向上空间立体角 $\mathrm{d}\Omega$ 中随传播距离 s 的变化率:

$$\frac{\mathrm{d}I_\lambda}{\mathrm{d}s} = \underbrace{-(K_{\mathrm{a},\lambda} + K_{\mathrm{s},\lambda})I_\lambda}_{\substack{\text{介质吸收和散射}\\\text{引起的}I_\lambda\text{减弱}}} + \underbrace{K_{\mathrm{a},\lambda}I_{\mathrm{b},\lambda}}_{\substack{\text{介质自身的}\\\text{容积辐射}}} + \underbrace{\frac{K_{\mathrm{s},\lambda}}{4\pi}\int_0^{4\pi} I_\lambda\,\mathrm{d}\Omega}_{\substack{\text{各方向进入微元体的热}\\\text{辐射在}s\text{方向的散射}}} \tag{7.16}$$

式中,$K_{\mathrm{a},\lambda}$、$K_{\mathrm{s},\lambda}$ 分别为介质在辐射波长 λ 下的单色吸收系数和散射系数;下标 λ 表示单色波长;下标 b 表示黑体。

在所有波长下的黑体辐射强度为

$$I_{\mathrm{b}} = \int_0^\infty I_{\mathrm{b},\lambda}\,\mathrm{d}\lambda = \frac{\sigma T^4}{\pi} = \frac{E_{\mathrm{b}}}{\pi} \tag{7.17}$$

式中,σ 是玻耳兹曼常数;E_{b} 是黑体辐射力。

式中包含未知温度,而介质辐射性质 $K_{\mathrm{a},\lambda}$,$K_{\mathrm{s},\lambda}$ 等需温度来决定。温度分布取决于能量平衡,其中包括辐射传播能量,因而,辐射传播方程需与能量方程联立求解。

求解能量方程中的辐射传热项,较常用的辐射模型有:离散坐标模型(Discrete Ordinates,DO)、离散传递模型(Discrete Transfer Model)、Rosseland 模型(或扩散近似模型(Diffusion Approximation Model))、球形谐波模型(Spherical Harmonics Model,又称 P1 模型或 Gibbs 模型),以及蒙特卡洛模型(Monte Carlo Model)等。ANSYS CFX 软件中提供多种热辐射模型,包括 Rosseland 模型、P1 模型、离散传递模型、蒙特卡洛模型等。

根据热辐射与流体或固体作用方式的不同,可以确定两种极限情况:第一种情况是媒介对(某些波长的)辐射是"透明的",此时辐射只是通过加热或冷却域内的表面来影响媒介,而没有任何辐射能直接传递给媒介。在该情况,蒙特卡洛模型是最佳选择,离散传递模型也可以有限使用。与之对立的另一种极限情况是,媒介是光学致密的,热辐射发生在表面和媒介中,可产生散射、吸收和各向再发射。这种情况称为漫射极限,辐射强度与方向无关。在该情况,Rosseland 模型与 P1 模型比离散传递模型和蒙特卡洛模型更简单,更具吸引力。一般情况下,域内各部分从光学稀薄(透明)到光学致密(漫射),离散传递模型和蒙特卡洛模型能够更准确地求解辐射传热方程,在使用时,可将对称面和周期性边界条件做特殊面处理。在固体域,只有蒙特卡洛模型适用。

对灰体模型,辐射场基本上处处各向同性,需要较高的空间分辨率,应用离散传递模型更有效,而如果采用足够高的角分辨率,该模型将能够求得很精确的结果。离散传递模型主要优势在于其能够在反复使用的相同网格中固定取样,如模拟燃烧室中流动／辐射问题。在此情况下,光程可以只计算一次,在计算效率上有很大改善。蒙特卡洛模型的光子轨迹依赖吸收系数和壁面发射率,不可能做到这一点。离散传递模型的主要问题是误差信息不足,可以通过粗略的蒙特卡洛模型模拟来发现任何较大误差。应用离散传递模型所需实际计算时间也难以估计,因为如果出现散射,需要更多迭代收敛到求解。

热辐射模型的选择不但影响求解质量,而且影响计算所需时间。对热辐射进行详细计算过于费时且常常是不必要的,必须从实际出发考虑热辐射模型的选取。对漫射或光学厚度极限($t > 5$)问题,所有模型得到的结果基本上是相同的,可以在 Rosseland 模型和 P1 模型之间做出权衡,选择其中更合适的一个作为热辐射计算模型。当光学厚度减小至接近 1 时,P1 模型成为计算代价最小的选择。而在稀薄极限和完全光学透明情况时,需要选择蒙特卡洛模型和离散传递模型。

在本研究中,对气体的辐射采用 P1 模型,固体的辐射采用蒙特卡洛模型(CFX 软件提供的唯一针对固体辐射的选项)。P1 模型是 P−N 模型中最简单的类型,其出发点是把辐射强度展开成为正交球形谐波函数,主要适用于光学厚度大于 1 的情形,且要求壁面不透明漫射。P1 模型可用于模拟气体与颗粒之间的辐射传热,已经证明能够合理模拟远离火焰附近区域的粉状燃料燃烧热辐射。

7.5　NO_x 的生成

氮和氧化合所生成的化合物有 NO、NO_2、N_2O_3、N_2O_4、N_2O_5 等,一般燃烧装置中,燃料燃烧生成的氮氧化物几乎全是 NO、NO_2,因此一般称 NO 和 NO_2 为 NO_x,其中 NO 约占 95％ 左右。在层流火焰和湍流火焰的分子级水平上,NO_x 的形成主要由三个化学动力学过程形成三种机理,这三种机理分别为 NO_x 热力(Thermal)型生成机理、燃料(Fuel)型生成机理以及快速(Prompt)型生成机理。在气体燃料的燃烧中,NO_x 的生成以热力型为主;固体和液体燃料燃烧时,NO_x 的生成以燃料型为主;在一般的燃烧设备中,快速型 NO_x 所占比例较小。这里主要介绍 NO_x 热力(Thermal)型生成机理和快速(Prompt)型生成机理。对于燃料型 NO_x,不同的燃料类型和燃烧过程具有不同的生成机理,适用不同的模型,详细介绍可参阅有关文献。

7.5.1　NO_x 热力型生成机理

NO_x 热力型生成机理是由 Zeldovich 于 1946 年提出的。按照该理论,热力型 NO_x 主要由空气中的 N_2 在高温下氧化而成。氧化反应过程被描述为一组不分支连锁反应:

$$N_2 + O \xrightleftharpoons[k_{-1}]{k_1} NO + N \tag{7.18}$$

$$N + O_2 \xrightleftharpoons[k_{-2}]{k_2} NO + O \tag{7.19}$$

由式(7.18)和式(7.19),根据化学反应动力学有

$$\frac{\mathrm{d}[NO]}{\mathrm{d}t} = k_1[N_2][O] - k_{-1}[NO][N] + k_2[N][O_2] - k_{-2}[NO][O] \quad (7.20)$$

式中，[ ] 代表浓度；k 为反应常数（$m^3/(mol \cdot s)$）；下标 1，2 分别代表正反应；下标 -1，-2 分别代表相应的逆反应。

$$k_1 = 1.8 \times 10^8 \exp\left(-\frac{317.7}{RT}\right) \text{（温度范围：2 000 ～ 5 000 K）}$$

$$k_{-1} = 3.8 \times 10^7 \exp\left(-\frac{3.54}{RT}\right) \text{（温度范围：2 000 ～ 5 000 K）}$$

$$k_2 = 1.8 \times 10^4 \exp\left(-\frac{38.75}{RT}\right) \text{（温度范围：300 ～ 3 000 K）}$$

$$k_{-2} = 3.8 \times 10^3 \exp\left(-\frac{172.39}{RT}\right) \text{（温度范围：300 ～ 3 000 K）}$$

于是化学反应速率可简化为

$$\frac{\mathrm{d}[NO]}{\mathrm{d}t} = 3 \times 10^{14}[N_2][O_2]^{\frac{1}{2}} \exp\left(-\frac{542\,000}{RT}\right) \quad (7.21)$$

式中，浓度单位为 mol/cm^3；R 为通用气体常数，$R = 8.314\ J/(mol \cdot K)$。

1971 年，Fenimore 发现在富燃料火焰中还需考虑如下反应：

$$N + OH \underset{}{\overset{k_3, k_{-3}}{\longleftrightarrow}} NO + H \quad (7.22)$$

式中，$k_3 = 7.1 \times 10^7 \exp\left(-\frac{3.73}{RT}\right)$；$k_{-3} = 1.7 \times 10^8 \exp\left(-\frac{203.36}{RT}\right)$（温度范围：300 ～ 2 500 K）。

1975 年，Bowman 给出了 NO 生成速率表达式：

$$\frac{\mathrm{d}[NO]}{\mathrm{d}t} = 2k_1[N_2][O] \times \left(\frac{1 - \dfrac{[NO]^2}{K[O_2][N_2]}}{1 + \dfrac{k_{-1}[NO]}{k_2[O] + k_3[OH]}}\right)$$

$$= 6 \times 10^{16} T^{-\frac{1}{2}}[O_2]^{-\frac{1}{2}}[N_2] \exp\left[-\frac{69\,090}{T}\right] \quad (7.23)$$

式中，K 为反应 $N_2 + O_2 \longleftrightarrow 2NO$ 的平衡常数，$K = \left(\dfrac{k_1}{k_{-1}}\right)\left(\dfrac{k_2}{k_{-2}}\right)$。

在燃烧过程中，氮的浓度基本不变。影响 NO 生成量的主要因素是温度、氧气浓度和停留时间。所以控制 NO 生成的方法主要是降低燃烧温度水平，降低氧气浓度，缩短 NO_x 在高温区内的停留时间等。热力型 NO 形成的主要控制因素是温度，当温度在 1 800 K 以下时，生成的 NO_x 很少；当温度高于 1 800 K，这一反应变得明显，随温度升高，反应速率按指数规律增加。

7.5.2　NO$_x$ 快速型生成机理

1971 年 Fenimore 在测定 C$_2$H$_4$ 和 CH$_4$ 与空气的混合物燃烧火焰中各成分浓度时，发现火焰面内有大量的 NO 生成，于是起名为快速型 NO。他指出，快速型 NO 是先通过燃料产生的 CH 原子团撞击 N$_2$ 分子，生成 CN 类化合物，再进一步被氧化生成 NO。Bowman 等则认为，快速型 NO 是由于氧原子浓度远超过氧分子离解的平衡浓度，按 Bowman 的理论，快速型 NO 的生成，可用扩大的 Zeldovich 机理来解释，但不遵守氧气离解反应处于平衡状态这一假定。关于快速型 NO 的生成机理，目前还没有明确的结论。据 Soete 的研究，大部分碳氢燃料，生成 NO$_x$ 的速率为

$$\frac{\mathrm{d}[\mathrm{NO}]}{\mathrm{d}t} = f_s k_{\mathrm{pr}} \left[\mathrm{O}_2\right]^\alpha \left[\mathrm{N}_2\right]\left[\mathrm{Fu}\right]\exp\left[-\frac{E_a}{RT}\right] \tag{7.24}$$

式中，k_{pr} 和 E_a 为试验常数；$[\mathrm{Fu}]$ 为可燃组分的浓度；α 为氧化反应级数；f_s 是 Soete 模型中与燃料类型相关的修正系数。

7.6　数值研究结果初步分析

在发动机整机模拟中，气体连续相包括干空气、水蒸气、燃油蒸气以及燃烧过程产生的气体，离散相包括雾化水滴和油滴。在模拟中，对两相间的质量、动量和能量传递的求解使用双向耦合方法来考虑两相之间的相互影响。

由于气流在发动机通流中要经过压气机内压缩、燃烧室内燃烧及其后涡轮内膨胀过程，气体的温度跨度很大，因此热力学物性也必然有较大的变化。为了能够对发动机的全流场进行比较准确的模拟，所有气相组成和液相组成的定压比热容采用温度的四次多项式函数，可以在很宽的温度范围内准确计算定压比热容的变化，从而可以准确预测传热过程。相应地，相变过程的潜热以及燃油燃烧热值也可以自动由各物质的变定压比热容准确求得。研究中，采用标准 $k-\varepsilon$ 模型考虑湍流影响，在近壁面区采用 scalable 壁面函数。标准 $k-\varepsilon$ 模型是工程问题常用湍流模型，可以兼顾准确性和鲁棒性。

7.6.1　进气喷水整机模拟初步分析

1. 全通流流场展示与水滴运动分析

图 7.7 给出了发动机整机模拟 50% 叶轮高度压气机、涡轮和燃烧室温度分布，以及燃烧室的火焰形态（由温度等值面表示），其中图 7.7(a)、(b) 分别是未喷水与进气喷水量 2.5%、喷水平均直径 5 μm 的整机模拟结果。由图可见，喷水后发动机内流场的气流温度整体降低，从显示效果看，燃烧室火焰温度和涡轮温度对比更加明显。

图 7.8(a) 给出了进气喷水（喷入水滴喷水平均直径 10 μm，喷水量为 1%）的水滴轨迹以及燃油油滴轨迹，图 7.8(b) 给出了水滴群中不同粒径的水滴（分别为不大于 5 μm 的较小水滴、10 μm 的水滴和不小于 15 μm 的较大水滴）的轨迹。从水滴沿轴向运行轨迹可见，喷入的水分没有在压气机内完全蒸发掉。这是由于该发动机很小，其三级压气机的轴向长度（加进气道）只有 0.3 m 左右，水滴在如此短的距离内的滞留时间也非常短，难以得

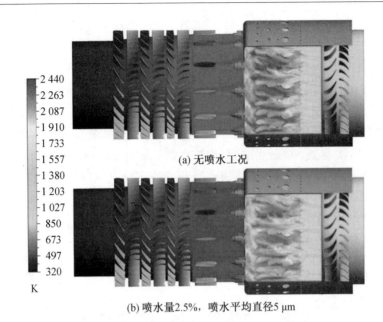

(a) 无喷水工况

(b) 喷水量2.5%，喷水平均直径5 μm

图 7.7　涡喷发动机 50% 叶高温度分布与燃烧室火焰形态（彩图见附录）

到充分蒸发。在压气机内未蒸发完的大水滴不得不进入燃烧室区域完成蒸发过程，而且燃烧室区域温度较高，可以使水滴很快蒸发。由图 7.8(b) 可见，只有直径不到 5 μm 的较小水滴可以在燃烧室高温区之前完全蒸发。而较大的水滴可能到达燃烧室外腔区域并快速蒸发，还有少量水滴会跟随气流进入燃烧室内腔区域完成蒸发。在所有整机喷水数值模拟中，未发现有水滴能够流出燃烧室区域进入涡轮部件。

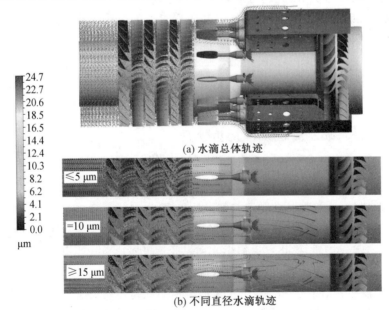

(a) 水滴总体轨迹

≤5 μm

=10 μm

≥15 μm

(b) 不同直径水滴轨迹

图 7.8　水滴和油滴的轨迹（喷水量 1%，喷水平均直径 10 μm）（彩图见附录）

图 7.9 给出不同喷水平均直径时水滴在压气机通道内的总滞留时间（图中仅显示第

三级静叶通道)。小于 5 μm 的水滴可以很好地跟随气流,滞留时间最短;而较大水滴则是另外一种情形,由于运动惯性,它们可能运动到叶片表面附近,甚至撞击到叶片表面。根据本书的假设,水滴撞击到叶片表面会产生破碎,动量受到损失。由于附面层的低能流体作用,水滴在壁面附近时会减速,从而会导致滞留时间大大延长,因此会使得离心力的作用增强,导致更显著的径向迁移运动。对于初始粒径相同的水滴,如果它们附近气流的流动情况不同,也会导致滞留时间差别较大,因此水滴的滞留时间受水滴在流场中位置影响很大。通过研究各种进气喷水工况发现,水滴在三级压气机内的最小滞留时间大约为 1.65 ms;对初始直径为 5 μm、10 μm、20 μm 和 30 μm 的水滴,在压气机内最大滞留时间分别大约为 1.88 ms、2.14 ms、2.27 ms 和 2.32 ms。由图中结果可见,进气喷水平均直径为 5 μm 时,只有少量水滴的滞留时间达到 2 ms;而当进气喷水平均直径为 30 μm 时,大部分水滴滞留时间将超过 2 ms。

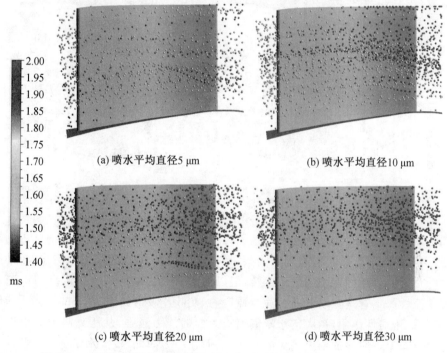

(a) 喷水平均直径5 μm　　　　　　　(b) 喷水平均直径10 μm

(c) 喷水平均直径20 μm　　　　　　　(d) 喷水平均直径30 μm

图 7.9　水滴在压气机内的滞留时间(仅显示第三级静叶)(彩图见附录)

　　图 7.10 给出不同喷水平均直径时,水滴在压气机第三级静叶内的粒径分布。对水滴喷水平均直径分别为 5 μm、10 μm、20 μm 和 30 μm 的进气喷水,在到达压气机第三级静叶通道时的最大直径分别为 10.2 μm、18.4 μm、19.9 μm 和 25.6 μm。由图中结果(图 7.10(d))可知,对喷水平均直径为 30 μm 的工况,虽然初始水滴直径较大,水滴群中存在大量超过 30 μm 的水滴,但它们在离开压气机时的最大直径也只有 25.6 μm。这说明大水滴在流动过程中发生了大量破碎现象,一方面,由于水滴初始直径较大,与气流间存在较大的滑移速度,达到了变形和破碎临界韦伯数,产生很多小水滴;另一方面,大水滴的较大惯性导致它们几乎肯定要撞击到叶片表面,根据本书研究的假设,大水滴撞击后会发生破碎,产生更多较小水滴进入下游,如果破碎后的水滴在下游继续与叶片发生碰撞,将会

继续破碎,产生更小的水滴。这样,在压气机出口,虽然大水滴的蒸发不足以使它们的直径产生较大变化,但由于气动破碎和撞击破碎的大量发生,水滴直径还是大大减小。对于其他喷水工况,也有类似的结果。从不同水滴喷水平均直径的喷水结果可知,小水滴在压气机内的径向运动相对较弱,跟随气流能力较强;大水滴随直径增大,径向偏移也增大,喷水平均直径为 30 μm 时,水滴到达压气机第三级静叶后大部分将聚集于流道的 50% 叶高以上。

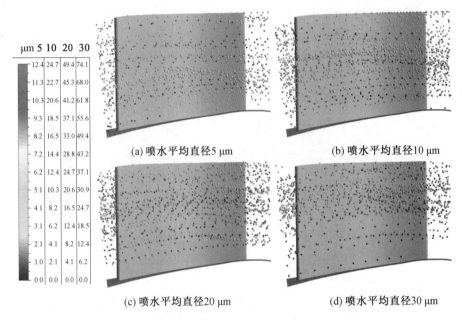

(a) 喷水平均直径5 μm (b) 喷水平均直径10 μm

(c) 喷水平均直径20 μm (d) 喷水平均直径30 μm

图 7.10　水滴到达第三级静叶内的轨迹分布(彩图见附录)

图 7.11 和图 7.12 给出不同喷水直径时水滴在压气机第一级动叶和静叶内的轨迹分布,通过两组图可以分析不同直径水滴跟随气流的情况。从两组图可以看出,较小的水滴在经过叶片时可以较好地跟随气流偏转,但以往的研究也表明只有微米级的水滴才有非常好的随流性。不管是在动叶还是静叶通道内,在叶片吸力面侧,越小的水滴越能够向吸力面靠近,由于惯性作用,越大的水滴偏离吸力面的能力越强,从距离吸力面由近及远水滴的直径分布呈现明显的由小到大的规律性;而在压力面侧,较大水滴都向着叶片表面运动,喷水直径较小时,大部分水滴可以通过动叶流道,然而当喷水直径逐渐增大时,越来越多的水滴会撞到动叶的压力面,将只有水滴群中较小的水滴可以穿过动叶流道,这种现象在喷水平均直径为 30 μm 时最为明显。

2. 发动机进气喷水循环分析

基于本书的整机模拟,图 7.13 给出了发动机整机循环 $p-V$ 图,图中循环包括进气无喷水／喷水工况。图中所示发动机循环开始于涡喷发动机远前方未受扰动气流,结束于尾喷管内的完全膨胀(至大气压力)。本书的整机模拟热力过程在图中可由 2^*-5^* 表示,也就是由压气机进口到涡轮出口。当压气机进气(2^*)喷入水雾后,水分在压气机内蒸发,气流受到冷却温度下降,压比升高,该过程为湿压缩过程($2^*-3'^*$),气流在压气机出口的最终压力比干压缩升高,温度却比干压缩降低。根据本书的计算条件假设,单位

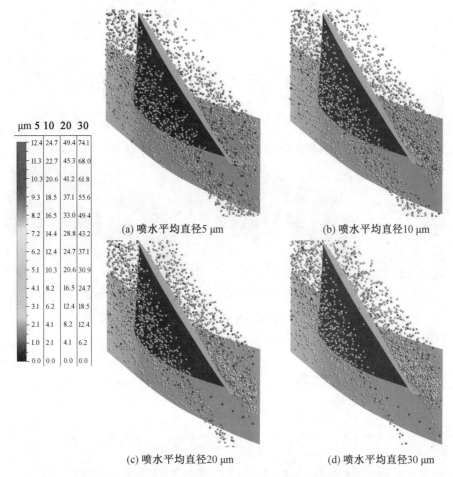

μm 5 10 20 30

(a) 喷水平均直径5 μm　　　　　(b) 喷水平均直径10 μm

(c) 喷水平均直径20 μm　　　　　(d) 喷水平均直径30 μm

图 7.11　水滴在压气机第一级动叶内的轨迹分布(彩图见附录)

质量的空气的燃油量是恒定的,也就是相当于在循环中单位质量空气的加热量基本是恒定的。由于湿压缩过程的终了温度比干压缩高,所以湿压缩循环燃烧过程($3'^* {-} 4'^*$)的平均温度也略低于干压缩燃烧过程($3^* {-} 4^*$)。同样,在涡轮($4^* {-} 5^*$)和尾喷管($5^* {-} 6^*$)的膨胀过程,喷水循环的平均温度也要比干循环膨胀过程的温度低得多。根据计算结果,从发动机各部件喷水前后温度场的相对变化幅度来看,燃烧过程和涡轮与尾喷管膨胀过程的温度场相对变化量大体相当,后者温度场相对下降幅度稍大,而压气机湿压缩过程温度场的相对变化量要比燃烧室和涡轮高一些。以进气喷水平均直径 5 μm 为例,喷水量为 1% ～ 2.5% 时,压气机出口气流温度相对下降量比燃烧室出口和涡轮出口气流温度相对下降量分别高 0.97% ～ 3.28% 和 0.72% ～ 2.68%。相比无喷水工况,在喷水量为 2.5% 时,压气机出口气流温度下降达 9.5%。因此可以说,在燃气透平部件中,压气机温度场对喷水降温敏感度最高。

图 7.14 给出了无喷水／喷水时发动机整机理想热力循环 $T{-}S$ 图,该图具有一般性,可以通过扩展,作为工业燃气透平或者航空发动机喷水循环的热力循环 $T{-}S$ 图。对于发动机进气喷水理想循环,在压气机气流湿压缩过程($1{-}2'$)中,干空气工作介质本身的

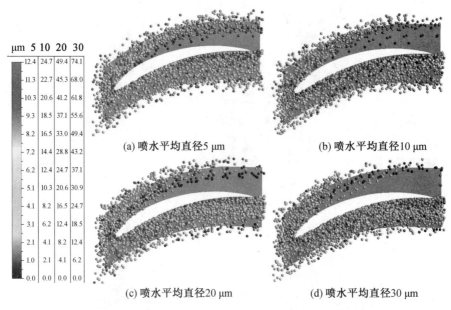

图 7.12 水滴在压气机第一级静叶内的轨迹分布（彩图见附录）

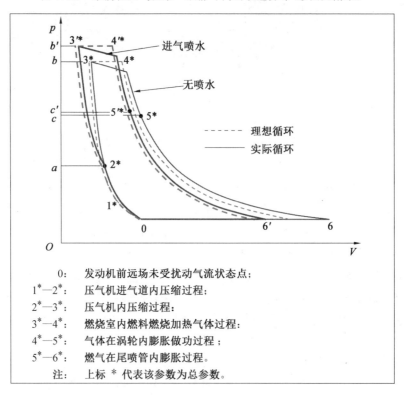

0:     发动机前远场未受扰动气流状态点；
1*—2*： 压气机进气道内压缩过程；
2*—3*： 压气机内压缩过程；
3*—4*： 燃烧室内燃料燃烧加热气体过程；
4*—5*： 气体在涡轮内膨胀做功过程；
5*—6*： 燃气在尾喷管内膨胀过程。
注：   上标 * 代表该参数为总参数。

图 7.13 涡喷发动机无喷水／喷水循环 $p-V$ 图

压缩过程不再是绝热过程，而是一个放热过程，所释放的热量全部传递给水滴或者水蒸气。对压缩系统内所包含的所有状态工作介质来说，压缩过程仍然是一个绝热过程，空气释放的热量完全保留在压缩系统内，没有任何损失。从而也可以这样认为，进气喷水技术使得燃气透平循环成为一个特殊的效率很高的中冷回热循环。由于研究中假设单位质量空气的燃油量保持不变,相当于燃气透平热力循环过程中的加热量近似保持恒定,这就意味着在图中 $e—1—2—3—4—f—e$ 包围的面积与 $e—1—2'—3'—4'—f'—e$ 包围的面积相等。假定不管有无进气喷水,燃气透平的动力涡轮或尾喷管的排气压力都是恒定的,由于燃气透平进气喷水循环的排气温度要明显低得多,因此喷水循环的放热量要比干循环的放热量少得多。在图中,这表现为 $e—1—4'—f'—e$ 包围的面积比 $e—1—4—f—e$ 小得多。对于燃气透平干循环和湿循环,当循环的加热量 q_1 保持为定值时,若循环放热量 q_2 较小,则燃气透平热效率 η 就较高。从循环角度来看,如果保持单位质量空气加热量不变,湿循环工况的放热量明显要比干循环少,因此这种情况下,进气喷水循环的热效率要较干循环效率高。

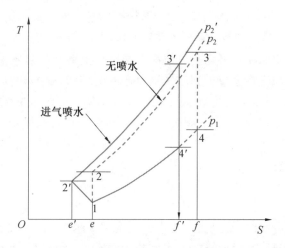

图 7.14　涡喷发动机无喷水 / 喷水热力循环 $T-S$ 图

7.6.2　整机模拟平衡条件分析

如同实际发动机的正常运行,燃气透平的整机数值模拟也要满足一些基本的条件,这对整机模拟结果是否合理影响很大。当进行整机数值模拟得到收敛解时,首先要满足至少两个匹配条件,也就是发动机各部件通流的流量平衡条件和压气机与涡轮之间的功率或扭矩平衡。

对于发动机的流量平衡,可由下式表示:

$$\dot{m}_a + \dot{m}_w + \dot{m}_f = \dot{m}_g + k_w \dot{m}_w \tag{7.25}$$

式中,$\dot{m}_a$ 为发动机进气质量流量;$\dot{m}_w$ 和 $\dot{m}_f$ 分别为进气喷水质量流量和燃油喷射质量流量;$\dot{m}_g$ 为涡轮排气质量流量;k_w 为水滴撞击端壁被捕捉的水分捕捉率,对于无喷水工况,k_w 值为零。

图 7.15 给出了整机模拟结果得到的无喷水和各喷水工况的流量平衡关系,横坐标为喷水量,纵坐标为 $[(\dot{m}_a + \dot{m}_w + \dot{m}_f)/(\dot{m}_g + k_w \dot{m}_w)]$。由图可见,最大偏差不超过 0.3%,流量平衡匹配很好,燃气透平进口到出口的质量守恒符合很好。图中的平衡关系显示,所有数值模拟结果中得到的进口流量与喷水量、喷油量之和 $(\dot{m}_a + \dot{m}_w + \dot{m}_f)$ 都略大于涡轮排

气量与水分捕捉量之和($\dot{m}_g + k_w \dot{m}_w$),这可能是计算模型中存在较多的交界面,且互相之间数据传输采用混合面近似法产生的。

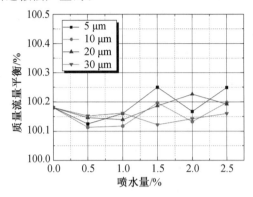

图 7.15　涡喷发动机质量流量平衡

图 7.16 给出了不同喷水平均直径情况下端壁捕捉率和燃烧室蒸发率。随着喷水直径增大,越来越多的水滴将会撞击到压气机通道的上端壁,根据计算假设,这些水分会被捕捉并从循环除掉。当喷水平均直径为 5 μm 时,只有 0.85% 左右的水分会被端壁捕捉,而流出三级压气机通道的水分则达到 7.94%,这些水分将会在燃烧室区域蒸发掉。当喷水平均直径为 10 μm、20 μm 和 30 μm 时,端壁捕捉率将分别达到 9.59%、23.14% 和43.95%;而进入燃烧室区域的水分比例分别为24.60%、28.48% 和 22.00%。可见,当喷水中水滴直径较大时,只有较少水分会在压气机内蒸发掉。当喷水平均直径为 20 μm 和30 μm 时,在压气机内蒸发的水分分别仅有 48.38% 和 34.05%。根据计算中端壁捕捉假设,当喷水直径越来越大时,端壁捕捉的水分比例越来越大,能够在压气机和燃烧室通流中总的蒸发比例越来越少,因此压气机内水分蒸发比例一直降低,而燃烧室中蒸发的水分比例呈现先增大后减小的趋势。

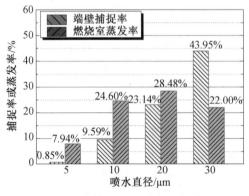

图 7.16　水滴在端壁捕捉率和在燃烧室内的蒸发率

实际运行的涡喷发动机必须保证涡轮发出的功率能够恰好驱动压气机,也就是两个部件发出的功率 L_T 和消耗的功率 L_C 相等或者扭矩相等,这样才能够使发动机稳定工作在某一转速下。在燃气透平整机数值模拟中,也必须满足涡轮发出功率(或扭矩)与压气机消耗功率(或扭矩)平衡,以保证二者可以以同一转速稳定工作。这种功率平衡关系在

图 7.13 发动机循环 $p-V$ 图上表现为代表涡轮输出功的 $b—4^*—5^*—c—b$ 包围的面积要等于代表压气机消耗功的 $b—3^*—2^*—a—b$ 包围的面积。图 7.17 给出了整机模拟结果得到的无喷水和各喷水工况的涡轮与压气机之间的平衡关系,横坐标为喷水量,纵坐标为 $[L_T/L_C]$。可见,模拟结果很好地满足涡轮与压气机之间的功率匹配关系,偏差不超过 0.75%。由图中结果还可发现,除了喷水直径 5 μm、喷水量大于等于 1% 的工况点,其他工况下的涡轮输出功都略小于压气机消耗功。

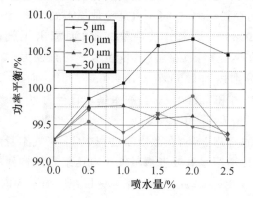

图 7.17　涡喷发动机压气机与涡轮的扭矩平衡

7.7　本章小结

本章首先对燃气透平整机数值模拟的发展进行了介绍,主要是斯坦福大学的 CITS 和 NASA GRC 在整机模拟方面取得的成果,并对燃烧理论及湍流燃烧模型、辐射传热模型、NO_x 生成进行介绍。本书燃烧采用两步反应机理,选择混合涡团耗散/有限速率化学反应模型对湍流燃烧进行模拟,气体的热辐射采用 P1 模型,固体的热辐射采用蒙特卡洛模型。污染物 NO 的生成包括热力型和快速型。

本书选择一台小型涡喷发动机作为研究对象,研究进气喷水对燃气透平性能及其部件性能的影响,以及对于燃气透平污染物排放的影响。对涡喷发动机的数值研究采用稳态模拟,压气机和涡轮部件模型只含单个通道,采用结构化网格,燃烧室部件取 $\frac{1}{12}$,采用六面体网格占优的混合网格。计算中,压气机进口给定总温、总压条件,涡轮出口给定背压条件,并在压气机进口给出喷水条件,在燃烧室喷油嘴给出喷油条件。假定水滴撞击叶片发生破碎后反弹,动量有一定损失,水滴撞到端壁后被捕获,考虑大水滴在气动力作用下可能发生的二次破碎。离散相和连续相之间的质量、动量和能量传递求解采用双向耦合。

对数值模拟得到的无喷水和各喷水工况的结果进行了初步展示和分析。

由于所研究的涡喷发动机很小,喷入水滴在压气机内滞留时间很短,不能完全蒸发,未蒸发完的大水滴进入燃烧室在较高温度场中完成蒸发。小于 5 μm 的水滴可以很好地跟随气流,并能够在燃烧室高温区之前完全蒸发。附面层的低能流体可使壁面附近水滴减速,延长其滞留时间,因此使得离心力作用增强,水滴径向迁移加强。大水滴与气流间存在较大的滑移速度,若达到变形和破碎临界韦伯数,将发生二次破碎,产生很多小水滴;另外,大水滴的较大惯性使它们很容易撞击到叶片并发生破碎,产生更多小水滴,若破碎后的水滴在下游继续与叶片发生碰撞,将继续发生破碎,产生更小水滴。小水滴跟随气流能力强,在压气机内的径向运动很弱,但大水滴径向偏移较大,喷水平均直径为 30 μm 时,压气机第三级静叶通道内大量水滴聚集于流道的上半部。在叶片通道内,只有微米级小水滴在经过叶片时可以很好地跟随气流偏转,越小的水滴越能够向吸力面靠近,大水滴则逐渐偏离吸力面;当水滴直径较大时,将不可避免地撞击到叶片压力面侧。当喷水平均直径为 5 μm 时,只有约 0.85% 的水分被端壁捕捉,而流出压气机通道的水分则达到 7.94%,这些水分将会在燃烧室区域蒸发。当喷水平均直径为 10 μm、20 μm 和 30 μm 时,端壁水分捕捉率将分别达到 9.59%、23.14%、43.95%,而进入燃烧室区域的水分比例分别为 24.60%、28.48% 和 22.00%。当喷水平均直径为 20 μm 和 30 μm 时,在压气机内蒸发的水分分别仅有 48.38% 和 34.05%。

对于发动机进气喷水理想循环,在湿压缩过程中,干空气本身的压缩过程绝热,而放热过程释放的热量全部传递给水滴或者水蒸气。对压缩系统内所有工作介质来说,压缩过程仍然是一个绝热过程,空气释放的热量完全保留在压缩系统内,没有任何损失。可以认为,进气喷水技术使得燃气透平循环成为一个特殊的效率很高的中冷回热循环。由于假设单位质量空气的燃油量不变,即燃气透平循环加热量近似保持恒定,因进气喷水循环排气温度要低得多,则喷水循环的放热量比干循环放热量少很多。从循环角度看,在单位质量空气加热量不变的条件下,湿循环工况的放热量明显要少于干循环,则进气喷水循环的热效率要较干循环效率高。

第8章   燃气透平整机环境下进气喷水性能研究

燃气透平进气道喷水与过喷水、压气机湿压缩技术是近年来最受关注的燃气透平增功技术,不但可以有效增加现有工业燃气透平的功率输出,而且可以提高装置的热效率,被认为是相对简单且效费比较高的技术。另外,向压气机喷水还存在提高压气机工作稳定性的潜力,这对改善燃气透平装置的工作性能有重要意义。

计算流体力学(CFD)方法可以全面考察燃气透平部件内部流动的三维特性,近年来在燃气透平喷水研究中受到普遍重视,已成为一种重要的研究手段。由于一般燃气透平都具有复杂的通流结构和多物理场特点,难以进行整体的燃气透平喷水 CFD 研究,因此以往的研究主要针对压气机孤立部件的喷水问题,未能对喷水燃气透平整个系统进行耦合研究和分析。另外,简单的燃气透平喷水热力学分析模型已不能满足当前技术发展的要求,因此急需开展喷水燃气透平的多维研究,以对喷水燃气透平的整体性能做全面研究。

第 5 章中已经实现小型涡喷发动机进气喷水的数值模拟,并展示了整体流场情况,本章将对第 7 章的进气喷水燃气透平整机模拟的结果进行全面分析,研究进气喷水对小型涡喷发动机整体性能和部件性能的影响,以及对发动机各部件内流场的影响。

8.1   整机环境下进气喷水全通流模拟总体与部件性能分析

图 8.1 给出了发动机进气质量流量随喷水量的变化关系。由图可见,随着喷水量增大,发动机进气量快速增加。在相同的喷水量时,进口流量随着喷水直径的增大而显著降低。与无喷水工况相比较,在喷水量为 2.5% 时,如果喷水平均直径为 5 μm,则可使发动机进气量增加 8.8%;如果喷水平均直径增大到 30 μm,则进气量只能增加 3.0%。根据本书的假设条件,进入压气机流道的大水滴可能会被端壁捕捉,从而失去对流场的继续影响;还有部分水滴会进入燃烧室区域继续蒸发至完全消失。所以,如果喷水中包含大量较大水滴,在压气机内蒸发的水分比例会较低。水分只有在压气机内蒸发,使气流得到降温,才能对发动机进气质量流量产生比较大的影响。而进入燃烧室的水分只能通过直接蒸发增加燃气流量,这对发动机进气量的增加影响较小。

图 8.2 ~ 8.4 给出了压气机、燃烧室和涡轮出口气流温度随喷水量变化的关系。由图可见,发动机的三个部件各自的出口气流温度随喷水量增加而降低,而且都呈现近似线性关系。结果显示,对各部件来说,在喷水量一定的条件下,喷水水滴越小,各出口的气流温度就会越低,这也意味着各温度场也应该有相应的降低。这是因为较小的水滴可以在较短的运行距离和时间内大量蒸发,使压气机气流场的温度迅速下降,这使得发动机燃烧室、涡轮等其他部件流场的温度也相应大幅下降。而较大水滴在压气机内得不到充分蒸

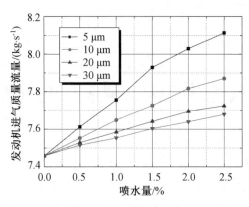

图 8.1　涡喷发动机进气质量流量与喷水量关系

发,气流降温效果较弱,导致燃烧室进气流场的温度较高,虽然会有部分水分在燃烧室内蒸发,但对温度降低的效果不明显,从而导致发动机全流场的温度会较高。与无喷水工况相比较,在喷水量为 2.5% 的情况下,喷水平均直径分别为 5 μm、10 μm、20 μm 和 30 μm时,压气机出口气流平均温度下降量分别为 48.9 K、39.6 K、28.3 K 和 22.4 K,燃烧室出口气流平均温度下降量分别为 71.2 K、68.7 K、57.6 K 和 45.5 K,涡轮出口气流平均温度下降量分别为 68.3 K、65.5 K、54.5 K 和 43.1 K。在喷水平均直径为 5 μm,喷水量分别为 0.5%、1.0%、1.5%、2.0% 和 2.5% 情况时,压气机出口气流平均温度相对下降量分别为 2.26%、4.28%、6.13%、7.89% 和 9.51%,燃烧室出口气流平均温度相对下降量分别为 1.29%、2.60%、3.97%、5.18% 和 6.24%,涡轮出口气流平均温度相对下降量分别为 1.54%、3.02%、4.37%、5.62% 和 6.83%。由图 8.3 和图 8.4 还可以观察到,5 μm和 10 μm 喷水对燃烧室和涡轮出口气流温度的影响相差较小,这与图 8.2 中压气机出口气流温度情况显著不同,这是由于两个直径的喷水的实际蒸发量比较接近,所以燃烧室和涡轮出口气流温度接近,但 5 μm 喷水在压气机内蒸发量大,这使得 5 μm 喷水时压气机出口气流温度比 10 μm 喷水时低得多。对于一般燃气透平来说,燃气温度下降对燃气透平的高温部件是有益处的,可以减弱热负荷,从而延长维护周期,降低维护成本。

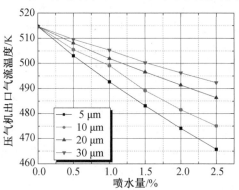

图 8.2　压气机出口气流温度与喷水量关系

172

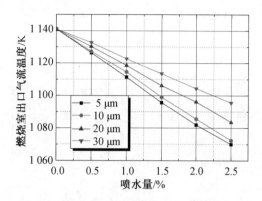

图 8.3　燃烧室出口气流温度与喷水量关系

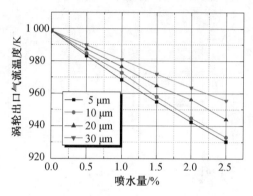

图 8.4　涡轮出口气流温度与喷水量关系

　　图 8.5 和图 8.6 给出了压气机压比和涡轮膨胀比随喷水量变化的关系。结果表明，压气机压比和涡轮膨胀比随着喷水量增加而提高。在喷水量一定的条件下，喷水水滴越小，压比和膨胀比也越高。与无喷水工况相比较，喷水量为 2.5%，喷水平均直径为 5 μm 时，由于压缩过程的较强蒸发冷却作用，压气机压比提高了 7.56%；而在喷水平均直径为 30 μm 时，相同的喷水量仅能使压比提高 1.92%。这说明喷水水滴越微细，压缩过程温降越显著，压气机压比提升就越大。根据图中结果，也可以得出结论，水滴只有在压气机内蒸发才能对提升压比有显著作用，而进入燃烧室区域的水滴蒸发对压比提升贡献很小。涡轮膨胀比随喷水量变化关系与压气机压比变化规律类似。与无喷水工况相比较，喷水平均直径为 5 μm，喷水量分别为 0.5%、1.0%、1.5%、2.0% 和 2.5% 时，压气机压比分别提高 1.89%、3.54%、5.52%、6.74% 和 7.56%，涡轮膨胀比分别提高 1.05%、1.94%、2.98%、3.61% 和 4.02%。

　　图 8.7 给出了涡喷发动机的推力相对增加量随喷水量变化的关系。发动机净推力 F_N 可由下式定义

$$F_N = \dot{m}_g c_{out} - \dot{m}_a c_{in} + (p_{out} - p_{in}) A_{out} \tag{8.1}$$

式中，c_{in} 和 c_{out} 分别为压气机进口和涡轮出口气相的轴向速度分量；p_{in} 和 p_{out} 分别为压气机进口和涡轮出口的气流静压；A_{out} 为涡轮出口截面的面积。式(8.1) 等号右边前两项的组合 $[\dot{m}_g c_{out} - \dot{m}_a c_{in}]$ 可以看作是净动量推力项，第三项 $[(p_{out} - p_{in}) A_{out}]$ 可以看作是压力推力项。

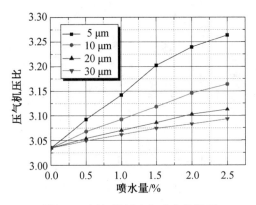

图 8.5 压气机压比与喷水量关系

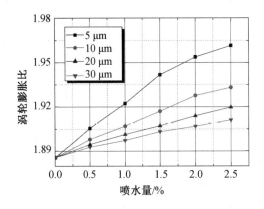

图 8.6 涡轮膨胀比与喷水量关系

由图 8.7 可见,发动机推力相对增加量随喷水量增加而明显增大。在喷水量一定的条件下,喷水水滴越小,推力增加越多。与无喷水发动机工况相比较,在喷水量为 2.5%,喷水平均直径为 5 μm、10 μm、20 μm 和 30 μm 时,发动机推力相对增加量分别为 13.08%、7.55%、4.69% 和 3.89%。根据水分蒸发位置的不同,可以把喷水量增加对发动机推力增加的贡献分成两部分:① 水分在压气机内蒸发时,一方面产生的蒸汽本身可以作为工作介质参与之后涡轮的做功,另一方面由于气流受到蒸发冷却作用而使流量大大增加,后者是发动机推力增加的主要贡献;② 水分在燃烧室内蒸发时,产生的蒸汽可以直接增加进入涡轮做功的燃气流量,但不会使发动机进气量增加。当喷水中存在大量较大水滴时,能够在压气机内蒸发的水分减少,而燃烧室内蒸发水分的比例增加,这就使得发动机通过喷水增加推力的效果大打折扣。因此,从有效利用喷水来增加发动机推力的角度来说,必须要保证进气喷水的水滴足够小。

图 8.8 和图 8.9 分别给出了涡喷发动机的相对(与干态对比)耗油率(SFC,常用单位为 kg/(N·h))和每 100 g 燃油推力随喷水量变化的关系。由图 8.8 可见,与无喷水工况相比较,随着喷水量的增加,发动机的耗油率基本呈下降趋势。在喷水量一定的情况下,喷水水滴越小,耗油率降低越多。在喷水量为 2.5%,喷水平均直径分别为 5 μm、10 μm、

20 μm 和 30 μm 时,发动机耗油率分别只有无喷水时的 96.21%、98.13%、98.93% 和
99.11%。而由图8.9可清楚看出,随喷水量增加,发动机每100 g 燃油推力明显增加。同
样,在喷水量一定的情况下,喷水水滴越小,相同量的燃油产生的推力越大。在喷水平均
直径为 5 μm,喷水量分别为 0、0.5%、1.0%、1.5%、2.0% 和 2.5% 时,发动机每100 g 燃
油产生的推力分别为 206.39、208.78、210.36、212.32、213.91 和 214.52 N。在图 8.8 和
图 8.9 所示结果中还发现,随喷水量增加,相对耗油率与每100 g 燃油推力不是在所有喷
水直径下都单调降低或增加,只有喷水直径为 5 μm 时明显下降,其他几种直径情况存在
个别工况点。之所以出现这种结果,最可能的原因是计算几何模型和物理模型都较为复
杂,模型存在较多的分块和互相之间的交界面,而各交界面之间数据传递采用混合界面
法。在喷水平均直径为5 μm 时计算收敛情况比较好,而喷水直径增大之后收敛变得相对
困难,个别工况求解波动较大。而从相对耗油率与单位燃油推力随喷水量与喷水直径的
总体变化情况来看,在图中的几个与总体趋势不符合的工况点,耗油率变化幅度相对较
小,单位燃油推力变化值也相对较小,因此可以认为这几个点的"意外"是可接受的,并不
影响对喷水效果的整体评价。

图 8.10 和图 8.11 分别给出了涡喷发动机的压气机效率和涡轮效率随喷水量的变化
关系。由图 8.10 可见,压气机效率随喷水量增加而显著提高。在喷水量一定的情况下,
喷水水滴越小,压气机效率提高越多。与无喷水时的压气机效率相比,在喷水量为2.5%,
喷水平均直径分别为 5 μm、10 μm、20 μm 和 30 μm 时,压气机效率分别提高6.84%、
4.45%、2.97% 和 2.29%。由图 8.11 可见,相比于发动机进气喷水对压气机效率的显著
积极影响,喷水对涡轮效率几乎没有积极影响,只有很少几个工况点的效率略有提高,其
他工况点的效率都呈稍稍下降趋势,而且喷水直径越小效率下降越多。

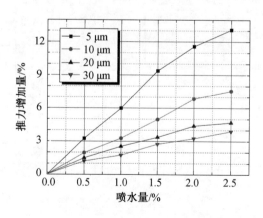

图 8.7　推力相对增加量与喷水量关系

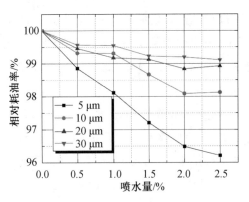

图 8.8　发动机相对耗油率与喷水量关系

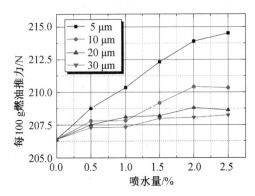

图 8.9　发动机每 100 g 燃油推力与喷水量关系

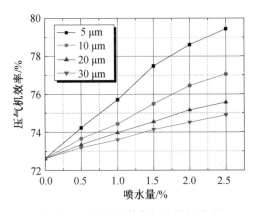

图 8.10　压气机效率与喷水量关系

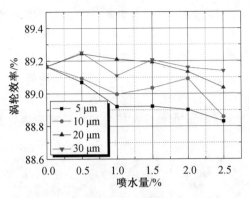

图 8.11　涡轮效率与喷水量关系

8.2　整机环境下进气喷水模拟叶轮部件流场参数分析

8.2.1　压气机流场参数分析

图 8.12～8.14 分别是无喷水工况和不同喷水条件下三级压气机 50% 叶高 B2B 截面的温度、压力和马赫数分布。无喷水工况,喷水 10 μm、1% 工况,喷水 10 μm、2% 工况和喷水 5 μm、2% 工况,压气机出口气流平均温度分别为 514.7 K、499.1 K、481.5 K 和 474.0 K,平均静压分别为 4.21 bar、4.30 bar、4.36 bar 和 4.50 bar,平均马赫数分别为 0.380、0.380、0.380 和 0.377。

由图 8.12 可见,与无喷水工况相比,进气喷水后,由于压气机流道内水滴蒸发的冷却作用,压气机气流场的温度有非常明显的下降。由前面分析已知,压气机出口气流温度随喷水量的增加呈现近乎线性下降。但进气喷水并不能使气流温度瞬间大幅下降,而是通过水滴的逐渐蒸发,气流受到不断冷却,才能使压气机内气流温度沿轴向逐渐下降,并且在末级达到最大温降。由图 8.12 各湿压缩工况与无喷水工况的对比可清楚观察到,在第一级动叶内,水滴蒸发较少,干、湿压缩工况温度场还没有明显区别;在第二级动叶内,对比吸力面低温区可发现,喷水后低温区范围扩大,该区域温度随喷水量增大而逐渐降低,喷水直径越小,温降越明显;在第三级动叶内,湿压缩工况与干压缩工况的温度场对比已非常明显,水滴蒸发的累积效应使得温度下降极为明显。由图 8.13 可见,与无喷水工况相比,进气喷水提高了压气机出口静压,三个喷水工况压气机出口静压分别比无喷水工况提高 2.07%、3.61% 和 6.79%,较小喷水平均直径更能够提高压气机压比,这是因为较小水滴可以在三级压气机内蒸发更多。由对温度场的分析已知,喷水工况与无喷水工况的温度差沿轴向逐渐增大,因此温度下降对压缩过程的影响也是沿轴向逐渐增大,气流压力提升量在末级达到最大,与无喷水工况的对比最为明显。由图 8.14 可见,与无喷水工况相比,进气喷水并没有明显改变压气机流场的马赫数分布,四个工况的出口马赫数均为 0.38,5 μm 喷水工况略低。

由以上分析可知,喷水量越大,喷入水滴越精细,压气机流场温度下降越多,相应压升也越大,湿压缩效果越好。当然,由于现代工业燃气透平和航空燃气透平的压比较高,工作范围较窄,对流量微小变化非常敏感,因此喷水量要适当选择,不能使压气机进入失速或喘振。喷水水滴精细的明显好处还在于可以减少水滴打到压气机叶片上的概率,防止冲蚀破坏,保护压气机叶片;减少因高速旋转的巨大离心力甩到端壁的水滴量,提高喷入水滴利用率,且可以防止各种形式水分在压气机内局部积聚导致流场恶化。

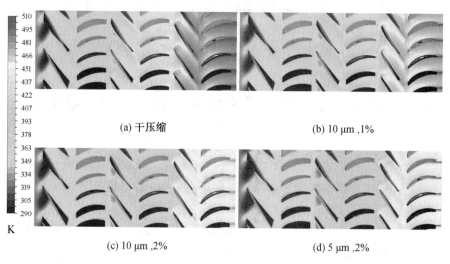

图 8.12　三级压气机 50% 叶高 B2B 截面温度分布(彩图见附录)

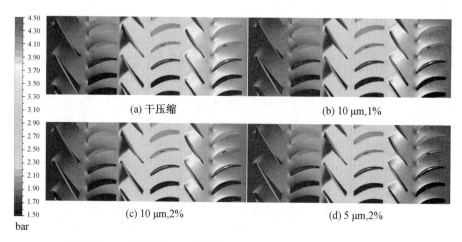

图 8.13　三级压气机 50% 叶高 B2B 截面压力分布(彩图见附录)

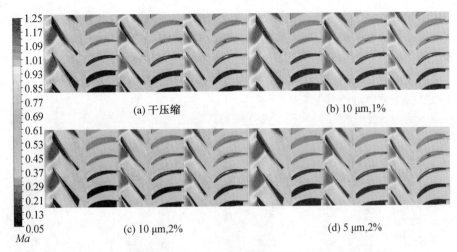

図 8.14   三级压气机 50％ 叶高 B2B 截面马赫数分布（彩图见附录）

8.2.2   涡轮流场参数分析

图 8.15～8.17 分别是无喷水工况和不同喷水条件下涡喷发动机涡轮部件50％叶高 B2B 截面的温度、压力和马赫数分布。无喷水工况，喷水 10 μm、1％ 工况，喷水 10 μm、2％ 工况和喷水 5 μm、2％ 工况，涡轮进口平均温度分别为 1 141.0 K、1 114.5 K、1 085.5 K 和 1 081.9 K，出口气流平均温度分别为 998.6 K、972.8 K、944.8 K 和 942.4 K，进口平均静压分别为 3.77 bar、3.86 bar、3.93 bar 和 4.04 bar，出口平均马赫数分别为 0.628、0.642、0.653 和 0.669。

由图 8.15 可见，喷水工况涡轮进气温度大大低于无喷水工况（本书模拟中假定单位空气量条件下喷油量固定），各喷水工况分别比无喷水工况低26.5、55.5 K 和 59.1 K。各喷水工况的涡轮出口气流温度也远低于无喷水工况，差值分别为 25.8 K、53.8 K 和 56.2 K。因为涡喷发动机进气喷水可使涡轮膨胀过程的气流温度大大降低，非常有益于延长涡轮的工作寿命。另外，如果喷水技术用于军用燃气透平，较低的排气温度也可以在抑制红外特征方面起到一定作用。由图 8.16 可见，喷水工况涡轮进气压力要高于无喷水工况（本书模拟中假定单位空气量条件下喷油量固定），各喷水工况分别比无喷水工况高2.39％、4.24％ 和 7.16％，较高的涡轮进气压力增强了做功能力。由于本书计算边界条件中涡轮出口给定静压，所有工况中涡轮要膨胀到相同的背压，因此喷水工况中涡轮进出口较大压差可以提高排气速度，使推力增加。由图 8.17 可见，喷水工况涡轮出口马赫数高于无喷水工况，而且进气喷水量越大，喷入水滴越精细，相应的涡轮出口马赫数越高。

由以上分析可知，进气喷水水滴越微细、喷水量越大，涡轮的做功能力就越强，喷气速度越高，越有利于增大推力。另外还发现，喷水量 2.5％ 条件下，平均喷水直径 10 μm 和 5 μm 两工况的涡轮温度场较为接近，这是因为两工况中实际能够蒸发的水量相差不大（不超过 10％），但前者中进入燃烧室蒸发的水分是后者的三倍，燃烧室内蒸发的水分能够使其流场温度降低，但不足以影响燃烧室内气流的压力场，于是导致了平均喷水直径

$10\ \mu$m时燃气透平性能改善与$5\ \mu$m工况有较大差距。这进一步表明,水滴在燃烧室内蒸发对燃气透平的性能提高有限,主要是因为燃烧室内蒸发不能影响上游的压气机性能,既不能增加压气机的进气量,也不能增加燃烧室的进气压力,只能通过燃烧室内蒸发产生的水蒸气增加涡轮的进气量。因此,从这个角度来说,燃气透平进气喷水要比燃烧室喷水更能改善燃气透平装置的性能。

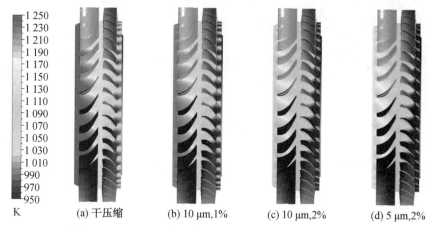

图 8.15　涡轮 50% 叶高 B2B 截面温度分布(彩图见附录)

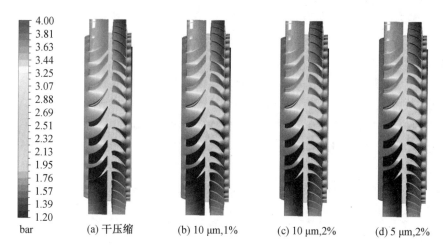

图 8.16　涡轮 50% 叶高 B2B 截面压力分布(彩图见附录)

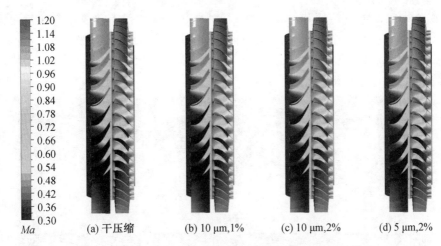

图 8.17　涡轮 50％ 叶高 B2B 截面马赫数分布(彩图见附录)

8.3　整机环境下进气喷水模拟叶轮部件流场流线分析

8.3.1　压气机流场流线分析

本书研究的涡喷发动机运行状态是以 $Ma=0.85$ 为飞行状态,在所给定的发动机压气机进气和涡轮排气边界条件及相应转速和喷油条件下,压气机内流动分离较为严重。无论是否进气喷水,压气机的流动分离主要发生于各级静叶的吸力面和第一级动叶的吸力面,而所有动叶和静叶的压力面都没有发生流动分离。图 8.18 中给出了发动机无喷水和不同喷水条件下的压气机各级动、静叶片吸力面的极限流线,图 8.19 中分别是各工况压气机第一级动、静叶片附近的体流线及动叶顶部间隙流线,图 8.20 ～ 8.22 分别给出各工况压气机第一级静叶 75％ 叶高、第二级静叶 60％ 叶高、第三级静叶 80％ 叶高的 B2B 截面流线。

对图 8.18 中各工况压气机叶片表面吸力面极限流线进行仔细查看发现,喷水后流线发生一定变化,具体表现为:第一级动叶的分离线(与流场中的激波位置相对应)向后稍稍移动,静叶上部的分离区明显缩小;第二级动叶激波后的沿叶高方向的串流增强,预示着分离趋势增强,静叶上半部的较大分离区没有明显改变;第三级的动叶和静叶流线基本没有变化。上述流线变化对比无喷水和喷水 $5\,\mu m$、2％ 两个工况最为明显,表明喷水量越大,喷水越精细,湿压缩对压气机流场影响越明显。由图 8.19 中叶片吸力面附近的体流线可以更加清楚地观察第一级动、静叶片吸力面附近的流动状况,可见,随喷水量增加,第一级流动分离状况改善明显。为了更加细致地研究喷水对各级静叶吸力面分离的影响,图 8.20 ～ 8.22 分别给出各静叶分离区域特定叶高 B2B 截面的流线。可见,喷水可以使第一级静叶分离区(图 8.20)明显减小,喷水量越多,喷水直径越小,越能减弱该区域的分离;喷水对第二级静叶分离区(图 8.21)影响微弱,仅仅使其微微减小;第三级静叶分离区(图 8.22)在喷水后不但没有减小,反而随喷水量增加和喷水直径减小而稍稍增大。

由以上分析可知,发动机进气喷水之后,不但可以提高压气机的压比,而且能够改善压气机第一级的流动状况,使叶片表面的分离减弱。但喷水没有改善压气机后两级的流动状况,使得第二级动叶激波后吸力面沿叶高方向的串流增强,第三级静叶分离区稍有扩大。喷水对压气机内流场分离状况的影响与湿压缩压气机的"前减后增"工作特点相符合,这将在后面做详细分析。

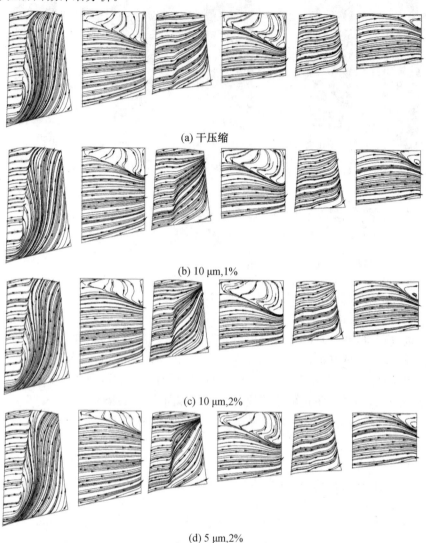

(a) 干压缩

(b) 10 μm,1%

(c) 10 μm,2%

(d) 5 μm,2%

图 8.18　压气机各级动、静叶片吸力面极限流线

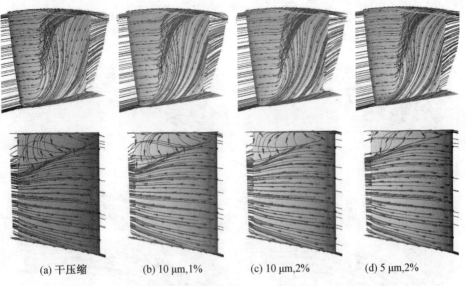

(a) 干压缩　　　　(b) 10 μm,1%　　　　(c) 10 μm,2%　　　　(d) 5 μm,2%

图 8.19　压气机第一级动、静叶附近体流线及动叶顶部间隙流线

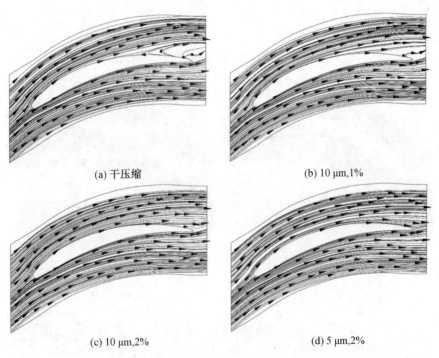

(a) 干压缩　　　　　　　　　　　(b) 10 μm,1%

(c) 10 μm,2%　　　　　　　　　　(d) 5 μm,2%

图 8.20　压气机第一级静叶 75% 叶高 B2B 截面流线

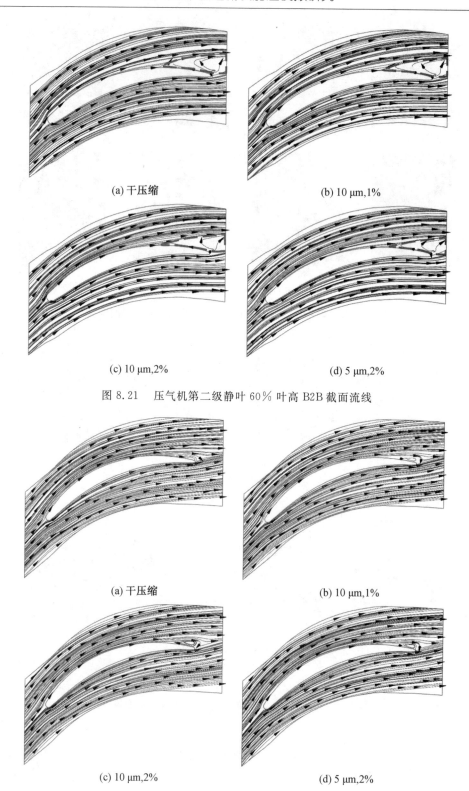

(a) 干压缩

(b) 10 μm,1%

(c) 10 μm,2%

(d) 5 μm,2%

图 8.21　压气机第二级静叶 60％ 叶高 B2B 截面流线

(a) 干压缩

(b) 10 μm,1%

(c) 10 μm,2%

(d) 5 μm,2%

图 8.22　压气机第三级静叶 80％ 叶高 B2B 截面流线

8.3.2 涡轮流场流线分析

本书所研究的涡喷发动机只有一级涡轮,流场分离只发生于动叶压力面的下部前半叶片,图 8.23 中给出了无喷水和不同喷水条件下该分离涡的情况,并在图 8.24 给出了 5% 叶高 B2B 截面流线。由图可见,喷水前后动叶压力面的分离涡没有明显变化。而由 B2B 截面流线可见,在该位置前缘进气存在较大的负攻角,分离涡正是进气负攻角导致,此分离涡并没有受到发动机进气喷水的显著影响。

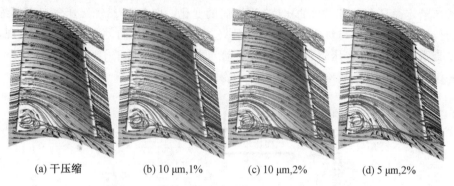

(a) 干压缩　　(b) 10 μm,1%　　(c) 10 μm,2%　　(d) 5 μm,2%

图 8.23　涡轮动叶压力面附近及顶部间隙流线

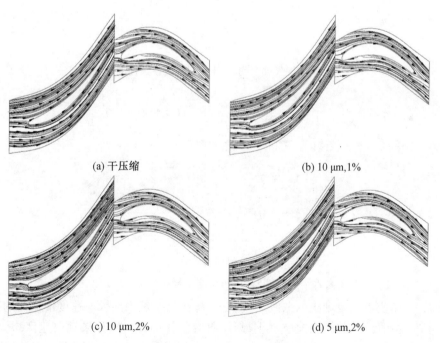

(a) 干压缩　　　　　　(b) 10 μm,1%

(c) 10 μm,2%　　　　　　(d) 5 μm,2%

图 8.24　涡轮 5% 叶高 B2B 截面流线

8.4　压气机部件工作特点

在第 4 章已经对多级轴流压气机湿压缩工作过程负荷分配的"前减后增"做了详细分析,这里将对涡喷发动机的进气喷水整机数值模拟得到的压气机湿压缩流场进行分析,讨论整机环境下喷水对压气机工作特性的影响。

图 8.25 给出涡喷发动机的三级压气机干、湿压缩工况相对总压(当地平均总压与压气机进口给定总压 152 575 Pa 的比值)沿流向的变化。图 8.26 给三级压气机湿压缩工况各断面位置平均总压力与对应干压缩各处平均总压差值沿流向的变化。可以发现,由于气流携带水滴的影响,湿压缩工况在第一级动叶之前总压略低于干压缩,而喷水 2% 工况在第一级静叶之前总压要略低于喷水 1% 工况。

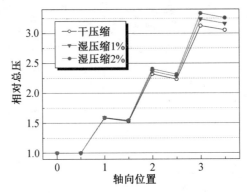

图 8.25　压气机干、湿压缩相对总压沿流向的变化

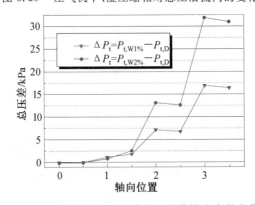

图 8.26　压气机湿、干压缩总压差值沿流向的变化

图 8.27 给出涡喷发动机的三级压气机干、湿压缩工况平均轴向速度沿流向的变化。在转速不变的条件下,如果轴向速度小,则体积流量就小,同样,如果轴向速度增大,则体积流量也同比例增大。由图可见,湿压缩工况进口轴向速度高于干压缩,而且喷水量越大,轴向速度越大;而出口轴向速度则低于干压缩工况,喷水量越大,轴向速度越小。因此,涡喷发动机的湿压缩压气机进气体积流量要高于干压缩,而压气机出口体积流量则低于干压缩,并且若喷水量增加,这种差别将会增大。由前面分析已知,与无喷水工况相比,喷水平均直径为 5 μm 时,喷水量 1.0% 和 2.0% 分别使压气机的压比提高了 3.54% 和

6.74％。以体积流量衡量，三级压气机湿压缩工况的前部更接近压比较低、流量较大的干压缩工况，而后部将更接近压比较高、流量较小的干压缩工况，湿压缩的这一特点可以使压气机获得高流量、大压比。

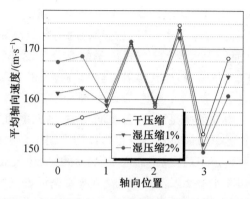

图 8.27　压气机干、湿压缩平均轴向速度沿流向的变化

图 8.28 给出涡喷发动机的三级压气机干、湿压缩工况各级动叶的负荷分配（或功率分配）情况。可见，相比干压缩工况，湿压缩使得第一级动叶的负荷比例下降，第三级动叶的负荷比例提高，第二级动叶负荷比例变化很小，湿压缩压气机的负荷分配呈"前减后增"的特点，并且喷水量越大，这一趋势越明显。

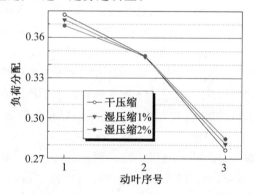

图 8.28　压气机干、湿压缩各动叶片的负荷分配情况

8.5　本章小结

本章以巡航状态的小型涡喷发动机作为研究对象，广泛而深入地研究了进气喷水对燃气透平整体性能和部件性能的影响。

随着进气喷水量增加，喷水直径减小，发动机进气质量流量大大增加。在喷水量为 2.5％ 时，若喷水平均直径为 5 μm，发动机进气量比无喷水工况增加 8.8％；若喷水平均直径为 30 μm，则进气量只能增加 3.0％。压气机压比和涡轮膨胀比随喷水量增加而提高，且喷水平均直径越小，压比和膨胀比越高。喷水量 2.5％、喷水平均直径 5 μm 时，压气机压比升高 7.56％；而在喷水平均直径 30 μm 时，压比仅升高 1.92％。水滴只有在压气机内蒸发才能对提升压比有显著作用，而燃烧室区域的水滴蒸发对压比提升的贡献很小。涡轮的膨胀比随喷水量变化趋势与压气机类似。喷水量越大,水滴越精细,压气机流场温度下降越多,相应压升也越大,湿压缩效果越好,相应地,涡轮做功能力就越强,喷气速度越高,推力增加越大。

压气机、燃烧室和涡轮出口气流温度随喷水量增加而降低,而且都呈近似线性关系,而且水滴越小,温降越明显。较小的水滴可以在较短的运行距离和时间内使蒸发量更大,压气机温度场迅速冷却;而较大水滴在压气机内不能充分蒸发,降温效果较弱,导致燃烧室进气温度较高。对燃气透平来说,燃气温度下降对高温部件有益,可减弱热负荷,延长维护周期,降低维护成本。

发动机推力随喷水量增加而明显增加,且水滴越小,推力增加越多。水分在压气机内蒸发时,冷却作用使流量大大增加,蒸汽本身也可以作为工作介质参与涡轮做功。水分在燃烧室内蒸发时,产生的蒸汽可以直接增加进入涡轮做功的燃气流量,但不会使发动机进气量增加。为了有效利用喷水增加发动机推力,必须要保证进气喷水的水滴足够小。与无喷水工况相比较,随着喷水量增加,发动机的耗油率基本呈下降趋势,且喷水水滴越小,耗油率越低。从另一个角度来看,随喷水量增加、喷水水滴减小,发动机每 100 g 燃油推力明显增加。

发动机进气喷水能够改善压气机第一级的流动状况,使叶片表面的分离减弱,但不能改善压气机后两级的流动状况;进气喷水对涡轮叶片表面的分离几乎没有影响。压气机效率随喷水量增加而显著提高,喷水水滴越小,压气机效率提高越多,但喷水对涡轮效率几乎没有积极影响。水滴在燃烧室内蒸发对燃气透平的性能提高有限,因为燃烧室内的蒸发不能改善压气机性能,只能通过燃烧室内蒸发产生的水蒸气增加涡轮的进气量,因此,燃气透平进气喷水要比燃烧室喷水更能改善燃气透平装置的性能。

涡喷发动机进气喷水时,压气机进气体积流量要高于干压缩,而压气机出口体积流量则低于干压缩,并且喷水量增加,这种差别将会增大。以体积流量衡量,压气机湿压缩工况的前部更接近压比较低、流量较大的干压缩工况,而后部将更接近压比较高、流量较小的干压缩工况,湿压缩这一特点使压气机获得高流量、大压比。相比干压缩,湿压缩使得第一级动叶的负荷比例下降,第三级动叶的负荷比例提高,负荷分配呈"前减后增"的特点,并且喷水量越大,这一趋势越明显。

第9章 进气喷水对燃气透平污染物排放的影响

随着能源工业、航空业的快速发展,发动机污染物排放对环境保护带来了巨大的压力,氮氧化物(NO_x)、一氧化碳(CO)和未燃碳氢燃料(HC)等气体污染物,以及微小的烟尘颗粒和二氧化碳(CO_2)气体的大量排放受到越来越多的关注。特别是氮氧化物的排放,受到航空业和能源工业的极大关注,因为新型发动机大都大幅提高了压气机压比,从而改善了燃料效率,CO、HC 和 CO_2 的排放大大降低。但压气机压比的提高使得燃烧室火焰温度也大幅提高,NO_x 排放不减反增,即使采用新型燃烧室技术也未能很好地解决这一难题。向发动机喷水作为一种新型概念技术,在降低 NO_x 排放的同时又能保持或提高燃气透平性能方面具有的潜力,已引起全球主要发动机和飞机设计公司的极大关注。

第7章已经实现小型涡喷发动机进气喷水的数值模拟,第8章将进气喷水对燃气透平整体性能和部件性能的影响做了详细分析,本章将对进气喷水整机模拟结果的燃烧室部分的污染物生成及排放特点进行分析,探讨湿压缩技术对发动机污染物排放的影响。

9.1 燃气透平燃烧室污染物排放问题

能源工业、航空业快速发展,随之而来的是越来越多的发动机排放了更多的污染,给环境保护带来巨大的压力,人们越来越关注发动机排放的氮氧化物(NO_x)、一氧化碳(CO)和未燃碳氢燃料(HC)等气体污染物,以及微小的烟尘颗粒和二氧化碳(CO_2)气体。

NO_x 气体的生成与发动机燃烧室火焰的温度密切相关,当火焰温度高于 $1\,800\,K$ 时,氮气(N_2)开始在高温作用下氧化生成 NO_x,而且随着温度升高,NO_x 的生成速率迅速提高。要提高燃料效率,就要增加压比,因此新型发动机的关注点就是要进一步提高压气机的压比,这可以有效降低耗油率(SFC),也可以降低 CO_2、CO 和 HC 的排放量,但压比提高使得燃烧室进气温度升高,从而使得火焰温度提高,导致 NO_x 排放大幅增加。通常,提升压气机的压比可以使耗油率下降,但降幅不大,然而由于燃烧室进气温度的提高使得NO_x 生成速率呈指数攀升。为了努力减少 NO_x 的排放,研究人员研发了新型低 NO_x 燃烧室技术,其设计思想就是使雾化燃油和空气混合物在燃烧前更快更好地混合。尽管老式燃烧室也很高效、稳定和可靠,HC 和 CO 排放较少,但燃烧室内存在燃料/空气包块,导致局部高温,产生大量 NO_x。新型燃烧室能够使燃料和空气更好地掺混,使混合气体更加均匀,火焰温度更可控,保持总体温度较低,这样就会大大降低 NO_x 的产生。尽管新燃烧室技术可降低 NO_x 排放,但它是为更高压比的新发动机而设计的。而且新型燃烧室只能抵消老式燃烧室用于新发动机而增加的 NO_x 生成量。这样一来,还是需要研发更先进的燃烧室技术或使用其他新型概念技术,如喷水等,来降低 NO_x 的排放量。航空发动机喷水位置如图9.1所示，可以在低压压气机或高压压气机前喷入，也可以向燃烧室喷水，来降低 NO_x 的排放。

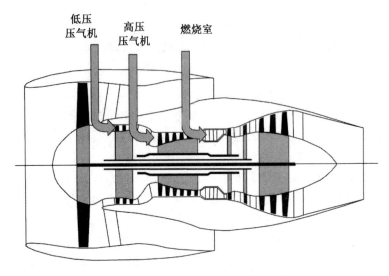

图 9.1　航空发动机喷水位置

另外，在航空发动机设计中采用紧凑结构的复杂循环也得到了进一步的发展，文献[262]探讨了中冷（中间冷却）和中冷回热式未来航空发动机概念技术（其结构如图9.2所示），认为航空发动机加装换热器后可以比传统设计更能提高压气机总压比，并且可以大大降低 CO_2 和 NO_x 排放量，这是传统发动机设计所不能达到的。文献中还以 CFM—56（总压比 27.5 左右）、Trent 800 和 GE90（总压比 37.5 左右）作为基准，对换热式航空发动机技术和传统发动机设计在未来能够达到的总压比与 NO_x 排放量进行对比，中冷回热技术可使总压比达到 70 左右，而且能够满足未来较高的长期排放目标，而传统发动机设计技术只能使总压比达到 45 左右，且只有采用新型贫燃料燃烧技术才能满足中期排放目标。

虽然类似中冷回热这样的复杂循环在航空发动机应用之后可以大大改善发动机性能，并能同时使 NO_x 和 CO 等污染物排放量大幅减少，但这类概念航空发动机投入实际应用之前还需要大量技术验证，并且该项技术能否普及应用到各型发动机还要考虑费效比等各种因素的影响。而燃气透平喷水技术相对简单，可以基于现有航空发动机进行技术改造，无须重新研发新型发动机。良好的喷水技术有望显著降低航空发动机的污染排放水平，满足越来越严格的污染排放指标，并且还可以改善发动机的性能，近年来喷水技术在工业燃气透平的广泛使用及其带来的巨大收益，大大激励了 NASA、波音、GE、Pratt & Whitney、Rolls-Royce 等研究机构和各主要航空发动机和飞机制造商开展航空发动机喷水技术研究的信心。

在本书研究中，燃烧产物包括二氧化碳、水蒸气、一氧化碳和一氧化氮，没有考虑烟黑或炭黑（Soot）的生成，通过对压气机进气进行不同喷水直径和喷水量的模拟，研究和分析湿压缩对燃烧室主要污染物 CO 和 NO 的生成的影响。

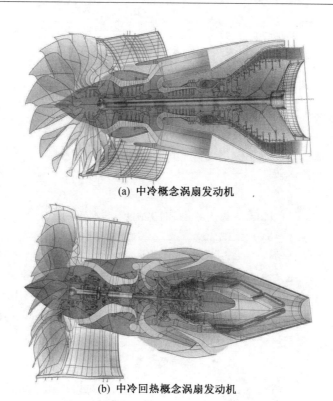

(a) 中冷概念涡扇发动机

(b) 中冷回热概念涡扇发动机

图 9.2　中冷和中冷回热概念涡扇发动机

9.2　进气喷水对燃气透平污染物排放性能的影响

图 9.3 和图 9.4 分别给出了压气机进口喷水直径和喷水量对燃烧室出口 NO 和 CO 浓度的影响,其中浓度单位是 $10^{-6}\,mol/m^3$。由图可见,相比较于无喷水工况,随喷水量增加,燃烧室出口 NO 浓度迅速下降,而且喷水直径较小时浓度下降更加显著;但 CO 浓度却随喷水量增加而逐渐提高,喷水直径越小,浓度提高越大。与无喷水工况相比较,喷水量 2.5% 的条件下,喷水平均直径分别为 5 μm、10 μm、20 μm 和 30 μm 时,燃烧室出口 NO 浓度分别下降 68.5%、67.2%、63.2% 和 54.3%,而 CO 浓度分别提高 80.2%、56.2%、43.9% 和 27.9%。NO 浓度的下降和 CO 浓度的提高的主要原因是燃烧室温度的下降,一方面是因为压气机排气温度由于湿压缩而大大降低,另一方面本书的研究中保持喷油率相对于压气机进口空气质量流量为定值(1.71%)。

虽然喷水之后,燃烧室出口 CO 浓度较无喷水工况大幅提高(最大提高量达 80.2%),但由于 CO 浓度本来就处于较低水平,所以从主要污染物 NO 来说,湿压缩可以大大降低燃烧室出口的污染排放。

图 9.5 和图 9.6 分别给出了水 / 燃料比和水 / 空气比与燃烧室出口 NO 排放相对浓度之间的关系。需要注意的是,图中水 / 燃料比和水 / 空气比中的水是实际蒸发水量,也就是变成水蒸气的水量,包括在压气机和燃烧室内的蒸发,不包括被压气机端壁捕捉的水

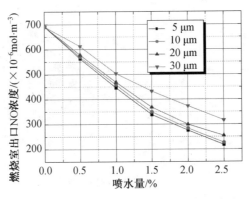

图 9.3　燃烧室出口 NO 浓度与喷水量关系

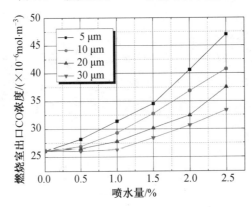

图 9.4　燃烧室出口 CO 浓度与喷水量关系

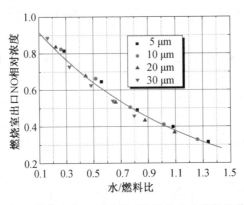

图 9.5　燃烧室出口 NO 相对浓度与水／燃料比关系

量。NO 相对浓度是指喷水工况与无喷水工况燃烧室出口 NO 浓度之比,这里直接用 NO/NO_0 表示。

　　文献[329]和文献[330]通过试验分别研究了向燃气透平燃烧室喷水和进气湿度对燃烧室 NO_x 排放的影响,试验结果分别表明 NO_x 生成量与水／燃料比 m_w/m_f 呈指数关系($NO_x = NO_{x_0}e^{-1.5m_w/m_f}$),和 NO_x 生成量与空气湿度(水／空气比 m_w/m_a)呈指数关系($NO_x = NO_{x_0}e^{-19m_w/m_a}$)。本书的数值研究结果也证实了这一关系。对图 9.5 和图 9.6 中的计算散点进行拟合,分别得到如下关系式:

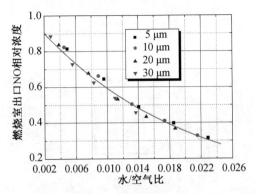

图 9.6　燃烧室出口 NO 相对浓度与水／空气比关系

$$\frac{NO}{NO_0} = e^{-0.886 m_w / m_f} \tag{9.1}$$

$$\frac{NO}{NO_0} = e^{-52.1 m_w / m_a} \tag{9.2}$$

可见,对于燃气透平进气喷水,无论通过水／燃料比还是水／空气比作为参变量,燃烧室的 NO 排放都分别随水／燃料比和水／空气比的增大而降低,并且都符合指数变化规律,只不过式中系数不同。而且,不同喷水平均直径对 NO 生成量的指数变化规律影响不大,NO 的生成量只与实际蒸发量有关。这样,对于某台特定燃气透平,对其进行喷水湿压缩所能达到的 NO 排放降低效果就可以通过一个关于喷水量的指数关系来描述。

图 9.7 和图 9.8 分别给出了压气机进口喷水直径和喷水量对每千克燃油 NO 和 CO 生成量的影响。由图 9.7 可见,单位耗油量条件下,NO 的生成量随喷水量增加而大大减少,而且喷水直径较小时 NO 生成量越少。与无喷水工况相比较,喷水量 2.5% 的条件下,喷水平均直径分别为 5 μm、10 μm、20 μm 和 30 μm 时,单位耗油量的 NO 生成量分别下降 69.8%、69.3%、65.5% 和 56.6%。由图 9.8 可见,以单位耗油量来衡量,CO 生成量并没有因进气喷水而大量增加,喷水量和喷水平均直径对单位耗油量条件下的 CO 生成量没有明显影响,也可以认为单位耗油量条件下 CO 生成对燃气透平进气喷水不敏感。由第 8 章的分析还可知,湿压缩可提高单位燃油的推力,所以可认为喷水降低了单位推力条件下 CO 的排放。

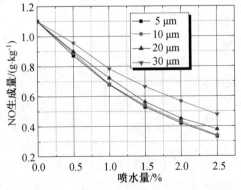

图 9.7　每千克燃油 NO 生成量与喷水量的关系

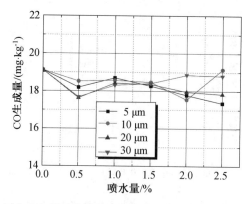

图 9.8　每千克燃油 CO 生成量与喷水量的关系

图 9.9 和图 9.10 分别给出了每千克燃油 NO 和 CO 生成量与喷入水滴实际蒸发量的关系。由图 9.9 可见,单位耗油量条件下,NO 的生成量随实际蒸发量增加而迅速减少,而且同样符合指数变化规律:

$$NO = 0.054 + 1.055e^{-0.607w_v} \qquad (9.3)$$

式中,w_v 为实际蒸发量。

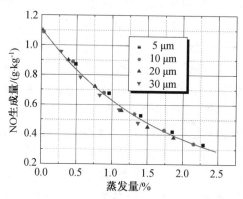

图 9.9　每千克燃油 NO 生成量与蒸发量的关系

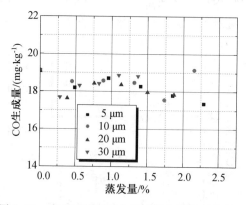

图 9.10　每千克燃油 CO 生成量与蒸发量的关系

如果 NO 生成量以相对于无喷水工况的生成量表示,则可拟合得到下式:

$$\frac{NO}{NO_0} = e^{-0.55w_v} \tag{9.4}$$

同图 9.5、图 9.6 得到的结论相同,单位耗油量条件下,不同喷水平均直径对 NO 生成量的指数变化规律影响不大,NO 的生成量只与实际蒸发量有关。因此,对于某台特定燃气透平来说,喷水之后的 NO 生成量也可以由一个关于实际蒸发量的指数关系式来确定。由图 9.8 已知喷水量对单位耗油量条件下的 CO 生成量影响很小,所以图 9.10 中显示结果也是如此。

9.3　　进气喷水对燃烧室流场污染物分布的影响

图 9.11 为无喷水和不同喷水工况下燃烧室温度分布云图,各云图中粗线代表温度为 2 350 K 位置。由第 8 章的结果分析已知,燃烧室出口气流温度随喷水量的增加而降低,且都呈近似线性关系。在喷水量一定的条件下,喷水水滴越小,燃烧室出口气流温度就会越低。与无喷水工况相比较,在喷水量为 2.5% 的情况下,喷水平均直径分别为 5 μm、10 μm、20 μm 和 30 μm 的发动机进气喷水分别使燃烧室出口气流平均温度下降 71.2 K、68.7 K、57.6 K 和 45.5 K。在喷水平均直径为 5 μm,喷水量分别为 0.5%、1.0%、1.5%、2.0% 和 2.5% 时,燃烧室出口气流平均温度无喷水工况分别下降 1.29%、2.60%、3.97%、5.18% 和 6.24%。由图 9.11 可见,与燃烧室出口气流温度随喷水量和喷水平均直径变化的趋势相对应,燃烧室流场温度分布也呈现相同的变化。与无喷水工况相比,喷水后燃烧室高温区缩小,而且喷水量越大,高温区域越小。由图 9.11(c)、(d) 可见,喷水量同为 2% 的条件下,喷水平均直径分别为 10 μm 和 5 μm 的燃烧室温度场分布非常相近,这与两工况出口气流温度相近的规律一致。

图 9.12 和图 9.13 分别为无喷水和不同喷水工况下燃烧室流场内部和出口截面 CO 浓度分布云图。由图 9.12 可见,喷水后由于燃烧室流场温度降低,燃油喷嘴附近的燃烧反应减弱,CO 浓度稍微增大,但在主燃区高温火焰中 CO 与 O_2 足以充分反应,基本燃烧完毕,与无喷水工况没有明显差别。由图 9.13 可见,喷水使得燃烧室出口 CO 浓度升高,喷水量越大,CO 浓度越大。前面分析已经指出,由于 CO 排放浓度总体水平较低,即使喷水后浓度提高很大,但仍旧处于较低的浓度水平。从单位质量燃油产生的 CO 排放量来衡量,喷水之后 CO 生成量与无喷水工况相比并没有增加。而且,如果以发动机的单位功率产生的 CO 量来衡量,由于喷水之后发动机推力显著增加,因此单位功率的 CO 生成量要少于无喷水工况。

图 9.14 和图 9.15 分别为无喷水和不同喷水工况下燃烧室流场内部和出口截面 NO 浓度分布云图。由图 9.14(a) 可见,NO 浓度较高的区域正好对应流场中的高温区域,表明高温区 N_2 与 O_2 反应更剧烈,NO 生成较多。对比图 9.14 中喷水工况与无喷水工况,喷水之后燃烧室流场 NO 浓度明显降低,这与喷水之后燃烧室火焰温度分布相一致。喷水量越多,燃烧室流场温度下降越大,生成的 NO 就越少,浓度下降越大。由图 9.14(c)、(d) 可见,喷水量同为 2% 的条件下,喷水平均直径分别为 10 μm 和 5 μm 的燃烧室流场 NO 浓度分布非常相近,这与两工况温度场分布一致。由图 9.15 可见,由于压气机湿压缩使

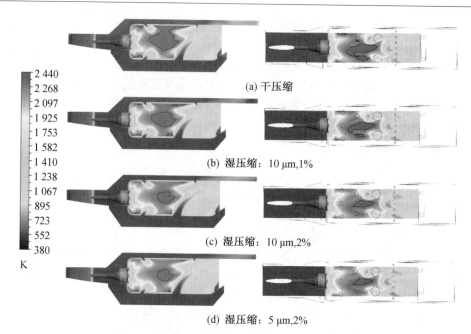

(a) 干压缩

(b) 湿压缩：10 μm,1%

(c) 湿压缩：10 μm,2%

(d) 湿压缩：5 μm,2%

图 9.11 燃烧室过喷嘴轴线温度分布云图（粗线：2 350 K）（彩图见附录）

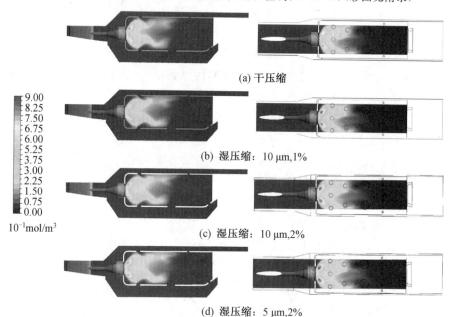

(a) 干压缩

(b) 湿压缩：10 μm,1%

(c) 湿压缩：10 μm,2%

(d) 湿压缩：5 μm,2%

图 9.12 燃烧室过喷嘴轴线 CO 浓度分布云图（彩图见附录）

燃烧室进气得到冷却，燃烧室内燃气温度也较无喷水时低得多，因此燃烧室出口 NO 浓度比无喷水时大大降低，喷水量越大，NO 浓度下降越多。由图 9.15(c)、(d) 可见，喷水量同为 2% 的条件下，喷水平均直径分别为 10 μm 和 5 μm 的燃烧室出口 NO 浓度分布非常相近，这是由于两工况温度场分布较为一致。

图 9.16 和图 9.17 分别为无喷水和不同喷水工况下燃烧室流场快速型和热力型 NO

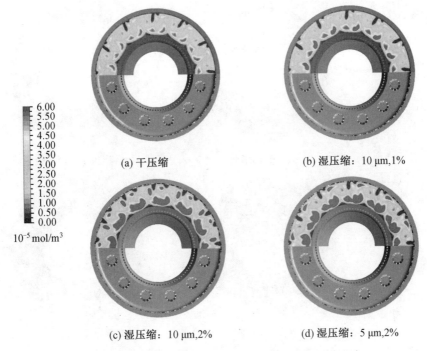

6.00
5.50
5.00
4.50
4.00
3.50
3.00
2.50
2.00
1.50
1.00
0.50
0.00
$10^{-5}\,mol/m^3$

(a) 干压缩　　　　　　　　　　(b) 湿压缩: 10 μm,1%

(c) 湿压缩: 10 μm,2%　　　　　(d) 湿压缩: 5 μm,2%

图 9.13　燃烧室出口 CO 浓度分布云图(彩图见附录)

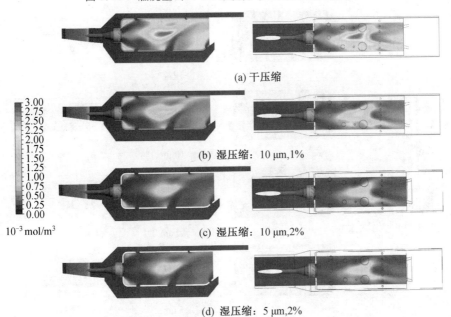

(a) 干压缩

3.00
2.75
2.50
2.25
2.00
1.75
1.50
1.25
1.00
0.75
0.50
0.25
0.00
$10^{-3}\,mol/m^3$

(b) 湿压缩: 10 μm,1%

(c) 湿压缩: 10 μm,2%

(d) 湿压缩: 5 μm,2%

图 9.14　燃烧室过喷嘴轴线 NO 浓度分布云图(彩图见附录)

生成速率分布云图。由两组不同类型 NO 生成速率分布云图可见,快速型 NO 主要生成
于火焰锋面,热力型 NO 主要生成于火焰高温区,而热力型产生的 NO 构成了 NO 污染物
的绝大部分,由图可见两种方式的生成速率相差大约三个数量级。由云图可见,压气机进
气喷水后,燃烧室中两种类型的 NO 生成速率都明显降低,而且喷水量越多,生成速率下

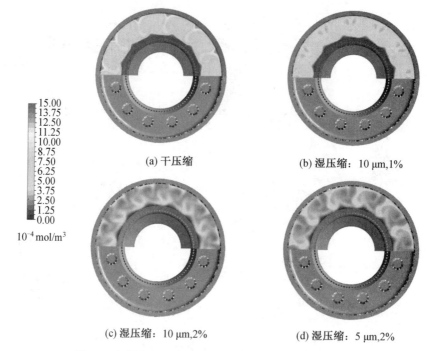

(a) 干压缩 (b) 湿压缩：10 μm,1%

(c) 湿压缩：10 μm,2% (d) 湿压缩：5 μm,2%

图 9.15 燃烧室出口 NO 浓度分布云图（彩图见附录）

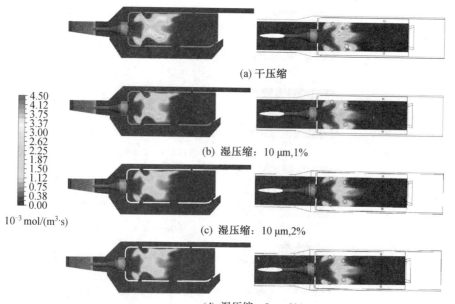

(a) 干压缩

(b) 湿压缩：10 μm,1%

(c) 湿压缩：10 μm,2%

(d) 湿压缩：5 μm,2%

图 9.16 燃烧室过喷嘴轴线快速型 NO 生成速率分布云图（彩图见附录）

降越明显。在燃烧过程中，氮的浓度基本上保持不变，控制热力型 NO 生成速率的主要因素是温度，若火焰温度低于 1 800 K，则 NO 生成量较少；但当温度高于 1 800 K 后，随温度升高，NO 的生成速率呈指数提高。由图 9.17 可见，通过向压气机进气喷水，对压缩气流进行冷却，使得燃烧室进气温度降低，可以大大降低燃烧室的火焰温度，从而大大降低热力型 NO 生成速率，减少发动机 NO 污染物的排放。

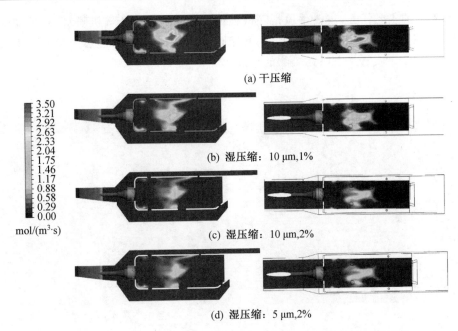

(a) 干压缩

(b) 湿压缩：10 μm,1%

(c) 湿压缩：10 μm,2%

(d) 湿压缩：5 μm,2%

图 9.17　燃烧室过喷嘴轴线热力型 NO 生成速率分布云图(彩图见附录)

9.4　本章小结

本章研究了进气喷水对小型涡喷发动机燃烧室主要污染物 NO 和 CO 生成和排放的影响,探讨了湿压缩技术对于降低燃气透平污染物排放的能力。

与无喷水工况相比较,燃气透平进气喷水使得燃烧室进气温度大大降低,从而燃烧室温度整体下降,可以有效降低燃烧室出口 NO 浓度,随喷水量增加,NO 浓度降低越多,而且喷水直径越小,NO 浓度下降越明显;但燃烧室出口 CO 浓度却随喷水量增加而逐渐提高,喷水直径越小,浓度提高越大。虽然发动机进气喷水使得燃烧室出口 CO 浓度较无喷水工况大幅提高(最大提高量达80.2%),但因污染物中 CO 浓度水平较低,所以从主要污染物 NO 来说,湿压缩可以大大降低燃烧室出口的污染排放。

如果以实际蒸发量衡量,燃烧室出口 NO 浓度与水／燃料比或水／空气比呈指数关系变化,因此可以用一个指数关系式来表示某台特定燃气透平喷水之后燃烧室出口的 NO 浓度,该浓度随水／燃料比或水／空气比增大而降低,并且只与水的实际蒸发量有关,喷水直径不影响该指数变化规律的总体趋势。研究发现,若以发动机消耗千克燃油产生的污染物质量来衡量,NO 的生成量仍然随喷水量增加而大大减少,而且喷水直径较小时,NO 生成量也更少;以千克耗油量生成的 CO 量来看,进气喷水并未使 CO 生成量发生明显变化,若考虑到湿压缩可小幅提高千克燃油的推力,则可认为喷水能够微弱减少单位推力 CO 的生成量。

压气机进气喷水可使得快速型和热力型 NO 生成速率都明显降低,前者主要生成于火焰锋面,后者主要生成于火焰高温区,两种方式的生成速率相差大约三个数量级,而热力型 NO 构成了 NO 污染物的绝大部分。在燃烧过程中,控制热力型 NO 生成是控制

NO_x污染物的主要任务,主要手段是降低火焰温度。通过向压气机喷水,对压缩气流进行冷却,可有效降低燃烧室进气温度,从而降低燃烧室火焰温度,使热力型 NO 生成速率大大降低,减少燃气透平 NO 污染物的排放。

参 考 文 献

[1] 江华栋. 微型涡轮发动机总体设计及全通流数值模拟研究[D]. 哈尔滨：哈尔滨工业大学,2021.

[2] 吴仲华. 使用非正交曲线坐标和非正交速度分量的叶轮机械三元流动基本方程及其解法[J]. 机械工程学报, 1979, 15(1)：1-24.

[3] 马冬英，梁国柱. 基于S1、S2流面理论的液体火箭发动机涡轮内部流场计算[J]. 推进技术, 2008, 29(4)：401-406.

[4] DENTON J D, SINGH U K. Time marching methods for turbomachinery flow calculation，VKI Lecture Series 1979-7[R]. Brussels：Von Karman Institute, 1979.

[5] SUN L，ZHENG Q，LI Y，et al. Understanding effects of wet compression on separated flow behavior in an axial compressor stage using CFD analysis[J]. ASME journal of turbomachinery,2011, 133(3)：031026.

[6] DENTON J D. An improved time-marching method for turbomachinery flow calculation [J]. ASME journal of engineering for power, 1983, 105：514-524.

[7] DENTON J D. The calculation of three-dimensional viscous flow through multistage turbomachines [J]. Journal of turbomachinery-transactions of the ASME, 1992, 114(1)：18-26.

[8] ARNONE A，SWANSON R C. A Navier-Stokes solver for turbomachinery applications [J]. ASME journal of turbomachinery, 1993, 115(2)：305-313.

[9] DAWES W N. The simulation of three-dimensional viscous flow in turbomachinery geometries using a solution-adaptive unstructured mesh methodology [J]. Journal of turbomachinery-transactions of the ASME, 1992, 114(3)：528-537.

[10] GILES M B. Stator/Rotor interaction in a transonic turbine [J]. AIAA journal of propulsion and power, 1990, 6(5)：621-627.

[11] HAH C, COPENHAVER W W, PUTERBAUGH S L. Unsteady aero dynamic flow phenomena in a transonic compressor stage, AIAA-93-1868[C]. Reno：AIAA, 1993.

[12] HAH C A. Navier-Stokes analysis of three-dimensional turbulent flows inside turbine blade rows at design and off-design conditions [J]. ASME journal of engineering for gas turbines and power, 1984, 106：421-429.

[13] ADAMCZYK J J. Model equation for simulating flows in multistage

turbomachinery，85-GT-226[C]. Houston：ASME，1985.

[14]ADAMCZYK J J，CELESTINA M L，BEACH T A，et al. Simulation of three-dimensional viscous flow within a multistage turbine[J]. ASME journal of turbomachinery，1990，112：370-376.

[15]FRITSCH G，GILES M B. An asymptotic analysis of mixing loss [J]. ASME journal of turbomachinery，1995，117：367-374.

[16]姚征. 多级叶轮机三维流动计算的级间混合方法分析[J]. 工程热物理学报，1996，17(4)：417-422.

[17]TURNER M，REED J A，RYDER R，et al. Multi fidelity simulation of a turbofan engine with results zoomed into mini-maps for a zero-D cycle simulation，GT2004-53956[C]. Vienna：ASME Turbo Expo，2004.

[18]钟光辉，刘建军. 多排叶片间交界面处理方法分析[J]. 燃气轮机技术，2003，16(3)：37-42.

[19]DAWES W N. Toward improved through flow capability：the use of three-dimensional viscous flow solvers in a multistage environment [J]. Journal of turbomachinery- transactions of the ASME，1992，114(1)：8-17.

[20]DENTON J D. The calculation of three-dimensional viscous flow through multistage turbomachines [J]. Journal of turbomachinery-transactions of the ASME，1992，114(1)：18-26.

[21]RAI M M. Three-dimensional Navier-Stokes simulations of turbine rotor-stator interactions，Part Ⅰ-methodology [J]. AIAA journal of propulsion and power，1989，5(3)：305-319.

[22]HE L，NING W. Efficient approach for analysis of unsteady viscous flows in turbomachines [J]. AIAA journal，1998，36(11)：2005-2012.

[23]HE L，DENTON J. Inviscid-viscous coupled solution for unsteady flows through vibrating blades，Part Ⅰ：description of the method，91-GT-125[C]. Orlando：ASME Turbo Expo，1991.

[24]侯树强，王灿星，林建忠. 叶轮机械内部流场数值模拟研究综述[J]. 流体机械，2005，33(5)：30-34.

[25]陈海生，谭春青. 叶轮机械内部流动研究进展[J]. 机械工程学报，2007，42(2)：1-12.

[26]杨策，蒋滋康，索沂生. 时间推进方法在叶轮机械内部流场计算中的进展[J]. 力学进展，2000，30(1)：83-94.

[27]葛宁. 涡轮非定常流数值计算方法研究[J]. 航空动力学报，2009，24(5)：1066-1070.

[28]张伟昊，邹正平，李维，等. 叶型偏差对涡轮性能影响的非定常数值模拟研究[J]. 航空学报，2010，31(11)：2130-2138.

[29]张正秋，邹正平，刘火星，等. 马赫数对振荡涡轮叶片非定常流动影响的数值模拟

[J]. 热能动力工程，2010，25(1)：21-24.

[30] 袁新. 热力叶轮机械内部的全三维复杂流动数值模拟研究点滴[J]. 上海汽轮机，2000，1：12-19.

[31] 林智荣，袁新. 平面叶栅气膜冷却流动的数值模拟[J]. 工程热物理学报，2006，27(4)：580-582.

[32] 邹歆，袁新. 高温平板气膜冷却流热耦合数值模拟[J]. 工程热物理学报，2009，30(5)：769-771.

[33] 严明，赵秋颖，梁磊. 预处理方法在叶轮机械三维数值模拟中的应用[J]. 航空动力学报，2007，22(1)：41-46.

[34] 高丽敏，刘海湖，刘波，等. 多级轴流压气机全三维流动特性的数值研究[J]. 西北工业大学学报，2008，26(1)：1-5.

[35] 江小松，刘建军. MPI 环境下并行程序准确性验证及效率分析[J]. 航空动力学报，2007，22(12)：2043-2049.

[36] BOWMAN B R, CROWE C T, PRATT D T, et al. Prediction of Nitric Oxide formation in turbojet engines by PSR analysis, AIAA-1971-713[C]. Salt Lake：AIAA，1971.

[37] FLETCHER R S, HEYWOOD J B. A model for Nitric Oxide emission from aircraft gas turbine engines, AIAA-1971-123[C]. Salt Lake：AIAA，1971.

[38] HAMMOND D C, MELLOR A M. Analytical calculations for the performance and pollutant emissions of gas turbine combustors[J]. Combustion science and technology，1971，4：101-112.

[39] RICHARD R, LEONARD D A, REINER K, et al. An analytical model for Nitric Oxide formation in a gas turbine combustor[J]. AIAA journal，1972，10(6)：820-826.

[40] MIZUTANIL Y, KATSUKI M. Emissions from gas turbine combustors：Part 2，analytical model and simplified procedure to predict NO emission[J]. Transactions of the Japan society of mechanical engineering，1976，42：943-953.

[41] RAMOS J I. A numerical study of swirl stabilized combustors[J]. Journal of non-equilibrium thermodynamics，1985，10：263.

[42] SOKOLOV K Y, TUMANOVSKIY A G, GUTNIK M N, et al. Mathematical modeling of an annular gas turbine [J]. ASME journal of engineering for power，1995，117：94.

[43] TOLPADI A K. Calculation of two-phase flow in gas turbine combustor [J]. ASME journal of engineering for power，1995，117：695.

[44] AMIN E M, ANDREWS G E, POURKISHINAN M, et al. A computational study of pressure effects on pollutant generation in gas turbine combustors[J]. ASME journal of engineering for power，1997，119：76.

[45] RAJU M S, SIRIGNANO W A. Spray computations in a center body combustor

[J]. ASME journal of engineering for power, 1989, 111: 710.

[46]DATTA A, SOM S K. Combustion and emission characteristics in a gas turbine combustor at different pressure and swirl conditions[J]. Applied thermal engineering, 1999, 19: 949.

[47]MCGUIRK J J, SPENCER A. Computational methods for modeling port flows in gas turbine combustors, 95-GT-414[C]. Houston: ASME Turbo Expo, 1995.

[48]MCGUIRK J J, PALMA J M L M. The flow inside a model gas turbine combustor: calculations [J]. ASME journal of engineering for power, 1993, 115: 594-602.

[49]CROCKER D S, SMITH C E. Numerical investigation of enhanced dilution zone mixing in a reverse flow gas turbine combustor, 93-GT-129[C]. Cincinnati: ASME Turbo Expo, 1993.

[50]SPALDING D B. Mathematical models of turbulent flames: review[J]. Combustion science and technology, 1976, 13: 3-25.

[51]严传俊. 三维贴体坐标系下燃烧室中两相反应流的数值模拟[J]. 燃烧科学与技术, 1995, 1(1): 54-62.

[52]孟岚, 刘立波, 连洪军, 等. 模型燃气轮机燃烧室三维反应流数值模拟[J]. 哈尔滨工程大学学报, 2003, 24(1): 35-40.

[53]刘富强, 张栋芳, 崔耀欣, 等. 某重型燃气轮机环形燃烧室的数值模拟[J]. 燃气轮机技术, 2011, 24(1): 20-25.

[54]雷雨冰, 赵坚行. 三级涡流器环形燃烧室化学反应流场的数值研究[J]. 推进技术, 2005, 26(3): 215-218.

[55]郑韫哲, 姚兆普, 朱民. 不同反应机理及模型对燃气轮机燃烧室数值模拟结果的影响[J]. 动力工程学报, 2010, 30(7): 485-490.

[56]李名家, 林枫, 任艳平, 等. 燃气轮机燃烧室数值模拟及试验[J]. 舰船科学技术, 2010, 32(8): 117-122.

[57]徐榕, 程明, 赵坚行, 等. 旋流杯燃烧室流场的数值与试验研究[J]. 工程热物理学报, 2010, 31(4): 701-704.

[58]MILLER B A, SZUCH J R, GAUGLER R E, et al. A perspective on future direction in aerospace propulsion system simulation, NASA TM-1989-102038[R]. Cleveland: Lewis Research Center, 1989.

[59]金捷. 美国推进系统数值仿真(NPSS)计划综述[J]. 燃气涡轮试验与研究, 2003, 16(1): 57-62.

[60]江义军. 推进系统数值仿真综述[J]. 燃气涡轮试验与研究, 2000, 13(4): 56-58.

[61]李军, 栗智宇, 李志刚, 等. 燃烧室和涡轮相互作用下高压涡轮级气热性能研究进展[J]. 航空学报, 2021, 42(3): 142-167.

[62]SHANKARAN S, LIOU M F, LIU N S, et al. Multi-code-coupling interface for combustor/turbomachinery simulations, AIAA-2001-0974[C]. Reno: AIAA,

2001.

[63]DAVIS R L, YAO J, CLARK J P, et al. Unsteady interaction between a transonic turbine stage and downstream components[C]. Amsterdam：ASME Paper. GT2002-30364，2002.

[64]SCHLUTER J, SHANKARAN S, KIM S, et al. Towards multi-component analysis of gas turbines by CFD：integration of RANS and LES flow solvers[C]. Atlanta：ASME Paper GT2003-38350，2003.

[65] 冯国泰，黄家骅，王松涛. 航空发动机数值仿真试验台建立中几个关键技术问题的讨论[J]. 航空动力学报，2002，17(4)：483-488.

[66] 冯国泰，黄家骅，李海滨，等. 涡轮发动机三维场耦合数值仿真的数学模型[C]. 南京：中国工程热物学会，热机气动热力学学术会议论文集，2000.

[67] 冯国泰，黄家骅，顾中华，等. 发动机热流场数值仿真体系建立的研究 —— 发动机数值仿真实验台建立研究之一[C]. 杭州：中国工程热物理学会，热机气动热力学学术会议论文集，1998.

[68] 施发树，刘兴洲，冯国泰. 应用统一数学模型的发动机数值仿真实验台建立与初步仿真计算 —— 发动机数值仿真实验台建立研究之二[C]. 杭州：中国工程热物理学会，热机气动热力学学术会议论文集，1998.

[69]SUN L, ZHENG Q, LUO M, et al. On the behavior of water droplets when moving onto blade surface in a wet compression transonic compressor[J]. ASME journal of engineering for gas turbines and power，2011，133(8)：082001.

[70] 施发树，刘兴洲. 一体化小涡扇发动机系统的气动热力数值模拟[J]. 推进技术，2000，21(2)：8-11.

[71] 黄家骅，于廷臣，冯国泰. 某小型涡扇发动机全流道准三维数值解法[J]. 航空发动机，2005，31(2)：42-45.

[72] 于龙江，陈美宁，朴英. 航空发动机整机准三维流场仿真[J]. 航空动力学报，2008，23(6)：1008-1013.

[73] 胡燕华，周七二，蔡显新. 涡轴发动机整机 S2 参数化流道造型及数值仿真[J]. 长沙航空职业技术学院学报，2011，11(1)：33-36.

[74]SIMONEAUL R J. CFD in the context of IHPTET the integrated high performance turbine technology program，AIAA-89-2904[C]. Monterey：AIAA 25th Joint Propulsion Conference，1989.

[75] 黄家骅，冯国泰，于廷臣，等. 涡喷发动机涡轮改型匹配的数值仿真[J]. 推进技术，2005，26(2)：151-154.

[76] 杨琳，刘火星，邹正平，等. 涡轮内外涵联立数值模拟[J]. 工程热物理学报，2006，27(1)：39-41.

[77] 陈玉春，叶纬，高本兵. 涡扇发动机特性仿真中的 Zooming 技术研究[J]. 计算机仿真，2008，25(4)：13-15.

[78] 陈玉春，黄兴，高本兵，等. 发动机总体与尾喷管三维并行设计研究[J]. 航空动力

学报，2007，22(10)：1695-1699.

[79]BIANCHI M，BRANCHINI L，PASCALE A D，et al. Gas turbine power augmentation technologies：a systematic comparative evaluation approach，GT2010-22948[C]. Glasgow：Proceedings of ASME Turbo Expo，2010.

[80]BACIGALUPO E，TASSO L，ZINNARI R G. Power augmentation using an inlet air chilling system in a cogenerative power plant equipped with a heavy duty gas turbine[C]. Bournemouth：ASME Cogen-Turbo，1993.

[81]CHACARTEGUI R，JIMENEZ-ESPADAFOR F，SANCHEZ D，et al. Analysis of combustion turbine inlet air cooling systems applied to an operating cogeneration power plant[J]. Energy conversion and management，2008，49(8)：2130-2141.

[82]JONSSON M，YAN J. Humidified gas turbine-a review of proposed and implemented cycles[J]. Energy，2005，30(7)：1013-1078.

[83]DE BIASI V. Air injected power augmentation validated by Fr7FA peaker tests[J]. Gas turbine world，2002，5(5)：610-611.

[84]NAKHAMKIN M，PELINI R，PATEL M I，Humid air injection power augmentation technology has arrived，GT2003-38977[C]. Atlanta：Proceedings of ASME Turbo Expo，2003.

[85]Cheng D Y，NELSON A L C. The chronological development of the Cheng Cycle steam injected gas turbine during the past 25 years，GT-2002-30119[C]. Amsterdam：Proceedings of ASME Turbo Expo，2002.

[86]LARSON E D，WILLIANMS R H. Steam injected gas turbines[J]. Journal of engineering for gas turbines and power，1997，109(5)：55-63.

[87]CHENG D Y. Parallel-compound dual-fluid heat engine：US3978661[P]. 1976-09-07.

[88]CHENG D Y. Regenerative parallel compound dual-fluid heat engine：US4128994[P]. 1978-12-12.

[89]CHENG D Y. Regenerative parallel compound dual fluid heat engine：US4248039[P]. 1981-02-03.

[90]CHENG D Y. Advanced regenerative parallel compound dual fluid heat engine Advanced Cheng Cycle (ACC)：US5170622[P]. 1992-12-15.

[91]CHENG D Y. Method for starting and operating an advanced regenerative parallel compound dual fluid heat engine—Advanced Cheng Cycle (ACC) ：US5233826[P]. 1993-08-10.

[92]RICE I G. Steam injected gas turbine analysis：steam rates[J]. Journal of engineering for gas turbines and power，1995，117(2)：347-353.

[93]GIAMPAOLO T. Gas turbine handbook：principles and practices[M]. 3rd ed. Lilburn：The Fairmont Press，2006.

[94]BECKER A. Engine company evaluation of feasibility of aircraft retrofit water-injected turbomachines, NASA CR-2006-213871[R]. Cleveland: Glenn Research Center, 2006.

[95]KLEINSCHMIDT R V. Value of wet compression in gas-turbine cycles[J]. Mechanical engineering,1947, 69(2): 115-116.

[96]WETZEL I T,JENNINGS B H. Water spray injection of an axial flow compressor[C]. New York: Proceedings of the Midwest Power Conference,1949.

[97]HILL P G. Aero dynamic and thermodynamic effects of coolant injection on axial compressors [J]. The aeronautical quarterly,2016,14(4): 331-348.

[98]POLETAVKIN P. Cycles and thermal circuits of steam-gas turbine installations, with cooling of the gas during compression by the evaporation of injected water[J]. Institute of high temperature,1970, 8(3): 662-628.

[99]SLOBODYYANYUK L I. Effect of water spraying on operation of the compressor of a gas turbine engine [J]. Energeticka, 1973,1(4): 92-95.

[100] GASPAROVIC I N,HELLEMANS J G. Gas turbines with heat exchanger and water injection in the compressed air[J]. Journal of combustion, 1972, 44(6): 32-40.

[101]BARDON M F. Modified Brayton cycles utilizing alcohol fuels [J]. Journal of engineering for power,1982, 104(2): 341-348.

[102]BARDON M F,FORTIN J A C. Methanol dissociative intercooling in gas tubines[C]. New York: ASME Turbo Expo, 1982.

[103] 王静宜. 吞雨及吞雨畸变对压气机特性影响研究[D]. 哈尔滨:哈尔滨工程大学, 2021.

[104]LUO M, ZHENG Q, SUN L, et al. The effect of wet compression on a multistage subsonic compressor[J]. ASME journal of turbomachinery,2013, 136(3): 031016.

[105]YOUNG J B. The fundamental equations of gas-droplet multiphase flow[J]. International journal of multiphase flow,1995, 21(2): 175-191.

[106]MEHER HOMJI C B,MEE T R. Gas turbine power augmentation by fogging of inlet air [C]. Houston: Proceedings of 28th Turbomachinery Symposium, 1999.

[107]ZHENG Q, SUN Y, LI S,et al. Thermodynamic analysis of wet compression process in the compressor of gas turbine[J]. ASME journal of engineering for gas turbines and power, 2003, 125(3): 489-496.

[108]ZHENG Q, LI M, SUN Y. Thermodynamic analysis of wet compression and regenerative (WCR) gas turbine, GT2003-38517[C]. Atlanta: Proceedings of ASME Turbo Expo, 2003.

[109]BHARGAVA R,MEHER HOMJI C B. Parametric analysis of existing gas

turbines with inlet evaporative and overspray fogging, GT2002-30560[C].
Amsterdam: Proceedings of ASME Turbo Expo, 2002.

[110]CHAKER M, MEHER HOMJI C B, MEE T R. Inlet fogging of gas turbine
engines Part Ⅰ: fog droplet thermodynamics, heat transfer and practical
considerations[J]. ASME journal of engineering for gas turbine and power,
2004,126(3): 545-558.

[111]CHAKER M, MEHER HOMJI C B, MEE T R. Inlet fogging of gas turbine
engines Part Ⅱ: fog droplet sizing analysis, nozzle types, measurement and
testing[J]. ASME journal of engineering for gas turbine and power,2004,
126(3): 559-570.

[112]CHAKER M, MEHER HOMJI C B, MEE T R. Inlet fogging of gas turbine
engines Part Ⅲ: fog behavior in inlet ducts, computational fluid dynamics
analysis, and wind tunnel experiments[J]. ASME journal of engineering for
gas turbine and power,2004, 126(3): 571-580.

[113]HORLOCK J H. Compressor performance with water injection,
2001-GT0343[C]. New Orleans: Proceedings of ASME Turbo Expo, 2001.

[114]WANG T, LI X,PINNINTI V. Simulation of mist transport for gas turbine
inlet air cooling[J]. Numerical heat transfer, 2008, 53(10): 1013-1036.

[115]WILLIEMS D E, RITLAND P D. A pragmatic approach to evaluation of inlet
fogging system effectiveness, IJPGC 2003-40075[C]. Atlanta: Proceedings of
IJPGC, 2003.

[116]BHARGAVA R, BIANCHI M, MELINO F, et al. Parametric analysis of
combined cycles equipped with inlet fogging, GT2003-3818[C]. Atlanta:
Proceedings of ASME Turbo Expo, 2003.

[117]BAGNOLI M, BIANCHI M, MELINO F, et al. A parametric study of
interstage injection on GE frame 7EA gas turbine, GT2004-53042[C]. Vienna:
Proceedings of ASME Turbo Expo, 2004.

[118]SEXTON W R, SEXTON M R. The effects of wet compression on gas turbine
engine operating performance, GT2003-38045[C]. Atlanta: Proceedings of
ASME Turbo Expo, 2003.

[119]HARTEL C, PFEIFFER P. Model analysis of high-fogging effects on the work
of compression, GT2003-38117[C]. Atlanta: Proceedings of ASME Turbo
Expo, 2003.

[120]WHITE A J, MEACOCK A J. An evaluation of the effects of water injection on
compressor performance[J]. ASME journal of engineering for gas turbines and
power, 2004, 126(4):748-754.

[121]LI M,ZHENG Q. Wet compression system stability analysis Part Ⅰ wet
compression Moore Greitzer transient model, GT2004-54018[C]. Vienna:

Proceedings of ASME Turbo Expo，2004．

[122]DAGGETT D L． Water injection feasibility for boeing 747 aircraft，NASA CR-2005-213656[R]． Cleveland：Glenn Research Center，2005．

[123]SHEPHERD D W,FRASER D． Impact of heat rate，emissions and reliability from the application of wet compression on combustion turbines[C]． Las Vegas：Power-Gen International，2006．

[124]DAGGETT D L． Water misting and injection of commercial aircraft engines to reduce airport NO_x，NASA CR-2004-212957[R]． Cleveland：Glenn Research Center，2004．

[125]BALEPIN V，OSSELLO C,SNYDER C． NO_x emission reduction in commercial jets through water injection，NASA TM-2002-211978[R]． Cleveland：Glenn Research Center，2002．

[126]ABDELWAHAB A． An investigation of the use of wet compression in industrial centrifugal compressors，GT2006-90695[C]． Barcelona：Proceedings of ASME Turbo Expo，2006．

[127]SANAYE S，REZAZADEH H,AGHAZEYNALII M． Effects of inlet fogging and wet compression on gas turbine performance，GT2006-90719[C]． Barcelona：Proceedings of ASME Turbo Expo，2006．

[128]SPINA P R． Gas turbine performance prediction by using generalized performance curves of compressor and turbine stages，GT2002-30275[C]． Amsterdam：Proceedings of ASME Turbo Expo，2002．

[129]CERRI G，SALVNIi C，PROCACCI R，et al． Fouling and air bleed extracted flow influence on compressor performance，93-GT-366[C].Cincinnati：Proceedings of ASME Turbo Expo，1993．

[130]MUIR D E，SARAVANAMUTTOO H I H，MARSHALL D J． Health monitoring of variable geometry gas turbine for the Canadian navy[J]． ASME journal of engineering for gas turbines and power，1989,124(3):155-160．

[131]KIM K H，PEREZ BLANCO H． An assessment of high-fogging potential for enhanced compressor performance，GT2006-90482[C]． Barcelona：Proceedings of ASME Turbo Expo，2006．

[132]ROUMELIOTIS I，ARETAKIS N,MATHIOUDAKIS K． Performance analysis of twin-spool water injected gas turbines using adaptive modeling，GT2003-38516[C]． Atlanta：Proceedings of ASME Turbo Expo，2003．

[133]JONSSON M，YAN J． Humidified gas turbine-a review of proposed and implemented cycles[J]． Energy,2005,30(4)：1013-1078．

[134]BEEDE W L． Performance of J-33-A-21 and J-33-A-23 compressors with water injection，NACA-RM-SE8A19[R]． Cleveland：Flight Propulsion Research Laboratory，1948．

[135]BEEDE W L, WITHEE J R. Performance of J33-A-21 and J33-A-23 turbojet-engine with and without water injection, NACA-RM-SE9G13[R]. August 03, 1949.

[136]WITHEE J R, BEEDE W L, GINSBURG A. Performance of J33-A-27 turbojet-engine compressor III over-all performance characteristics of modified compressor with water injection at design equivalent speed of 11 800 RPMV, NACA-RM-SE50F14[R]. Cleveland: Lewis Flight Propulsion Laboratory, 1950.

[137]USELLER J W, AUBLE C M, HARVEY R W. Thrust augmentation of a turbojet engine at simulated flight conditions by introduction of a water-alcohol mixture into the compressor, NACA-RM-E52F20[R]. Cleveland: Lewis Flight Propulsion Laboratory, 1952.

[138]HARP J L, USELLER J W, AUBLE C M. Thrust augmentation of a turbojet engine by the introduction of liquid ammonia into the compressor inlet, NACA-RM-E52F18[R]. Cleveland: Lewis Flight Propulsion Laboratory, 1952.

[139]STROUB R H. Helicopter payload gains utilizing water injection for hot day power augmentation, NASA-TM-X-62195[R]. Moffett Field: Ames Research Center and U.S. Army Air Mobility R&D Laboratory, 1972.

[140] 陈大燮. 动力循环分析[M]. 上海:上海科学技术出版社,1981.

[141] 石华鑫,杨绍侃,朱瑞琪. 活塞式压缩机喷水蒸发冷却中液滴雾化的研究[J]. 流体工程,1984(2): 5-13, 19.

[142] 林莘. 活塞式压缩机喷水蒸发内冷却过程的热力学研究[D]. 西安:西安交通大学,1985.

[143] 薛莉. 喷水螺杆压缩机的研究[J]. 流体工程,1987(6): 11-15.

[144] 李敏. 活塞式压缩机喷水内冷却的实验研究[J]. 流体工程,1993(7): 10-13.

[145] 林枫,闻雪友, 栾坤. 压气机的湿压缩特性及计算模型初步研究[J]. 热能动力工程,1998,13(6): 402-405.

[146] 林枫. 改善进气条件提高燃气轮机性能的新技术研究[D]. 北京:中国舰船研究院,1999.

[147] 林枫. GT25000 燃气透平喷水中冷性能分析[C]. 武汉:中国工程热物理年会工程热力学与能源利用学术会议,1999: 171-176.

[148] 刘建成,闻雪友,李婕. 燃气轮机喷水中冷及湿压缩过程的数值模拟[J]. 燃气轮机发电技术,2000,2(3-4):86-88.

[149] 刘建成,闻雪友. 压气机湿压缩研究的发展[J]. 热能动力工程,2000, 15(2): 87-90.

[150] 王永峰. 加入水工作介质的燃气透平循环的性能研究[D]. 哈尔滨:哈尔滨船舶锅炉涡轮机研究所,2007.

[151] 王永青,陈安斌,严家騄,等. 压气机进气通道喷水冷却的理论研究[J]. 工程热物

理学报,1998,19(1):17-20.

[152]王永青,刘铭,严家騄,等. 燃气透平装置中湿压缩过程的数学模型[J]. 热能动力工程,2001,16(2):129-132.

[153]王永青,刘铭,严家騄,等. 燃气透平装置中湿压缩过程的一般规律及性能[J]. 热能动力工程,2001,16(3):282-310.

[154]王永青,刘铭,廉乐明,等. 湿压缩过程的热力学指标及湿压缩燃气透平循环性能分析[J]. 热能动力工程,2002,17(3):241-243.

[155]王永青,王滨,严家騄. 湿压缩 HAT 循环的热力学分析[J]. 燃气透平技术,2002,15(1):45-48,65.

[156]王永青,李炳熙. 燃气透平装置湿压缩技术的研究发展状况[J]. 热能动力工程,2004,19(2):111-115.

[157]李淑英,郑群,孙聿峰,等. 压缩过程喷水蒸发内冷燃气透平循环分析[J]. 船舶工程,1998(3):36-37.

[158]李淑英. 压气机级间喷水湿压缩燃气透平原理研究[D]. 哈尔滨:哈尔滨工程大学,1999.

[159]孙聿峰,周杰. 试论级间喷水湿压缩技术的应用[J]. 哈尔滨工程大学学报,1999,2(4):85-89.

[160]李淑英,戴景民. 湿压缩燃气透平热力循环的特点与机理分析[J]. 燃气透平技术,2001,14(4):20-22.

[161]李淑英,郑群,周杰,等. 压气机级间喷水燃气透平循环分析[J]. 船舶工程,2001(3):28-32.

[162]王云辉. 湿压缩及湿压缩系统性能研究[D]. 哈尔滨:哈尔滨工程大学,2002.

[163]李淑英,魏青政,王云辉,等. 模拟舰船燃气透平压气机级间流场的喷水雾化实验研究[J]. 哈尔滨工程大学学报,2002,23(2):13-16.

[164]李淑英,张正一,孙聿峰,等. 压气机级间喷水燃气透平的实验研究[J]. 热能动力工程,2002,17(2):143-146.

[165]马同玲,孙聿峰,李淑英. 增压柴油机进口加湿压气机性能研究[J]. 哈尔滨工程大学学报,2002,23(4):44-47,76.

[166]王云辉,刘敏,孙聿峰,等. 湿压缩对压缩系统失速后瞬态响应的影响分析[J]. 热能动力工程,2003,18(1):67-70.

[167]李淑英,祝剑虹,卢伟. 湿压缩压气机特性的研究[J]. 热能动力工程,2003,18(6):600-604.

[168]张伟. 单级增压器的湿压缩系统性能研究[D]. 哈尔滨:哈尔滨工程大学,2004.

[169]李淑英,卢伟,张伟,等. 压气机饱和湿压缩过程的分析[J]. 哈尔滨工业大学学报,2004,36(12):1635-1637,1640.

[170]张正一,由雪琴,张伟,等. 湿压缩压气机及压缩系统性能的理论研究[J]. 燃气透平技术,2004,17(3):40-44.

[171]李淑英,谭美苓,孙聿峰. 小型离心式压气机的湿压缩特性研究[J]. 燃气透平技

术,2005,18(1):43-46.

[172] 李明宏. 湿压缩燃气透平稳定性研究[D]. 哈尔滨:哈尔滨工程大学,2005.

[173] LI M,ZHENG Q. Wet compression system stability analysis part Ⅱ simulations and bifurcation analysis,GT2004-54020[C]. Vienna,Austria:Proceedings of ASME Turbo Expo,2004.

[174] 谭美苓. 小型离心式压气机湿压缩特性研究[D]. 哈尔滨:哈尔滨工程大学,2005.

[175] 王新年,由雪琴,孙聿峰,等. 直流闪蒸技术在湿压缩实验装置中的适用性研究[J]. 燃气透平技术,2005,18(4):47-49.

[176] 卫星云,史玉恒,李淑英. 喷水压气机特性的实验研究[J]. 应用科技,2006,33(7):64-67.

[177] 由雪琴. 湿压缩技术的理论研究与实验[D]. 哈尔滨:哈尔滨工程大学,2006.

[178] 李淑英,王新年,孙聿峰,等. 燃气透平湿压缩试验与应用研究[J]. 航空发动机,2006,32(1):21-24.

[179] 王新年,由雪琴,李淑英,等. 两级离心式压气机湿压缩实验台系统改进设计与实验研究[J]. 热力透平,2006,35(1):18-22.

[180] 邵燕. 湿压缩燃气透平气动热力学研究[D]. 哈尔滨:哈尔滨工程大学,2006.

[181] SHAO Y,ZHENG Q. The entropy and exergy analyses of wet compression gas turbine,GT2005-68649[C]. Reno-Tahoe,Nevada,USA:Proceedings of ASME Turbo Expo,2005.

[182] SHAO Y,ZHENG Q,ZHANG Y. Numerical simulation of aerodynamic performances of wet compression compressor cascade,GT2006-91125[C]. Barcelona,Spain:Proceedings of ASME Turbo Expo,2006.

[183] 王新年. 离心压气机湿压缩实验研究及数值模拟[D]. 哈尔滨:哈尔滨工程大学,2006.

[184] 史玉恒. 两级离心式压气机湿压缩特性的实验研究[D]. 哈尔滨:哈尔滨工程大学,2007.

[185] 孙兰昕,郑群,李义进. 两级低压压气机湿压缩数值研究[J]. 中国电机工程学报,2009,29(32):76-82.

[186] SUN L,LI Y,ZHENG Q,et al. The effects of wet compression on the separated flow in a compressor stage,GT2008-50920[C]. Berlin,Germany:Proceedings of ASME Turbo Expo,2008.

[187] SUN L,ZHENG Q,LUO M,et al. Understanding behavior of water droplets in a transonic compressor rotor with wet compression,GT2010-23141[C]. Glasgow,UK:Proceedings of ASME Turbo Expo,2010.

[188] SUN L,ZHENG Q,LUO M,et al. On the behavior of water droplets when moving onto blade surface in a wet compression transonic compressor[J]. Journal of engineering for gas turbines and power,2011(133):1-10.

[189] SUN L,LI Y,ZHENG Q,et al. Understanding effects of wet compression on

separated flow behavior in an axial compressor stage using CFD analysis[J]. Journal of turbomachinery，2011(133)：1-14.

[190]LUO M，ZHENG Q，SUN L，et al. The numerical simulation of inlet fogging effects on the stable range of a transonic compressor stage，GT2011-46124[C]. Vancouver，British Columbia，Canada：Proceedings of ASME Turbo Expo，2011.

[191]YANG H，ZHENG Q，LUO M，et al. Wet compression performance of a transonic compressor rotor at its near stall point[J]. Journal of marine science and application，2011(10)：49-62.

[192]杨磊，许广宇. 离心气体压缩机湿压缩与喷水冷却技术在乙烯裂解生产中的实际应用[J]. 流体机械，2006，34(10)：49-52.

[193]王树术. 喷水湿压缩技术在裂解气压缩机上的应用[J]. 石化技术与应用，2007，25(1)：35-39.

[194]蔡文祥，胡好生，赵坚行. 涡流器燃烧室头部两相反应流数值模拟[J]. 航空动力学报，2006，21(5)：837-842.

[195]WEISS J M，SMITH W A. Preconditioning applied to variable and constant density flows[J]. AIAA journal，1995，33(11)：2050-2057.

[196]VENKATESWARAN S，WEISS J M，MERKLE C L. Propulsion related flow fields using the preconditioned Navier-Stokes equations[C]. Nashville，USA：28th Joint Propulsion Conference and Exhibit，1992.

[197]AKDAG V，WULF A. Integrated geometry and grid generation system for complex configurations，NASA CP-3143[R]. Jamie Hampton：Langley Research Center，1992.

[198]李海滨，冯国泰. 叶轮机械叶栅流道几何处理的计算方法[J]. 航空发动机，2001，2：25-28.

[199]刘鑫. 面向化学非平衡流的 CFD 并行计算技术和大规模并行计算平台研究[D]. 郑州：中国人民解放军信息工程大学，2006.

[200]阎超，张智，张立新，等. 上风格式的若干性能分析[J]. 空气动力学学报，2003，21(3)：336-341.

[201]STEGER J L，WARMING R E. Flux vector splitting of the inviscid gas dynamic equations with application to finite difference methods[J]. Journal of computational physics，1981，40：263-293.

[202]VAN LEER B. Flux-vector splitting for the Euler equations lecture notes in physics[M]. Heidelberg：Springer，1997.

[203]李雪松，顾春伟. 全速度 Roe 格式低速性质解析证明[J]. 工程热物理学报，2008，29(3)：395-398.

[204]HANEL D，SCHWANE R. An implicit flux-vector splitting scheme for the computation of viscous hypersonic flow，AIAA-89-0274[C]. Reno：27th

Aerospace Sciences Meeting, 1989.

[205]LIOU M, STEFFEN C J. A new flux splitting scheme[J]. Jounral of computational physics, 1993, 107(1): 23-39.

[206]LIOUS M S. Progress towards an improved CFD method: Ausm + Scheme, AIAA-95-1701[C]. San Diego: Computational Fluid Dynamics Conference, 1995.

[207] 赵一鹗, 余少志. 复杂几何形状喷管内外三维流场的数值模拟[J]. 推进技术, 2000, 21(3): 30-33.

[208]SUN L, ZHENG Q, Li Y, et al. Numerical simulation of a complete gas turbine engine with wet compression[J]. ASME journal of engineering for gas turbines and power, 2013, 135(1): 012002.

[209]VENKATAKRISHNAN V. Convergence to steady state solutions of the Euler equations on unstructured grids with limiters[J]. Journal of Computational Physics, 1995, 118(1): 120-130.

[210]ZEEUW D L D. A quadtree-based adaptively-refined Cartesian-grid algorithm for solution of the Euler equations[D]. Ann Arbor: The University of Michigan, 1993.

[211]CHIMA R V, LIOU M S. Comparison of the Ausm + and H-Cusp schemes for turbomachinery applications, NASA TM-2003-212457[R]. Cleveland: Glenn Research Center, 2003.

[212]BUI T T. A parallel, finite-volume algorithm for large-eddy simulation of turbulent flows[J]. Computers & fluids, 2000, 29(8):877-915.

[213]JONATHAN M W, JOSEPH P M, WAYNE A S. Implicit solution of preconditioned Navier-Stokes equations using algebraic multigrid[J]. AIAA journal, 1999, 37(1): 29-36.

[214]GROPP W D, SMITH B. The design of data-structure-neutral libraries for the iterative solution of sparse linear systems[J]. ACM scientific programming, 1996,5(4): 329-336.

[215]BEAUDOIN M, JASAK H. Development of a generalized grid interface for turbomachinery simulations with open foam[J]. Berlin : Open source CFD international conference, 2008.

[216] 任玉新, 王筑. 叶轮机械三维黏性动静叶干涉的数值模拟[J]. 航空动力学报, 2002, 17(2): 178-182.

[217] 谢立刚, 陈玉荣, 姚继锋. 基于方程求解的非结构化网格并行处理方案与实现[J]. 计算机应用与软件, 2006, 23(1): 29-31.

[218]DONGARRA J, FOSTER I, FOX G, et al. The sourcebook of parallel computing[M]. San Francisco: Morgan Kaufmann Publishers, 2002: 509-510.

[219]AMSDEN A A, OROURKE P J, BUTLER T D. KIVA-2: a computer program

for chemically reactive flows with sprays[J]. Los Alamos：Los Alamos national laboratory report LA-11560-MS，1989.

[220]蔡文祥. 环形燃烧室两相燃烧流场与燃烧性能数值研究[D].南京：南京航空航天大学，2007.

[221]DATTA A，SOM S K. Combustion and emission characte-ristics in a gas turbine combustor at different pressure and swirl conditions[J]. Applied thermal engineering，1999，19：949-967.

[222]蔡文祥，赵坚行，胡好生，等. 数值研究环形回流燃烧室紊流燃烧流场[J]. 航空动力学报，2010，25(5)：993-998.

[223]KUMAR A，MAZUMDER S. Coupled solution of the species conservation equations using unstructured finite-volume method[J]. International journal for numerical methods in fluids，2010，64(4)：409-442.

[224]CHEN K H，SHUEN J S. Three-dimensional coupled implicit methods for spray combustion flows at all speeds，AIAA-1994-3047[C]. Indianapolis：30th Joint Propulsion Conference and Exhibit，1994.

[225]LUO M，ZHENG Q，SUN L，et al. The influence of inlet fogging for the stable range in a transonic compressor stage[J]. ASME journal of engineering for gas turbines and power，2012，134(2)：022002.

[226]HASELBACHER A，NAJJAR F M，FERRY J P. An efficient and robust particle-localization algorithm for unstructured grids[J]. Journal of computational physics，2007，225：2198-2213.

[227]刘永丰，明平剑，张文平，等. 一种固定网格上拉格朗日点追踪的快速算法[J]. 计算物理，2010，27(4)：527-532.

[228]CAMERON C D，BROUWER J，WOOD C P，et al. Adetailed characterization of the velocity and thermal fields in a model can combustor with wall jet injection[J]. ASME journal of engineering for gas turbines and power，1989，111：31-35.

[229]SPALART P R，ALLMARAS S R. A one-equation turbulence model for aerodynamic flows[J]. Recherche aero spatiale，1994，1：5-21.

[230]CATRIS S，AUPOIX B. Density corrections for turbulence models[J]. Aerospace science and technology，2000，4：1-11.

[231]MENTER F R. Two-equation eddy-viscosity turbulence models for engineering applications[J]. AIAA journal，1994，32(8)：1598-1605.

[232]TUCKER P G. Hybrid Hamilton-Jacobi-Poisson wall distance function model[J]. Computers & fluids，2011，44(1)：130-142.

[233]BOGER D A. Efficient method for calculating wall proximity[J]. AIAA journal，2001，39(12)：2404-2406.

[234]李广宁，李凤蔚，周志宏. 一种高效的壁面距离计算方法[J]. 航空工程进展，

2010，1（2）：137-142.

[235] 赵慧勇，贺旭照，乐嘉陵. 一种新的壁面距离计算方法 —— 循环盒子法[J]. 计算物理，2008，25(4)：427-430.

[236] REID L，MOORE R D. Design and overall performance of four highly loaded，high-speed inlet stages for an advanced high-pressure-ratio core compressor，NASA-TP-1337[R]. Cleveland：Lewis Research Center，1978.

[237] SUDER K L，CELESTINA M L. Experimental and computational investigation of the tip clearance flow in a transonic axial compressor rotor，94-GT-365[C]. The Hague：ASME Turbo Expo，1994.

[238] CHIMA R V. Calculation of tip clearance effects in a transonic compressor rotor，96-GT-114[C]. Birmingham：ASME Turbo Expo，1996.

[239] HAH C，LOELLBACH J. Development of hub corner stall and its influence on the performance of axial compressor blade rows[J]. ASME，1997，97:42.

[240] DENTON J D. Lessons form Rotor 37[J]. Journal of thermal science，1996，6(1):1-13.

[241] 周逊. 具有后部加载叶型的涡轮叶栅气动性能的实验研究[D]. 哈尔滨：哈尔滨工业大学，2004.

[242] MARTIN A，CHARIES H. Numerical investigation of a 1-1/2 axial turbine stage at quast-steady and fully unsteady conditions[J]. ASME，2001：0309.

[243] MCBRIDE B J，GORDON S，RENO M A. Coefficients for calculating thermodynamic and transport properties of individual species，NASA TM-4513[R]. Cleveland：Lewis Research Center，1993.

[244] LAUNDER B E,SPALDING D B. Lectures in mathematical models of turbulence[M]. London：Academic Press，1972.

[245] POLING B E，PRAUSNITZ J M，O'CONNELL J P. The properties of gases and liquids[M]. New York：McGraw Hill，2001.

[246] O'ROURKE P J,AMSDEN A A. The TAB method for numerical calculation of spray droplet breakup[R]. New York：SAE International，1987.

[247] TANNER F X. Liquid jet atomization and droplet breakup modeling of non-evaporating diesel fuel sprays[G]. New York：SAE International，1997.

[248] REITZ R D,DIWAKAR R. Structure of high-pressure fuel sprays[G]. New York：SAE International，1987.

[249] LUO M，ZHENG Q，SUN L，et al. The effects of wet compression and blade tip water injection on the stability of a transonic compressor rotor[J]. ASME journal of engineering for gas turbines and power,2012，134(9)：092001.

[250] PILCH M，ERDMAN C A. Use of breakup time data and velocity history data to predict the maximum size of stable fragments for acceleration-induced breakup of a liquid drop[J]. Int. J. multiphase flow，1987，13(6):741-757.

[251]HSIANG L P, FAETH G M. Near-limit drop deformation and secondary breakup[J]. Int. J. multiphase flow, 1992,18(5):635-652.

[252]DAGGETT D L, FUCKE L, HENDRICKS R C, et al. Water injection on commercial aircraft to reduce airport NO_x, AIAA-2004-4198[C]. Fort Lauderdale: AIAA, 2004.

[253]MOORE R D, REID L. Performance of single-stage axial-flow transonic compressor with rotor and stator aspect ratios of 1. 19 and 1. 26 respectively, and with design pressure ratio of 2. 05, NASA TP-1659[R]. New York: SAE International, 1980.

[254]ULRICHS E, JOOS F. Experimental investigations of the influence of water droplets in compressor cascades, GT-2006-90411[C]. Barcelona: Proceedings of ASME Turbo Expo,2006.

[255]EISFELD T, JOOS F. Experimental investigation of two-phase flow phenomena in transonic compressor cascades, GT-2009-59365[C]. Orlando: Proceedings of ASME Turbo Expo, 2009.

[256]NABER J D, REITZ R D. Modeling engine spray/wall impingement, SAE TP-880107[R]. New York: SAE International, 1988.

[257]BAI C, GOSSMAN A D. Development of methodology for spray impingement simulation, SAE TP-950283[R]. New York: SAE International, 1995.

[258]STANTON D, RUTLAND C J. Multi-dimensional modeling of heat and mass transfer of fuel films resulting from impinging sprays, SAE TP-980132[R]. New York: SAE International, 1998.

[259]SCHMEHL R, ROSSKAMP H, WILLMANN M, et al. CFD analysis of spray propagation and evaporation including wall film formation and spray/film interactions[J]. Int. J. heat and fluid flow, 1999, 20:520-529.

[260]SHIM Y S, CHOI G M, KIM D J. Numerical and experimental study on effect of wall geometry on wall impingement process of hollow-cone fuel spray under various ambient conditions[J]. Int. J. multiphase flow, 2009, 35:885-895.

[261]AGARD Advisory Report. Recommended practices for the assessment of the effects of atmospheric water ingestion on the performance and operability of gas turbine engines, AGARD-AR-332[R]. NEUILLY-SUR-SEINE: AGARD, 1995.

[262]KYPRIANIDIS K G, GRÖNSTEDT T, OGAJIS O T, et al. Assessment of future aero engine designs with intercooled and intercooled recuperated cores, GT-2010-23621[C]Glasgow: ASME Turbo Expo, 2010.

[263]KIRILLOV I I,YABLONIK R M. Fundamentals of the theory of turbines operating on wet steam[M]. Leningrad: Mashinostroyeniye Press, 1968.

[264]ROSIN P,RAMMLER E. The laws governing the fineness of powdered coal[J].

Fuel，1933，7(1)：29-36.

[265]BALEPIN V, OSSELLO C, SNYDER C. NO$_x$ emission reduction in commercial jets through water injection，AIAA 2002-3623[C]Indianapolis：AIAA，2002.

[266]HAH C,KRAIN H. Secondary flows and vortex motion in a high-efficiency backswept impeller at design and off-design conditions[J]. ASME journal of turbomachinery，1990，112：7-13.

[267]REYNOLDS W C, FATICA M. Stanford center for integrated turbulence simulations[J]. Computing in science & engineering, 2000, 2(2)：54-63.

[268]SHANKARAN S, LIOU M F, LIU N S, et al. Multi-code-coupling interface for combustor/turbomachinery simulations：AIAA-2001-0974[C]. Reno：AIAA，2002.

[269]DAVIS R L, YAO J, CLARK J P, et al. Unsteady interaction between a transonic turbine stage and downstream components：ASME GT2002-30364[C]. Amsterdam：ASME Turbo Expo，2002.

[270]SCHLÜTER J, SHANKARAN S, KIM S, et al. Integration of RANS and LES flow solvers for simultaneous flow computations，AIAA-2003-0085[R]. Reno：AIAA，2003.

[271]SCHLÜTER J, SHANKARAN S, KIM S, et al. Towards multi-component analysis of gas turbines by CFD：integration of RANS and LES flow solvers：ASME GT2003-38350[C]. Atlanta：ASME Turbo Expo，2003.

[272]CONSTANTINESCU G, MAHESH K, APTE S, et al. A new paradigm for simulation of turbulent combustion in realistic gas turbine combustors using LES：ASME GT2003-38356[C]. Atlanta：ASME Turbo Expo，2003.

[273]KIM S, SCHLÜTER J, WU X, et al. Integrated simulations for multi-component analysis of gas turbines：RANS boundary conditions：AIAA-2004-3415[C]. Fort Lauderdale：AIAA，2004.

[274]SCHLÜTER J, PITSCH H, MOIN P. Large-eddy simulation inflow conditions for coupling with Reynolds-averaged flow solvers[J]. AIAA J. ,2004,42：478-484.

[275]SCHLÜTER J, PITSCH H, MOIN P. Outflow conditions for integrated large-eddy simulation/Reynolds-averaged Navier-Stokes simulations[J]. AIAA J. ,2005,43：156-164.

[276]SCHLÜTER J, WU X, SHANKARAN S, et al. A framework for coupling Reynolds-averaged with large-eddy simulations for gas turbine applications[J]. ASME J. fluids Eng. , 2005,127：806-815.

[277]SCHLÜTER J, WU X, KIM S, et al. Integrated simulations of a compressor/combustor assembly of a gas turbine engine：ASME GT2005-68204[C]. Reno：ASME Turbo Expo，2005.

[278]SCHLÜTER J, PITSCH H. Anti-aliasing filters for coupled Reynolds-averaged/ large-eddy simulations[J]. AIAA J. ,2005,43: 608-616.

[279] 郑严. TRI 60 系列弹用涡轮喷气发动机剖析[J]. 飞航导弹，2001 (1): 34-42.

[280]ALONSO J J. CHIMPS: a high-performance scalable module for multi-physics simulations: AIAA-2006-5274[C]. Sacramento: AIAA, 2006.

[281]MAHESH K, CONSTANTINESCU G, APTE S,et al. Large-eddy simulation of reacting turbulent flows in complex geometries[J]. Journal of applied mechanics, 2006, 73:374-381.

[282]SCHLÜTER J, APTE S, KALITZIN G, et al. Unsteady CFD simulation of an entire gas turbine high-spool, GT2006-90090[C]. Barcelona: ASME Turbo Expo, 2006.

[283]MEDIC G, KALITZIN G,YOU D, et al. Integrated RANS/LES computations of turbulent flow through a turbofan jet engine. Palo Alto: CITS Annual Research Briefs 2006[R]. Palo Alto: Center for Integrated Turbulence Simulations,2006.

[284]MEDIC G, YOU D,KALITZIN G. An approach for coupling RANS and LES in integrated computations of jet engines[R]. Palo Alto: Center for Integrated Turbulence Simulations, 2006.

[285]HALL E J. Aerodynamic modeling of multistage compressor flow fields-Part 1: analysis of rotor/stator/rotor aerodynamic interaction, 1997-GT-344[C]. Orlando: ASME Turbo Expo, 1997.

[286]HALL E J. Aerodynamic modeling of multistage compressor flow fields-Part 2: analysis of rotor/stator/rotor aerodynamic interaction, 1997-GT-345[C]. Orlando: ASME Turbo Expo, 1997.

[287]EVANS A L, NAIMAN C G, LOPEZ I, et al. Numerical propulsion system simulation's national cycle program[C].Cleveland: Joint Propulsion Conference & Exhibit, OH, 1998.

[288]LYTLE J K. The numerical propulsion system simulation: a multidisciplinary design system for aerospace vehicles, NASA TM-1999-209194[R]. Cleveland: Glenn Research Center, 1999.

[289]ADAMCZYK J J. Aerodynamic analysis of multistage turbomachinery flows in support of aerodynamic design[J]. J. turbomach, 2000,122(2): 189-217.

[290]RYDER R C,MCDIVITT T. Application of the national combustion code towards industrial gas fired heaters, AIAA-2000-0456[R]. Reno: AIAA, 2000.

[291]FOLLEN G J, AUBUCHON M. Numerical zooming between a NPSS engine system simulation and a 1-dimensional high compressor analysis code, NASA TM-2000-209913[R]. Cleveland: Glenn Research Center, 2000.

[292]LYTLE J K. The numerical propulsion system simulation: an overview, NASA

TM-2000-209915[R]. Cleveland: Glenn Research Center, 2000.

[293]TURNER M G . Full 3D analysis of the ge90 turbofan primary flow path, NASA CR-2000-209951[R]. Cleveland: Glenn Research Center, 2000.

[294]EBRAHIMI H B, RYDER R C, BRANKOVIC A. A measurement archive for validation of the national combustion code, AIAA-2001-0811[R]. Reno: AIAA, 2002.

[295]TURNER M G, RYDER R, NORRIS A, et al. High fidelity 3D turbofan engine simulation with emphasis on turbomachinery- combustor coupling: AIAA Paper 2002-3769[C]. Indianapolis: AIAA, 2002.

[296]TURNER M G, NORRIS A, VERES J. P. High fidelity 3D simulation of the GE90, AIAA 2002-3996[R]. Indianapolis: AIAA, 2002.

[297]VERES J P. Overview of high-fidelity modeling activities in the numerical propulsion system simulations (NPSS) project, NASA TM-2002-211351[R]. Cleveland: Glenn Research Center, 2002.

[298]REED J A, TURNER M G, NORRIS A, et al. Towards an automated full-turbofan engine numerical simulation, NASA TM-2003-212494[R]. Cleveland: Glenn Research Center, 2003.

[299]TURNER M G, REED J A, RYDER R, et al. Multi-fidelity simulation of a turbofan engine with results zoomed into mini-maps for a zero-d cycle simulation, GT2004-53956[C]. Vienna: ASME Turbo Expo, 2004.

[300]LIST M G, TURNER M G, CHEN J P, et al. Unsteady, cooled turbine simulation using a pc-Linux analysis system, AIAA-2004-0370[C]. Fort Lauderdale: AIAA, 2004.

[301]MYOREN C, TAKAHASHI Y, YAGI M, et al. Evaluation of axial compressor characteristics under overspray condition, GT2013 — 95402[C]. San Antonio: ASME Turbo Expo, 2013.

[302]ANISH S, HEUY D K. Effect of wet compression on the flow behavior of a centrifugal compressor: a CFD analysis, GT2014 — 25035[C]. Düsseldorf: ASME Turbo Expo, 2014.

[303]EHYAEI M A, TAHANI M, AHMADI P. Optimization of fog inlet air cooling system for combined cycle power plants using genetic algorithm[J]. Applied thermal engineering, 2015(76): 449-461.

[304]KIM S, KIM D, SON C, et al. A full engine cycle analysis of a turbofan engine for optimum scheduling of variable guide vanes[J]. Aerospace science and technology, 2015(47): 21-30.

[305]TEMPLALEXIS I, ALEXIOU A, PACHICIS V, et al. Direct coupling of a two-dimensional fan model in a turbofan engine performance simulation, GT2016-56617[C]. Seoul: ASME Turbo Expo, 2016.

［306］Mikhailov E，Mikhailova A B，Akhmetov Y M，et al. Simulation of gas turbine engines considering the rotating stall in a compressor[J]. Procedia engineering，2017(176)：207-217.

［307］ZHEN J C，TANG H L，CHEN M. Equilibrium running principle analysis on an adaptive cycle engine [J]. Applied thermal engineering，2018(32)：393-409.

［308］TAHANI M，MASDARI M，SALEHI M，et al. Optimization of wet compression effect on the performance of V94.2 gas turbine[J]. Applied thermal engineering，2018(143)：955-963.

［309］TEIXEIRA M，ROMAGNOSI L，MEZINE M，et al. A Methodology for fully—coupled CFD engine simulations，applied to a micro gas turbine engine，GT2018-76870[C]. Oslo：ASME Turbo Expo，2018.

［310］MUNARI E，D'ELIA G，MORINI M，et al. Stall and surge in wet compression：Test rig development and experimental results[J]. ASME journal of engineering for gas turbines and power，2019，141(7)：071008.

［311］ROMAGNOSI L，LI Y，MEZINE M，et al. A methodology for steady and unsteady full-engine simulations，GT2019-90110[C]. Arizona：ASME Turbo Expo，2019.

［312］SUN J，ZUO Z，LIANG Q，et al. Theoretical and experimental study on effects of humidity on centrifugal compressor performance[J]. Applied thermal engineering，2020(174)：115300.

［313］CHEN H Y，CAI C P，JIANG S B，et al. Numerical modeling on installed performance of turbofan engine with inlet ejector[J]. Aerospace science and technology，2021(112)：106590.

［314］陈光. 雨水对飞机发动机的影响[J]. 航空发动机，2013，39(4)：1-4.

［315］刘婧妮. 先进涡轴／涡桨发动机总体性能设计研究[D]. 南京：南京航空航天大学，2015.

［316］薛然然，李凤超. 微型涡轮喷气发动机发展综述[J]. 航空工程进展，2016，7(4)：387-396.

［317］李燕，葛宁. 基于 0D/2D 耦合的涡扇发动机总体性能计算研究[J]. 燃气涡轮试验与研究，2018，31(2)：22-27.

［318］杨国伟，吴艳辉，安光耀，等. 湿压缩对压气机转子失稳边界工况性能的影响[J]. 航空动力学报，2018，33(4)：812-822.

［319］樊双明. 轴流压气机吸雨特性数值研究[D]. 哈尔滨：哈尔滨工程大学，2018.

［320］马宇晨. 涡扇发动机吞雨对压气机的影响研究[D]. 哈尔滨：哈尔滨工程大学，2018.

［321］倪明. 来流含水条件下两级对置式离心压气机性能研究[D]. 北京：中国科学院工程热物理所，2019.

［322］曹大录，白广忱，吕晶薇，等. 考虑多工况性能可靠性的航空发动机循环设计方法

[J]. 航空动力学报,2019,34(1):217-227.

[323] 李通一. 微型涡喷发动机整机三维数值模拟研究[D]. 大连:大连理工大学,2019.

[324] 侯圣文,郑旭,马树波,等. 降雨环境下进气道吸雨数值计算分析[J]. 风机技术,2020,62(6):35-44.

[325] 夏国正,陆禹铭,夏全忠,等. 轴流压气机吸雨特性的数值研究[J]. 风机技术,2020,62(4):1-10.

[326] 朱自环,王昊,王掩刚. 跨音压气机湿压缩过程气动热力特性数值分[J]. 工程热物理学报,2020,41(9):2178-2185.

[327] 刘晓恒,周成华,宋满祥,等. 基于通流方法的某涡喷发动机整机数值仿真[J]. 航空学报,2020,41(1):85-95.

[328] 刘奥铖,郑群,王静宜,等. 不同吞雨形式下压气机特性数值模拟[J]. 热能动力工程,2021,36(10):105-112.

[329] MARCHIONNA N R, DIEHL L A, TROUT A M. The effect of water injection on nitric oxide emissions of a gas turbine combustor burning ASTM Jet-A fuel, NASA TM-X-2958[R]. Cleveland:Lewis Research Center, 1973.

[330] MARCHIONNA N R, DIEHL L A, TROUT A M. Effect of inlet-air humidity, temperature, pressure, and reference Mach number on the formation of oxides of nitrogen in a gas turbine combustor, NASA TN D-7396[R]. Cleveland:Lewis Research Center, 1973.

[331] 袁宁,张振家,王松涛,等. 某型两级涡轮变比热容三维定常流场的数值模拟[J]. 推进技术,1999,20(1):33-37.

[332] 赵晓路. 四级涡轮多叶片排三元 N-S 解网格并行计算[J]. 工程热物理学报,1998,19(4):421-426.

名 词 索 引

附录　部分彩图

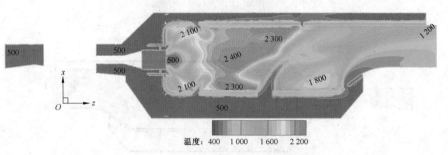

图 3.16　$y = 0$ mm 平面的温度分布云图（单位：K）

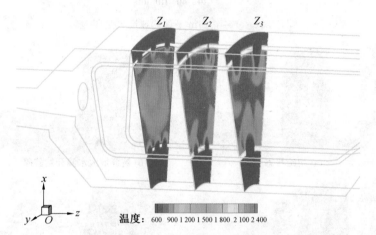

图 3.17　各截面的温度分布云图（单位：K）

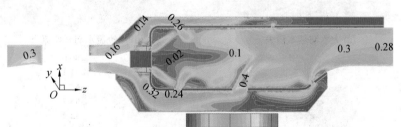

图 3.19　$y = 0$ mm 平面的马赫数分布云图

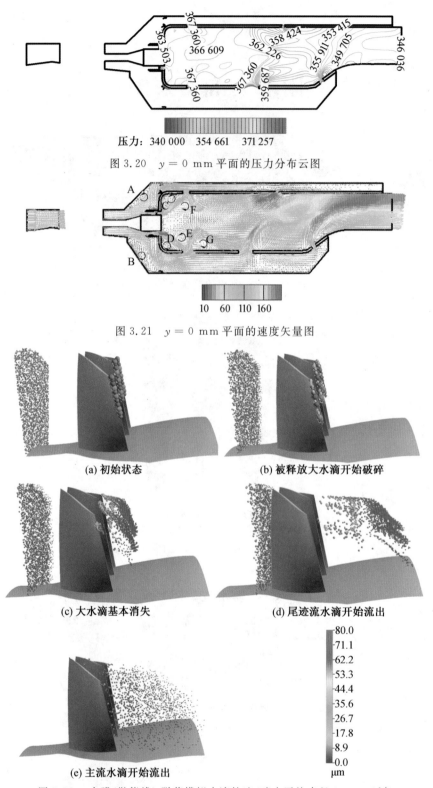

压力：340 000   354 661   371 257

图 3.20 $y = 0$ mm 平面的压力分布云图

10 60 110 160

图 3.21 $y = 0$ mm 平面的速度矢量图

(a) 初始状态

(b) 被释放大水滴开始破碎

(c) 大水滴基本消失

(d) 尾迹流水滴开始流出

(e) 主流水滴开始流出

图 5.12 水膜(抛物线)脱落模拟水滴轨迹(喷水平均直径 10 μm，1%)

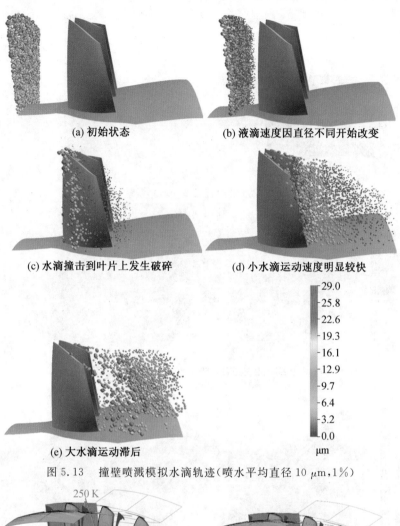

(a) 初始状态　　　　　　　(b) 液滴速度因直径不同开始改变

(c) 水滴撞击到叶片上发生破碎　　　　(d) 小水滴运动速度明显较快

(e) 大水滴运动滞后

图 5.13　撞壁喷溅模拟水滴轨迹（喷水平均直径 10 μm,1%）

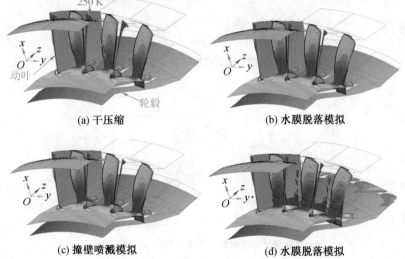

(a) 干压缩　　　　　　　　(b) 水膜脱落模拟

(c) 撞壁喷溅模拟　　　　　　　(d) 水膜脱落模拟

（喷水平均直径 10 μm,1%）

图 5.14　流场中的低温区域

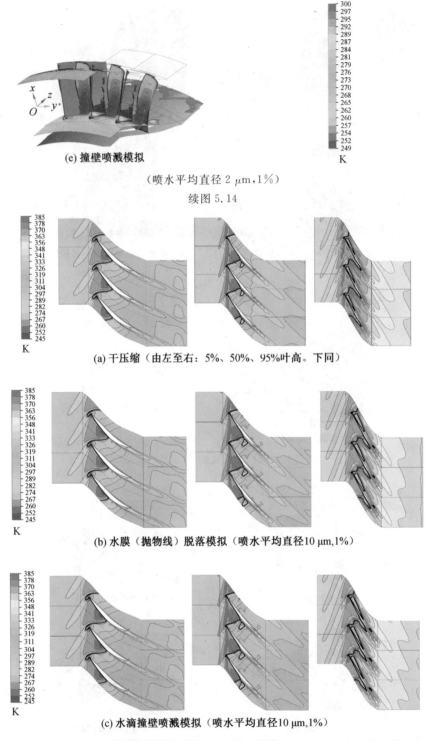

(e) 撞壁喷溅模拟

（喷水平均直径 2 μm，1%）

续图 5.14

(a) 干压缩（由左至右：5%、50%、95%叶高。下同）

(b) 水膜（抛物线）脱落模拟（喷水平均直径10 μm，1%）

(c) 水滴撞壁喷溅模拟（喷水平均直径10 μm，1%）

图 5.15　B2B 截面温度等值线分布（由左至右粗线：285 K、302.6 K、320 K）

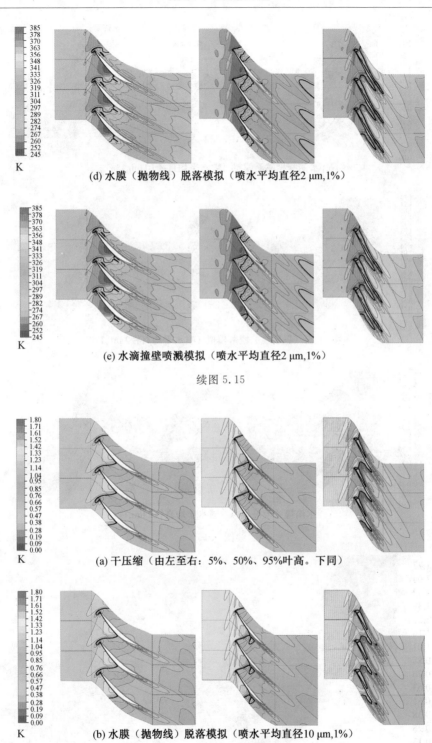

(d) 水膜（抛物线）脱落模拟（喷水平均直径2 μm,1%）

(e) 水滴撞壁喷溅模拟（喷水平均直径2 μm,1%）

续图 5.15

(a) 干压缩（由左至右：5%、50%、95%叶高。下同）

(b) 水膜（抛物线）脱落模拟（喷水平均直径10 μm,1%）

图 5.16　B2B 面马赫数等值线分布（粗线：$Ma = 1$）

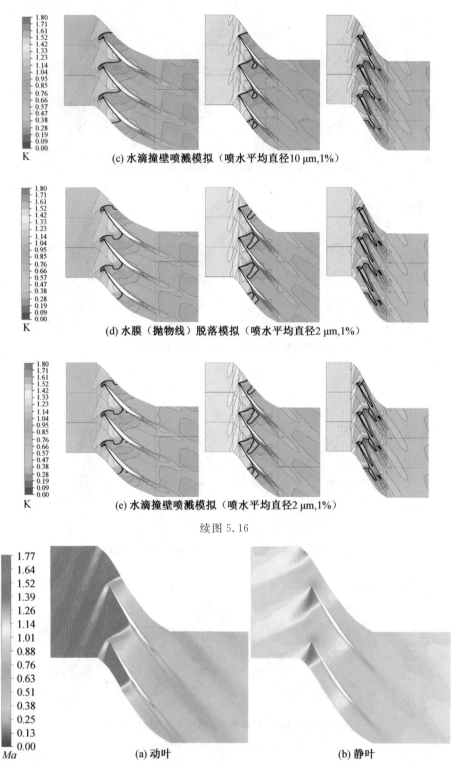

(c) 水滴撞壁喷溅模拟（喷水平均直径10 μm,1%）

(d) 水膜（抛物线）脱落模拟（喷水平均直径2 μm,1%）

(e) 水滴撞壁喷溅模拟（喷水平均直径2 μm,1%）

续图 5.16

(a) 动叶　　　　　　　(b) 静叶

图 5.18　动叶与静叶下游流场大致相同的马赫数分布

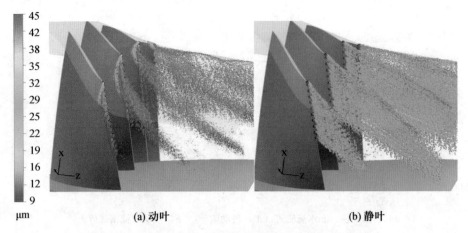

(a) 动叶　　　　　　　　　　　　　　(b) 静叶

图 5.19　动叶与静叶尾缘释放大水滴轨迹与尺寸变化

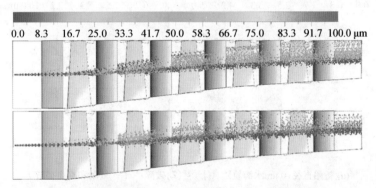

(a) 各组水滴整体轨迹（上，气动破碎；下，气动和撞击破碎）

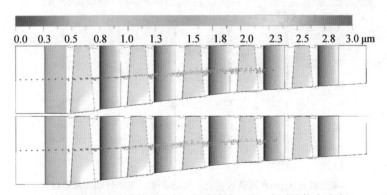

(b) 初始直径 3 μm 水滴轨迹（上，气动破碎；下，气动和撞击破碎）

图 5.24　由进口 50% 叶高喷入水滴的运动轨迹

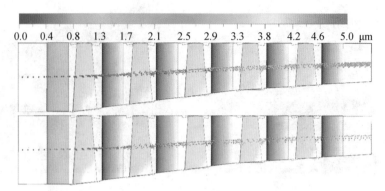

(c) 初始直径5 μm水滴轨迹（上，气动破碎；下，气动和撞击破碎）

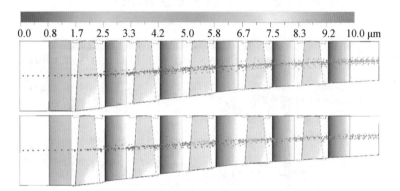

(d) 初始直径10 μm水滴轨迹（上，气动破碎；下，气动和撞击破碎）

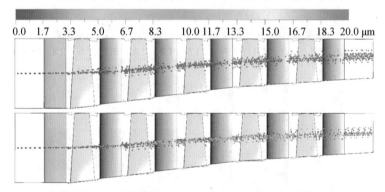

(e) 初始直径20 μm水滴轨迹（上，气动破碎；下，气动和撞击破碎）

续图 5.24

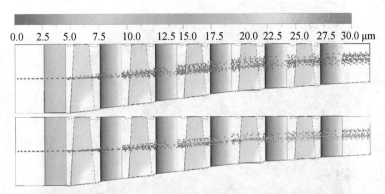

(f) 初始直径30 μm水滴轨迹（上，气动破碎；下，气动和撞击破碎）

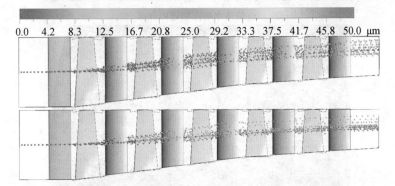

(g) 初始直径50 μm水滴轨迹（上，气动破碎；下，气动和撞击破碎）

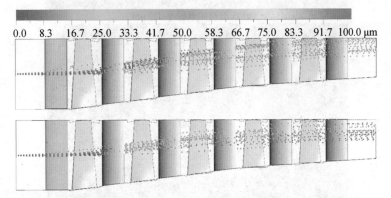

(h) 初始直径100 μm水滴轨迹（上，气动破碎；下，气动和撞击破碎）

续图 5.24

0.0 2.0 4.0 6.0 8.0 10.0 12.0 13.9 15.9 17.9 19.9 21.9 23.9 μm

(a) 整体水滴在通道内分布

(b) 水滴初始直径小于5 μm

(c) 水滴初始直径5～10 μm

图 5.27　离心压气机通道内水滴分布（喷水量 1%，喷水平均直径 10 μm）

(d) 水滴初始直径大于10 μm

续图 5.27

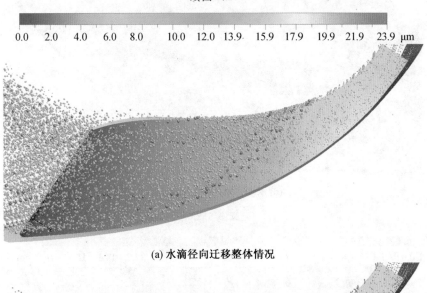

0.0　2.0　4.0　6.0　8.0　10.0　12.0　13.9　15.9　17.9　19.9　21.9　23.9 μm

(a) 水滴径向迁移整体情况

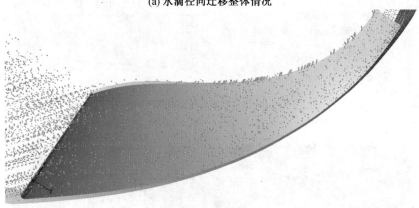

(b) 水滴初始直径小于5 μm

图 5.28　离心压气机通道内水滴径向迁移（喷水量 1%，喷水平均直径 10 μm）

(c) 水滴初始直径5～10 μm

(d) 水滴初始直径大于10 μm

续图 5.28

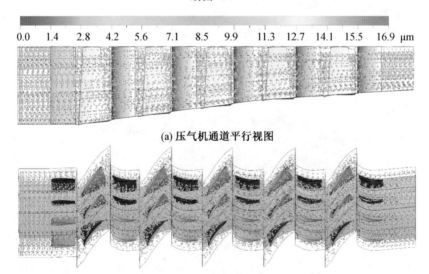

(a) 压气机通道平行视图

(b) 压气机通道垂直图

图 6.1　五级压气机通道内水滴轨迹和粒径分布

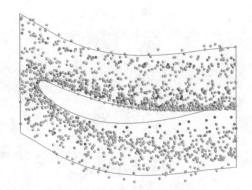

(c) 水滴在静叶通道的偏转(S3)

续图 6.1

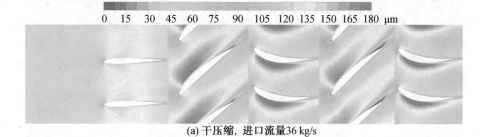

(a) 干压缩，进口流量36 kg/s

(b) 进口流量 36 kg/s；喷水量3%，喷水平均直径10 μm

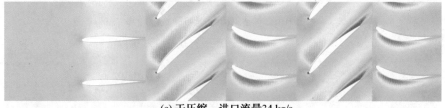

(c) 干压缩，进口流量34 kg/s

图 6.24　压气机前两级 50％ 叶高 B2B 截面轴向速度分布云图

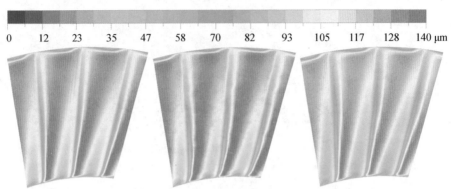

(a) 干压缩，进口流量 36 kg/s (b) 进口流量36 kg/s；喷水量3%，(c) 干压缩，进口流量 34 kg/s
喷水平均直径10 μm

图 6.25　压气机第一级动叶出口轴向速度分布云图

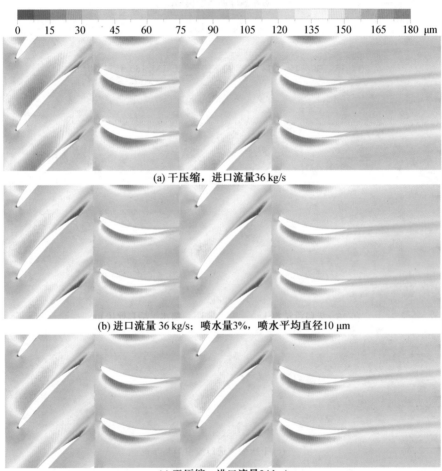

(a) 干压缩，进口流量36 kg/s

(b) 进口流量 36 kg/s；喷水量3%，喷水平均直径10 μm

(c) 干压缩，进口流量34 kg/s

图 6.26　压气机末两级 50％ 叶高 B2B 截面轴向速度分布云图

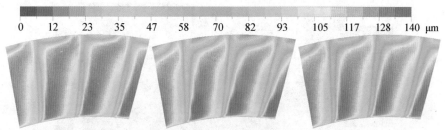

0	12	23	35	47	58	70	82	93	105	117	128	140 μm

(a) 干压缩，进口流量 36 kg/s　(b) 进口流量 36 kg/s；喷水3%， (c) 干压缩，进口流量 34 kg/s
喷水平均直径10 μm

图 6.27　压气机第五级动叶出口轴向速度分布云图

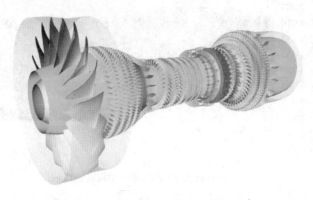

图 7.2　P&W 6000 涡扇发动机整机建模结构与数值模拟结果

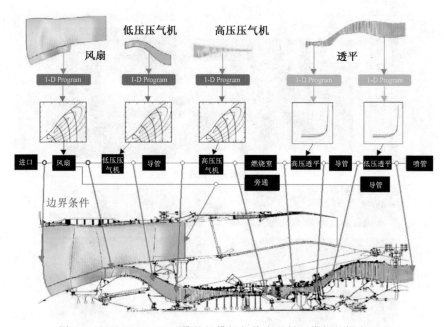

图 7.4　GE 90 - 94B 三维整机模拟与热力学循环模拟的耦合过程

(a) 无喷水工况

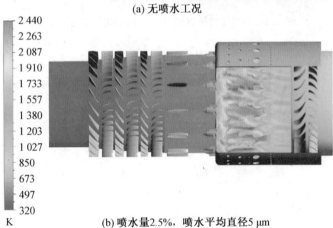

(b) 喷水量2.5%，喷水平均直径5 μm

图 7.7　涡喷发动机 50% 叶高温度分布与燃烧室火焰形态

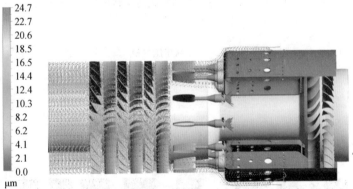

(a) 水滴总体轨迹

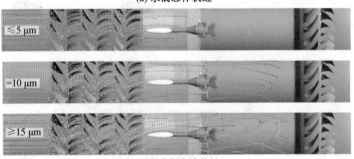

(b) 不同直径水滴轨迹

图 7.8　水滴和油滴的轨迹（喷水量 1%，喷水平均直径 10 μm）

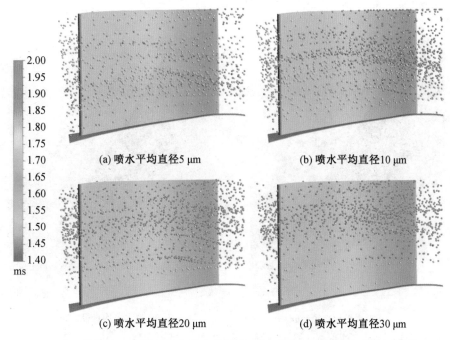

图 7.9　水滴在压气机内的滞留时间(仅显示第三级静叶)

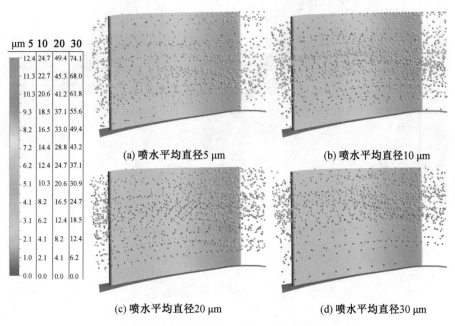

图 7.10　水滴到达第三级静叶内的轨迹分布

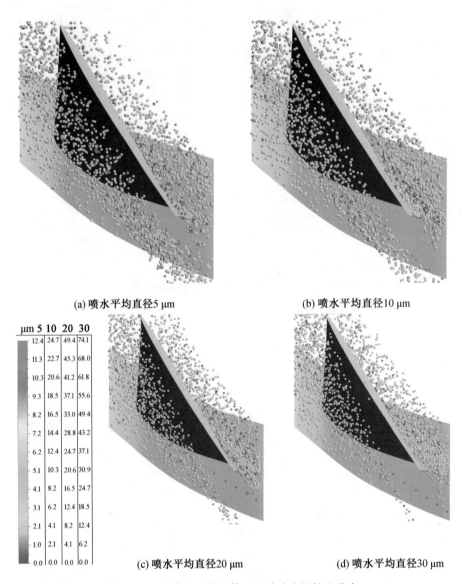

(a) 喷水平均直径5 μm

(b) 喷水平均直径10 μm

(c) 喷水平均直径20 μm

(d) 喷水平均直径30 μm

图 7.11　水滴在压气机第一级动叶内的轨迹分布

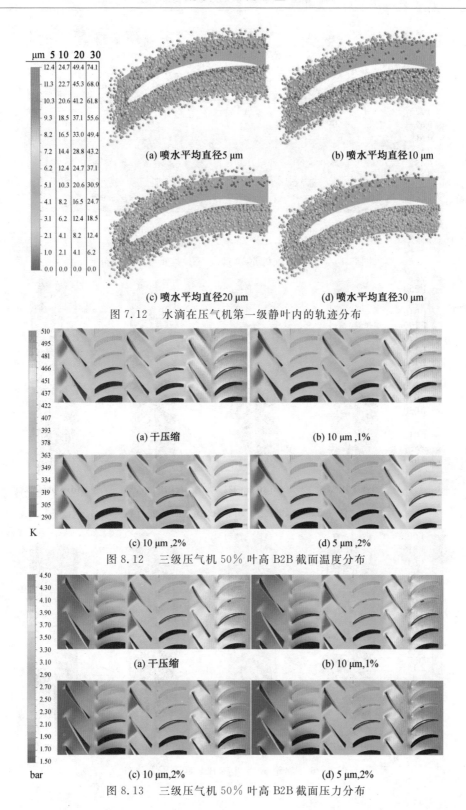

(a) 喷水平均直径5 μm   (b) 喷水平均直径10 μm

(c) 喷水平均直径20 μm   (d) 喷水平均直径30 μm

图 7.12 水滴在压气机第一级静叶内的轨迹分布

(a) 干压缩   (b) 10 μm,1%

(c) 10 μm,2%   (d) 5 μm,2%

图 8.12 三级压气机 50％ 叶高 B2B 截面温度分布

(a) 干压缩   (b) 10 μm,1%

(c) 10 μm,2%   (d) 5 μm,2%

图 8.13 三级压气机 50％ 叶高 B2B 截面压力分布

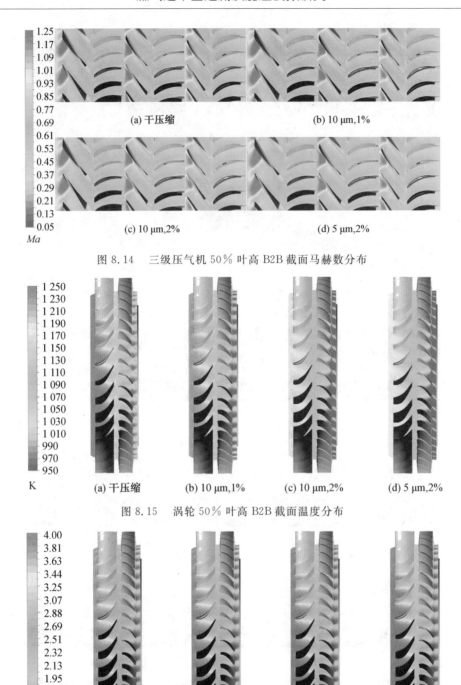

图 8.14 三级压气机 50％ 叶高 B2B 截面马赫数分布

图 8.15 涡轮 50％ 叶高 B2B 截面温度分布

图 8.16 涡轮 50％ 叶高 B2B 截面压力分布

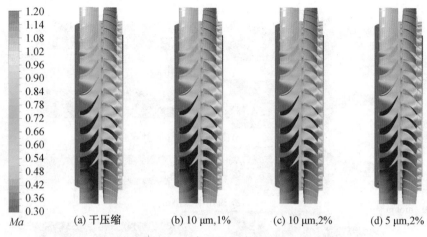

(a) 干压缩　　(b) 10 μm,1%　　(c) 10 μm,2%　　(d) 5 μm,2%

图 8.17　涡轮 50% 叶高 B2B 截面马赫数分布

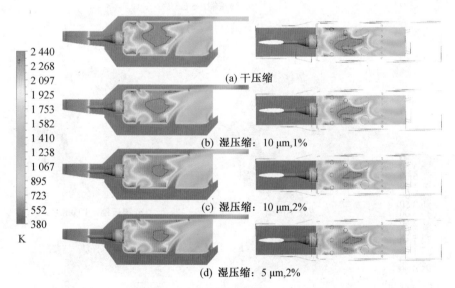

(a) 干压缩

(b) 湿压缩：10 μm,1%

(c) 湿压缩：10 μm,2%

(d) 湿压缩：5 μm,2%

图 9.11　燃烧室过喷嘴轴线温度分布云图(粗线：2 350 K)

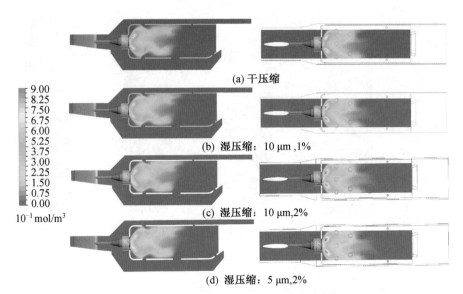

图 9.12　燃烧室过喷嘴轴线 CO 浓度分布云图

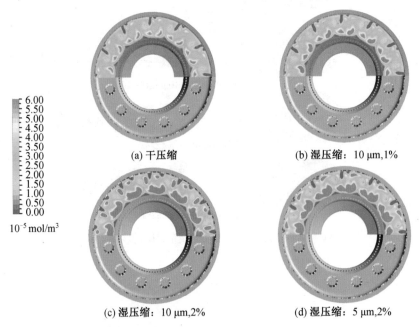

图 9.13　燃烧室出口 CO 浓度分布云图

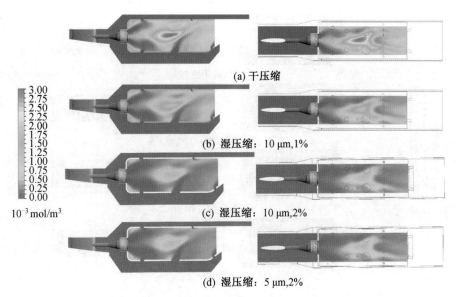

3.00
2.75
2.50
2.25
2.00
1.75
1.50
1.25
1.00
0.75
0.50
0.25
0.00

$10^{-3}\,mol/m^3$

(a) 干压缩

(b) 湿压缩：10 μm,1%

(c) 湿压缩：10 μm,2%

(d) 湿压缩：5 μm,2%

图 9.14   燃烧室过喷嘴轴线 NO 浓度分布云图

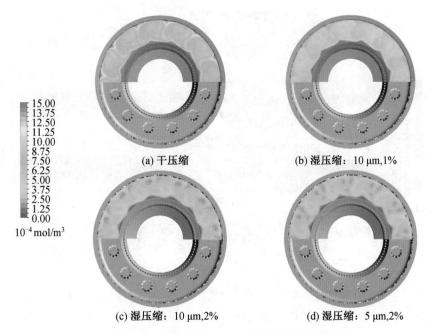

15.00
13.75
12.50
11.25
10.00
8.75
7.50
6.25
5.00
3.75
2.50
1.25
0.00

$10^{-4}\,mol/m^3$

(a) 干压缩

(b) 湿压缩：10 μm,1%

(c) 湿压缩：10 μm,2%

(d) 湿压缩：5 μm,2%

图 9.15   燃烧室出口 NO 浓度分布云图

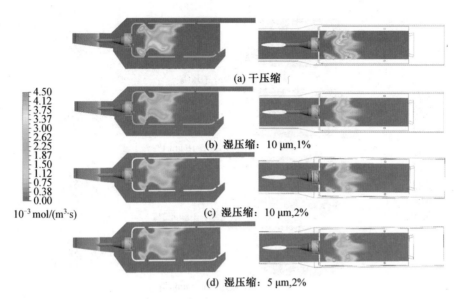

图 9.16　燃烧室过喷嘴轴线快速型 NO 生成速率分布云图

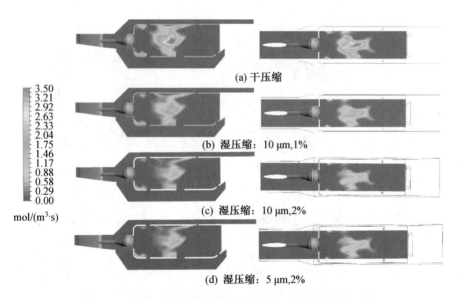

图 9.17　燃烧室过喷嘴轴线热力型 NO 生成速率分布云图